味道的航線
從馬祖到台灣，福州飲食文化探秘

黃開洋 著

僅將本書獻給徐瑞琪女士、陳堉先生
是他們開啟了我對福州世界的想像

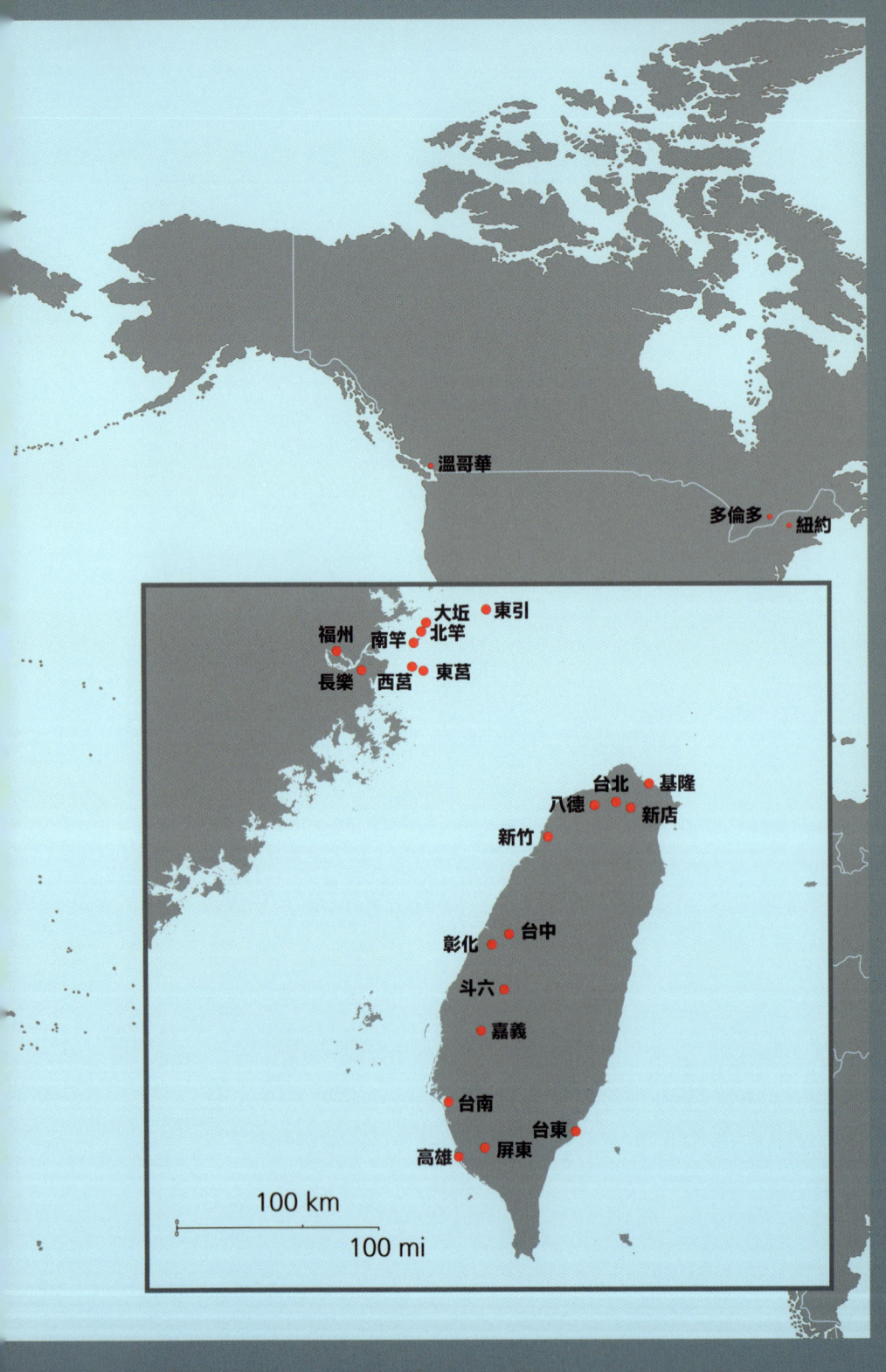

本書使用地圖

熊本

寶兆遠
新加坡　詩巫　沙巴

推薦序

食之味，即是對家的眷戀

/徐禎（福州人）

初次見到開洋，是在一個普普通通的早晨，我和老公正準備去東街口，才剛走到社區門口，迎面走來一群人，帶路的依姆是我們村裡人，她指著我大聲喊：「依妹，快來快來，這是你家台灣的親戚。」這是開洋和家人第一次順著他外婆（也是我姑婆）的指引，找到了福州的徐家村，找到了我們這支還很親的親戚。

原來在一九四九年，國民黨撤退到台灣時，因為爺爺是家中長兄，要留在福州照顧年邁的母親，家中所有的弟弟妹妹與堂兄妹，盡數遷往台灣。就這樣，我們這支留守福州，其他支紮根於台灣。爺爺在世時，尚且有來往，一九九六年爺爺過世後，幾乎與台灣親戚斷了聯繫。開洋和爸爸媽媽的到來，又讓我們這一大家子，重新有了往來，斷了的紐帶，重新接上了。畢竟是血濃於水的親戚，

味道的航線　　　　　　　　　　　　　　　　　　　6

雖然之前都沒有見過面，但是感覺已經認識了很久一樣。開洋給人第一眼的感覺，就是一個非常謙遜、有禮貌的大男孩，後來聊開了才知道，原來他對傳統文化很感興趣，尤其是對福州地區的傳統文化習俗研究頗深，娓娓道來，如數家珍。

開洋是個既簡單又快樂的人，跟身邊此年齡段的男孩子很不一樣，他可以潛心研究傳統文化，在沒有語言環境下，居然大多的福州話都能聽明白，經常跟我探討福州話，福州地方風俗，時不時還能飆出幾句福州話，還搞笑的。經常會講一些台灣和大陸不同的習俗，尤其講到馬祖，馬祖簡直是他的第二故鄉。書裡提到的那些台灣和馬祖經典的小吃，每一種每一樣，都有福州小吃的影子，在浩瀚的中華美食版圖上，福州閩菜與台灣美食如同兩顆璀璨的明珠，隔海相望，卻又緊密相連。

福州，有著獨特的地理環境和豐富的物產資源，孕育出了眾多令人垂涎欲滴的美食佳餚。無論是街邊小店的拌麵扁肉，還是深巷老店裡的荔枝肉、佛跳牆，每一種美食都是對味蕾的極致挑逗。福州閩菜以其獨特的烹飪技藝和風味特色，贏得了無數食客的青睞。每一道家鄉菜背後，都藏著一個個溫馨的故事。

比如，那碗熱氣騰騰的福州魚丸，不僅是節日裡不可或缺的美味，更是我們兒時的記憶。魚丸的鮮美，不僅僅在於魚肉的細膩與湯底的醇厚，更在於那份家的味道，讓人在異鄉也能感受到家的溫暖。

食物的味道，每個人的定義不同。這些味道，不僅僅是食物本身，更是對家鄉、對親人的深深眷戀。

推薦序
追尋聲音的鹹味 kèing

/游桂香（馬祖文史工作者）

這是一本基於食物而寫的移民史及其相關社會狀態。清朝中期，福州語系沿海地區的人們移居到馬祖列島成了馬祖人，福州話是母語；民國六十年代，馬祖人又帶著口音腔調移居台灣。雖然馬祖人移居台灣，散居在全台各地，所從事的工作非常多元，士、農、工、商、無所不在，甚至演藝圈，也所在多有，但無疑地在街頭見到的、散發著食物香味的馬祖人非屬「賣蔥油餅」這行業不可了，因為這個行業的立即可上手性，是初至台灣這陌生地、急於創造營生的勤勞的馬祖人最可選擇的工作。無獨有偶，本書作者黃開洋，也是從這可及性最高的街頭蔥油餅攤車散發出來的氣味開始追索他DNA裡的福州味──鹹（kèing）味。在馬祖當兵期間，他發現馬祖人講的話和他外公外婆講的話一樣，就是那個台北街頭的蔥油餅攤老闆娘的口音來源。當完兵他留下來工作，勤習

福州話並開始他的追索航程。

追尋與探索是互為表裡的，追尋是為了探索，探索是為了追尋，誰不是這樣找到究竟的？尤其是吃下的每一種味道，爸爸媽媽的、爺爺奶奶的、外公外婆的、著名餐廳的、街頭攤車的……，這個名叫黃開洋的年輕人，就這樣順著充滿鹹味的聲音，探索著食物的靈魂，於是建構了一條「味道的航線」，直指福州，兼及馬來西亞。

「飽食」是人類最初的追求，風土卻是人類味蕾的最初啟蒙者，蔥和油和麵粉的組合，是全世界都有的食物內容且歷史悠久，在山東蔥油餅、天津手抓餅環伺在旁時，「口味」和「口音」這東西，可是敏感得很！當它們開啟「交談」模式之後，靈魂對接就開始了。在馬祖生活的那幾年中，他比許多馬祖年輕人更像馬祖人，說著發音不準的馬祖話，逮著機會就問村中耆老許多事，吃著每一種馬祖傳統食物，還寫了許多馬祖經驗的文章，一切從蔥油餅攤車開始。

其實早期馬祖人也種麥，麥芒扎人的感覺還在老太太們口中飛揚呢，何況兩岸分治前，長樂潭頭港錨纜貨船載來麵粉可比台灣近多了，所以馬祖人做蔥油餅的技藝倒不

味道的航線　　10

是農復會引進麵粉之後,以及來自大陸北方的軍人教導的,就像許許多多福州菜一樣,有著它們自身發展的源流和人文過程。

對「吃」有興趣很常見,畢竟是生之大欲之一,而還有探索與「吃」有關的事物的興趣,就是增加吃的趣味了,開洋善於尋找食物的身世和它的流轉經歷——我不稱之為流離,因為太平盛世時人們也是喜愛流動的,因此食物嗜好也隨之流轉,並融入到各個地方、各個階層,終至面貌模糊但又個性鮮明。

開洋非常擅於找資料,書籍、報章、雜誌、網路、電視節目,他到處搜羅資料,有時候還親自走訪,頗有「上窮碧落下黃泉,動手動腳找資料」的味道,企圖重新整理福州味的脈絡系譜,讀完這本書,對於福州吃食,你起碼有一種「開洋式的理解」,還能學會幾句福州話。

推薦序
福州味・家鄉味

/李可（自由廣播人、自然生態及文化工作者）　圖：尼可拉斯・林

幾個月前，大哥寄來一篇短文，他說：

我記得我很小的時候，是還沒進幼稚園那時，一天看媽媽用一塊巴掌大的鵝卵石在搥米。不久就蒸出一塊粿，嘴饞的孩子心中歡喜，這下有點心可吃了。可是芋粿一直沒有出現在飯桌上，再注意的時候卻是出現在餿水桶裡。我記得大塊白白的芋粿漂在餿水桶裡，我還覺得想吃，後來一個擔餿水的歐巴桑笑嘻嘻地把餿水倒過去擔走了。

最近回想起來，媽媽當時應該是憶起家鄉的芋粿，想做一塊出來吃吃，以慰藉思鄉之情。但當時初到台灣，人生地不熟。自己沒磨米的磨，也找不到磨米的磨坊，只有試著自力救濟，用石頭把米搥碎成米漿。而這種原始的做法，始終是做不出細緻的米漿。等蒸出來後效果不佳，媽媽做事都力求完美，才決

定棄置，不然一般的人可能就將就吃了。

戰亂使兩岸分離，很多故事令人感傷。

推算時間，這是民國五十年之前，大哥已在小學之齡，母親離開家鄉約已十載，思鄉之情濃厚；然而兩岸分隔，歸鄉遙遙無期，母親內心的寂寞無人可訴，只有把一腔思情從食物抒發。母親當年搥米做出來的，可能是加了芋頭的芋粿，也可能就是開洋說的「粿」（頁一二二）。

我在福州家庭生長，出生後學會的第一種語言是福州話，父母親都是國共內戰後離開了原生家庭獨自來台的；之後因為父親工作地點頻繁調動，我們一家從台灣頭搬到台灣尾，還包括外島。流離是父母親的遭遇，遷徙是我們家的常態，我們沒有眷區的共暖，也沒有同鄉聚居的傾吐，相濡以沫的父母親，很自然地用最習慣的家鄉話交談：說福州話、吃福州食物、沿用福州習俗。我家成為一個小福州，在家說福州話，出外說國語，爸爸的同鄉朋友來到我家都嘖嘖稱奇，說「在台灣的孩子們能說這樣標準的福州話真是難得！」

我家也有福州餐桌⋯⋯過年時用大心菜（頁三四九）煮黃麵、客廳桌上擺著油麻脂（頁一三七蔴佬）、老鼠囝（頁一三八寸棗）、火把（即麻花），廚房

13

裡有肉丸（頁一五九、頁二四二年糕）、齋（糯米皮包甜糯米）。出遠門或放假回家要吃太平麵（頁二五七）、平常炒菜煮湯放蝦油（頁三四三）、電鍋裡常會有肉丸団（頁三六二）、大鼎裡會有鼎邊扠（頁七五）或粉干（頁三一〇海鮮粗米粉）。媽媽會做老酒和紅糟雞、爸爸拿手的是紅糟鰻、紅糟筍、紅糟肉，我們還吃過媽媽做的福州甜點捲煎（頁二二一）、冬節（冬至）當然不會錯過苞當糣（我一直覺得「苞當」bo-loung 是狀聲詞，滾動沾黏的意思）。至於魚丸、燕丸更不用說了，至今還是冰箱裡的常備品。我做月利（頁三三二）的時候每天吃一隻紅糟雞外加兩餐卵酒（頁三三四，爸爸作法是先煏薑，把蛋打散快炒加老酒，稱為炒酒卵，袪寒用），還要加索麵（頁二〇七麵線）有飽足感，奶水充足，把孩子養得頭好壯壯。

偶爾，我們也會出外用餐。

那時一般民眾的生活仍然節儉，外出用餐是少見的特別節目，必然穿戴整齊如同赴宴。但在記憶中，直到我中學以前，除非是在爸爸的同鄉朋友家，在我家之外是沒有機會吃到福州食物的，所以也未曾見過福州餐館。

味道的航線

14

我對福州餐館的印象始於中學時。

國中開始我們住在高雄，父親有時會提起福州同鄉會聚餐，這時就會說起福桂樓或是隨豐餐廳，但僅止於聽說，從未有過接觸。我大學後父親退休，和福州同鄉的接觸比過去頻密，聚餐多，有時也會帶回餐廳的福州味兒，其中以芋泥為多。母親有時會邊品嘗邊說起當年老家的芋泥：「福州的檳榔芋好吃啊！做的芋泥又細又軟。台灣的芋頭品種好像不一樣。」母親是會做芋泥的，和著豬油、砂糖的芋泥，大哥最喜歡。

後來我們陸續成家，分住南北，父母親往返兩地到哥哥家住的機會變多了，有時跨到春節，父親就會在一個月前就叮嚀仍住在高雄的我和二姊去福州餐館訂年節食物帶過去，這些食物中一定少不了的是又甜又鹹又包肥肉又撒芋籤的肉圓（鹹年糕，這是少數我不大愛的福州食物）和深褐色的糖粿（甜年糕），或白粿（如寧波年糕般）。過年的桌上除了要有大心菜和全魚、紅糟雞湯，有時候父親也會包春餅（春捲、潤餅）。父親的春捲餡是用薑絲炒豆芽菜和韭菜、五花肉絲、豆干絲，他告訴我：「所有東西都只能炒到八分熟，太熟了會出水。」他會在起鍋前和上一些番薯粉水，勾芡以後才方便包捲。父親的春捲連胃口不

佳的母親也會叫好，三四卷不停手。

而這個時候已經沒聽爸爸提到福桂樓了，後來才知道這家福州餐館不知何時已經停業，隨豐餐廳成為高雄絕無僅有的福州菜餐廳。

父母親給我的福州餐桌，在我自己成家以後延續了下去，丈夫和孩子們也愛吃紅糟和魚丸燕丸能喝老酒，他們還清楚分辨出什麼樣的滋味才是正統福州味兒！沒法子自己做這些家鄉口味，我就到高雄華王飯店（已不在了）後方的隨豐餐廳去買，從三十多年前在大成街的老店買到七八年前搬到大義街的現址；店裡的主人從第一代店主傳到第二代，現在已是第三代幫著經營了。然而在小餐廳經營愈加困難，家鄉味兒老主顧逐漸凋零、福州餐飲又非主流的現狀下，工序繁複又薄利的餐廳也現出疲態，不知何時會悄悄消失？到時，想要一嘗福州味兒，除非到馬祖，在高雄的我就只能遠赴台北尋找了。

回想到十餘年前母病而仍能言語時，看著病床旁還在伏案用功的我，她虛弱地說：「妹妹呀！不要太辛苦，你都炣（頁二八一熬煮）壞了。」

對著長年熬眠（熬夜）的我，她心痛如此，覺得我的辛苦猶如在爐上熬煮一般！這個「炣」，深刻描繪了我那段時間的身心煎熬。

味道的航線

16

開洋的書,我有幸先睹為快。翻讀書頁,開啟了記憶之旅,穿梭在童年伊始的時光隧道,將已逝去的時光喚醒,將仙去的父母召回,將餐桌重現,將味道的航線開通,無論深夜或清晨,展書閱讀的經驗使我感到幸福。

爸媽帶來的福州語言和食物,是一種融入生命的情感鏈結,是他們留給我最珍貴的遺產。

推薦序
鑲刻獨家文化記憶的福州美食

／蘇桂雁（馬來西亞砂拉越詩巫永安亭大伯公廟執行秘書）

自古，民以食為天。飲食文化融入民族歷史、圖騰、特性、習俗、禮儀等元素，是人類發展史上的一塊璀璨瑰寶，是人世間一道光彩奪目的風景線。

福州美食鑲刻著獨家的文化記憶，內涵豐富，底蘊深厚。美食料理從初期的簡約形式，發展到現今對食物的選材嚴謹、味蕾追求及料理創新而自成一家的過程，反映了福州族群對生活積極向上的認真態度，也傳遞了生命的幸福滿足感。

二十世紀初，閩人先賢從祖籍地飄洋過海南來，到馬來西亞砂拉越詩巫這片神秘又美麗的土地，披荊斬棘，開荒拓土，與其他籍貫的先輩攜手構建美好家園，並將自身族群的文化發揚光大，而美食的推廣與傳承尤為深遠。如今，在詩巫市區及周邊衛星城鎮由福州人所經營的飲食中心或咖啡店已達三百多家，福州

味道的航線　　18

美食文化在詩巫華人社群當中享有優勢的主導地位，發揮了實質性的影響力。

令人魂牽夢繞的乾盤麵、集海味珍饈之大成的佛跳牆、嘗過即眷戀不忘的紅糟料理、講究刀工的荔枝肉、滋補養生的紅酒雞湯、八珍麵線及臭檟柴墨魚豬腳湯、滿足食慾的鼎邊糊、美滋美味的福州酥吊魚、口碑載道的糟菜粉乾、挑動味蕾的豆腐羹、酥軟適口的光餅和征東餅、入口順滑的芋泥等等，都是詩巫道地的福州美肴，遊走在舌尖上的美味，令人神往。

福州人在詩巫定居已逾百年。詩巫福州人以閩清、古田、屏南居多，也有一些閩侯人、南平人和長樂人。據台灣雲林科技大學文化資產維護系助理教授徐雨村博士於二〇二四年發表的研究論文〈詩巫福州人社會文化的多樣發展：宗教、經濟與跨國連結〉中提及，從二十世紀五〇年代以來，詩巫福州人通過取得政治勢力地位，爾後成立泛馬來西亞社團聯合會，掌握了本區域的經濟核心地位，也憑著經濟實力，橡膠業和木材業的巨額利潤，凝聚同鄉力量，強化福州族群身分認同，促進全球福州文化發展。

世界福州十邑同鄉總會首任總會長丹斯里拿督張曉卿爵士是出身於詩巫的福州人，這位國際企業大亨有一句名言「富裕之後，文化趕路」，印證了詩巫性鏈結組織，

福州人奮楫拚搏以至於富足之後,積極為自身族群文化躋事增華的使命。

美食和方言是華族文化習俗當中重要的組成元素,二者息息相關,互為依存。我的上一代,媽媽的母家屬閩清籍貫,媽媽和姨舅們說的福州話,那是一個溜,連祖輩們口耳流傳下來的福州俚語,都掌握得十分精準。二十世紀八〇年代,大姨與姨丈舉家移民新加坡,他們一家人在他鄉,心念故鄉,家裡依然篤行濃厚的福州味道——說福州話、吃福州菜、踐行福州習俗文化。大姨家的大表哥和大表姊從小對福州話不陌生,即便身處以英語為通用語的新加坡,依然能說得一口標準順暢的福州話,實屬難得。大表姊特別眷念詩巫的粉乾蛋、炒煮麵和光餅夾肉,是兒時被深植心中的福州味道,家鄉美食依然是她時時掛在嘴邊的佳餚美饌。

我們這一代的兄弟姊妹,自小多與閩清籍的媽媽親近,對福州話自然耳熟能詳。我們姊妹倆的福州話都講得很流利。妹妹後來赴台留學,並遠嫁台灣,在台北落地生根,如今擔任內湖三軍總醫院的專科護理師,時常會遇到來自馬祖的福州病患和家屬。他們脫口而出的福州話讓身處異鄉的妹妹倍感溫暖,同鄉感油然而生。幾番切磋交流之後,妹妹發現馬祖的福州口音腔調與故鄉的詩

味道的航線　　　　　　　　　　　　　　　　　20

巫有別，雖然大致聽得出來是福州話，但細聽又略微不一樣。同樣是福州人，敢情馬祖閩東話與詩巫閩清話二者的口音仍存在些許差異。我們一個南中國海，思鄉情切，家鄉的一切都是她朝思暮想的味道。妹妹與詩巫隔了一個南中國海，思鄉情切，家鄉的一切都是她朝思暮想的味道。妹妹偶在台北覓得賣福州乾麵的店家，都會不由自主地捧場，一解鄉愁。

馬來西亞著名的新聞主播徐曉芬曾在《星洲日報》專欄〈言路〉針對方言傳承的課題，總結了一句話：「一人一句，共同凝聚，多說多講，自有效果，有聲的文化就該用有聲的方式去宣傳。」

無論是何種族群，美食和方言都是祖祖輩輩生活經驗的智慧結晶，那是刻在骨子裡的籍貫文化標籤，彌足珍貴，身為後輩的我們有責任傳承與弘揚，並護之周全。

我對開洋的初識印象深刻，這位來自台灣的陽光大男孩，不辭千里，單槍匹馬來到詩巫，探索福州文化脈絡。他青春洋溢，朝氣蓬勃，機緣巧合之下，我們一見如故。開洋是一個有溫度的青年，對人親和、對事認真、對物考究。年紀輕輕的他，人生高度已非一般。源於從小就在福州籍的外祖父母身邊成長，開洋耳濡目染，對福州文化有特別的情感，從他身上感受他對馬祖鄉土文化的

21

依戀與熱忱,他的福州情懷,令人動容。

《味道的航線》用生活化的語言書寫福州味道,以人物樸實的原話勾勒出福州的原鄉情愫,深化了情感的歸宿。開洋從他熱愛的馬祖外島開始探索,跨海連結了台灣本島,乃至馬來西亞砂拉越詩巫的福州飲食文化,緊密相連的紐帶一脈相承,一路生花,馨香一片。

裊裊炊煙,最暖人間煙火氣。

願味道航線,香傳萬里;

願福州美食,宴饗萬家!

蘇桂雁

二〇二四年九月十四日筆於詩巫

推薦序

把食物當作一種聲音
——序於黃開洋《味道的航線》

/謝仕淵(國立成功大學歷史學系副教授)

某年到馬祖的公務旅程,認識開洋。從那天起,每次相遇經常聽他講起馬祖的故事、福州的味道,他一直在為寫成《味道的航線》作準備。

開洋的故事,從蔥油餅、繼光餅、佛跳牆、黃魚與福州麵等為人所知的福州味說起,時而是福州人與馬祖人常有的遷徙故事,有時成為群體文化的特徵,如同「繼光餅不只代表福州人,它也是許多逃難到台灣的外省福州人,在面對生命創傷時的象徵。」那些遍及台灣各地的福州味,都是特定時代的造就,我們經常吃,但我們都不知從何而來,書中提及了較多人認識的基隆、台北與桃園,但也有如雲林斗六的福州人製麵師傅對於在地飲食的影響。

《味道的航線》也見社會群體與消費體系對於福州菜的影響,更帶入福州味對開洋自己的影響,很細緻很溫暖,他說,跟外公外婆「⋯⋯一起在午後吃

著麻花與蔥油餅,一直是我人生最快樂的事。」

開洋的家族長輩來自於福州,他聽的故事多是些離鄉者的故事。「在物的飲食中,家的味道不斷被再定義,可於此同時,心目中能喚起記憶的飲食在哪,哪裡就是家。」來去各地聽聞故事的開洋,經由《味道的航線》串接起了無處不在的福州與馬祖。漂泊的故事不再只有流離的意義,而是那些分布各地的福州味,其實也是再次生根的共生據點。

就以台南為例,日常的飲食生活中,藏有許多福州人的痕跡。我曾經造訪過幾位著名的傳統工藝師傅,技藝來自福州,父祖來台也都已經三個世代,技藝被傳承下去,但語言多半已不能說,但飲食生活中吃紅糟與魚丸的習慣依舊留著,成為福州身分的重要識別。類似的線索,如同福州在民國初年流行洋菜,因此出現各種以「洋燒」為名的菜色,約當同時期,福州師傅來到台南寶美樓等酒樓任職,這些師傅後來也直接或間接影響了阿霞飯店、欣欣餐廳與阿美飯店料理,至今菜單上還留有洋燒肉、洋燒鰻等料理,台南跟福州料理的關係,存在於具有時代風潮的特性與脈絡。

作者「把食物當作一種聲音」,能夠溝通也相互聯繫。這是本台灣菜的福州口味與馬祖身世的解謎書,既陌生又日常的故事,定能成為熱愛與認同台灣味的讀者所喜歡。

味道的航線　　24

前言

在我小的時候，常常每天放學下課就到外公外婆家吃飯。我記得我脫下鞋子，走進客廳，還沒有到飯桌前，就已經有鬧哄哄的抽油煙機聲音，伴隨著一陣陣香氣。

相信任何人在沒有比較過各種食物的風味之前，對於熟悉味道的食物形容詞，大概也只能說出類似「好吃」之類的形容詞吧！我就是一直這樣想著我外婆煮的料理，直到逐漸長大，才發現原來並不是所有同學家的菜餚，都會像外婆一樣，在空心菜裡面加了大量砂糖；外面餐館販售的料理，也沒有那一條永遠伴隨著濃赤色、甚至帶一點酒香的烹鰱魚；還有在一堂家政課作業要求錄影，到課堂上才發現原來是母親家獨門料理的蒸絞肉。

我是來馬祖居住過後，才知道原來有一部分台灣人和我家的料理相同，而且這種料理有專屬的歸類名稱，它的名字叫福州文化。「福州」兩字寫來，對很多台灣人來說可能是陌生的詞彙，代表一種生疏跟不解，甚至是一種異域的

代名詞。卻因我的生命經驗，當因著小三通探索對岸福州告一段落，復返深入台灣各地及至馬來西亞時，最後才發現那些在我們生活中穿著類似的現代服飾，甚至可能已經講著相同溝通語言的人群面孔，可能或多或少都有一些福州淵源。而透過料理，能讓這些不同的身世──那些我們不曾細究過的事──水落石出。

本書是節錄網誌《壓浪》與《唯讀福州》相關文章再拓展新撰而成，本來只是生活的飲食紀錄，但參與了馬祖青年發展協會的文化母語活動後，觸發更多對於馬祖與福州文化的追尋。馬祖過去曾是台灣高度關注的地區，無論是在保衛台灣的戰略意義上，還是作為反攻大陸的基本國策宣示，這片土地在「中華民國」或「台澎金馬」的核心空間中扮演著重要角色。然而，隨著時間的推移，原住民族與客家族群已獲得保障，而擁有獨特歷史文化的馬祖，卻因軍事重要性的下降而逐漸被邊緣化。與此同時，在台灣本島，從日治時期受聘落地生根的福州麵線、糕餅與餐廳師傅，戰後來台的司法行政人員與海軍將士，到近幾年隨長輩就醫在接駁車聽見說福州話的看護，或在市場麵店、魚丸攤上遇見的新住民，綜合來看，這個語言及文化，是隨著台灣歷史一起走過的見證。

隨著國家語言發展法通過，馬祖福州話的能見度逐步提升。不僅如此，「福

味道的航線

26

州」本身不再是一種反映特定地理區域的標籤，而該被視為一種重要的文化符號。基於這樣的身分，其族群文化也該得到應有的關注。根據初步統計，馬祖人口僅有約一萬三千人，但廣義來說，從日治時代來台的台灣福州人連同戒嚴時期移居台灣本島的馬祖人及其後代，加總來算約超過八萬人，這還尚未包括因為結婚或工作來到台灣的福州新住民。如此可以粗略類比規模程度為台灣原住民族中第六大族群的馬祖人與福州人，當全球約有超越一千萬的福州人及其社群存在，福州市相關單位也年年邀請馬祖人參與世界福州語歌唱大賽，證明福州已經是一個不可忽視的跨國族群，台灣同樣有許多新住民家庭的父母來自福州及其沿海各縣市，以及因為念書後持續參與旅台同學會的馬來西亞福州人和母校聯繫。他們需要更多的研究，以馬祖作為交流基地，強化對境內福州新住民或日治時期台灣福州人的認識。而透過飲食地景來認識他們，是一個初步的起點。

過往在漢人相關社會文化的區域研究上，有幾種對於空間社會的不同理解：著名人類學者施堅雅在〈十九世紀的中國區域都市化〉("Regional Urbanization in Nineteenth century China")的文章中，根據他從事土地生產與

市場經濟等條件的集鎮研究，拓展對地方鄉民社會組織的理解，並結合水系與環境資源等地理因素，提出了將漢人聚居為主的農業地劃為八大區域的說法，其中福州一帶的地方社會，屬於東南沿海區下的閩江流域分區。另一方面，從一九三〇年代人類學者羅香林提出民系一詞開始，將漢人再按照語言、生活方式等文化特徵細分的次民族概念，也成為區別漢人之間群體差異的地方社會認識路徑，這之中福州文化被歸屬於閩海系、學界後續研究更細分為福建民系下的福州民系。但是，兩個觀點都強調一種靜態的族群空間分布，忽略一個文化群體可能隨著時間演變，在與自然環境或者其他文化交流互動下，會產生的族群邊界演替，以及相應可能迸發的新文化樣態。

本書想要回答的核心關懷，便在於極致上，何謂福州人？馬祖人？乃至於一個核心關鍵在於——究竟什麼才能定義我們作為「人」的本質？這個問題的答案可能不是一句話，而是一條可能不斷發生甚至持續進行中的族群飲食的文化推移過程。

所以，這本書，除了獻給啟蒙我何謂福州味道的外婆徐瑞琪女士，我也要感謝編輯佩穎的耐心校正及溝通協調，和以下與其他未具名者的協助，才能使本書順

味道的航線

28

利完成（按協助內容出場順序）：陳玲、游桂香、陳世偉、徐禎、謝鈺鎣、潘政傑、劉美珍、陳其平、蔡沛原、劉建國、陳翠玲、王翌帆、林玟圻、呂權豪、施宥毓、王麒愷（阿愷之聲）、蘇桂雁、蔡增聰、黃敬勝、陳佩羚、陳香金、王元嵩、曹芷屏、曹辰瑩（掐米亞店）、吳曉雲。

另外，也感謝以下個人或店家及其他未具名者願意受訪，提供了他們的福州故事（按出場順序）：安居街蔥油餅、林冰芳、曹祥如、黃克文（林義和工坊）、林愛蘭、胡宗龍（口福麻花）（以上為第一章）；黃桂英（艋舺黃元祖胡椒餅）、陳高志、池曉芳（三水餅店）、林靜宜（唐記咸光餅）、林利民（欣欣麵包店）、胡冰燕、孫穎、福州長樂梅花魚丸、福州鍋邊、鹹甜荖光餅與胡椒餅、福州肉餅（以上為第二章）；陳南榮、王豐智（金華麵店）、吳妙齡（張吳記麵餅舖）、黃玉仙（小魯玉山東大餅）、鄭東益（佳興魚丸店）、福州麵食馬祖麵館（安和店）、林思任、吳益新（新興閣）、李聖華（聯友茶室）、胡量安（新首都冷氣大酒家）、蔡政見（福州新利大雅餐廳）（以上為第三章）；林克強（嘉賓餐廳）、黃小妹、劉梅玉、林秀英、趙善誠（協盛福州商店）、陳秀珠、鄭家魚丸燕圓、龔顯森、施麗梅、漢彬水晶餃、黃理仁、池芝華、池

瑞銀（以上為第四章）；陳冠宇（依嬤的店）、劉松豪（東引小吃店）（以上為第五章）。

本書標音參考自連江縣政府頒布的馬祖福州話拼音方案，並結合實際的採訪田調而成。馬祖福州話共分為五個音調，當兩字相連組成詞彙時，前字變調、後字變音。為了表達採錄的實際情境，本書以標注語音為主，個別字的本音為輔。由於發音規則眾多，在這裡無法舉出所有的標音說明，以下表格僅列出馬祖福州語常見組成字音的聲母與韻母，如有興趣請參考教育部國民及學前教育署閩東語文數位教材（https://mintung.livestudy.tw/）、連江縣志語言志（http://gov.matsu.idv.tw/lienchiang/language.html）或者攀講馬祖（https://voiceofmatsu.com/），會發現更多值得研討的資料。

馬祖福州話字音

聲母

羅馬字	注音	應用字詞
p	ㄅ	富 pǒu、壁 piáh
ph	ㄆ	鼻 phěi、舖 phuo
m	ㄇ	獪 mâ、門 muòng
t	ㄉ	桌 tóh、店 tăing
th	ㄊ	頭 thàu、體 thē
n	ㄋ	日 nih、儂 noèyng
l	ㄌ	老 lâu、兩 lâng
k	ㄍ	交 kou、鏡 kiăng
kh	ㄎ	可 khō、茄 khêi
ng	ㄫ	牛 ngù、月 nguoh
h	ㄏ	好 hō、灰 hui
ts	ㄗ（後接ㄧ、ㄩ 時為ㄐ）	早 tsiā、書 tsy
tsh	ㄘ（後接ㄧ、ㄩ 時為ㄑ）	笑 tshiǔ、菜 tshǎi
s	ㄙ（後接ㄧ、ㄩ 時為ㄒ）	心 sing、十 seih
b	ㄅ	台北 Tài póyh → Tăi bóyh
j	ㄖ	現在 hiêng tsâi → hièng jâi

馬祖福州話字音

韻母（h 結尾為發音短促的入聲字，有時亦會為 k 結尾）

羅馬字	注音	應用字詞
a	ㄚ	貓 mà、牙 ngà
ah	ㄚㄏ	盒 ah、客 kháh
o	ㄛ	哥 ko、無 mò
oh	ㄛㄏ	桌 tóh、學 oh
oy	ㄛㄩ	塊 tǒy、碎 tshǒy
oyh	ㄛㄩㄏ	北 póyh、殼 khóyh
oyng	ㄛㄩㄥ	重 tôyng、夢 mǒyng
e	ㄝ	街 ke、買 mē
eh	ㄝㄏ	訥 neh、咩 méh
eu	ㄝㄨ	溝 keu、歐 eu
ai	ㄞ	事 tâi、菜 tshǎi
aih	ㄞㄏ	汁 tsáih、八 páih
aing	ㄞㄥ	幸 hâing、襯 tshǎing
ei	ㄟ	地 têi、耳 ngêi
eih	ㄟㄏ	目 meih、橘 kéih
eing	ㄟㄥ	奶 nèing、慶 khěing

味道的航線

羅馬字	注音	應用字詞
au	ㄠ	後 âu、樓 làu
aung	ㄠㄥ	臟 tsâung、戇 ngâung
ou	ㄡ	數 sǒu、包 pou
ouh	ㄡㄏ	學 houh、出 tshóuh
oung	ㄡㄥ	爽 sōung、統 thōung
ang	ㄤ	兩 lâng、三 sang
i	ㄧ	喜 hī、依 i
ih	ㄧㄏ	日 nih、翼 sih
ia	ㄧㄚ	早 tsiā、野 iā
iah	ㄧㄚㄏ	雜 tsiah、壁 piáh
ie	ㄧㄝ	弟 tiê、蹩 piě
ieh	ㄧㄝㄏ	食 sieh、隻 tsiéh
ieng	ㄧㄝㄥ	錢 tsièng、麵 miêng
ieu	ㄧㄝㄨ	刁 tieu、鳥 tsiēu
iang	ㄧㄤ	囝 kiāng、鏡 kiǎng
ing	ㄧㄥ	音 ing、清 tshing
iu	ㄧㄨ	友 iū、笑 tshiǔ
u	ㄨ	烏 u、虎 hū

羅馬字	注音	應用字詞
uh	ㄨㄏ	物 uh、綠 luh
ua	ㄨㄚ	花 hua、掛 kuǎ
uah	ㄨㄚㄏ	襪 uah、法 huáh
uo	ㄨㄛ	果 kuō、貨 huǒ
uoh	ㄨㄛㄏ	月 nguoh、石 suoh
uong	ㄨㄛㄥ	黃 uòng、全 tsuòng
uai	ㄨㄞ	大 tuâi、怪 kuǎi
uang	ㄨㄤ	歡 huang、碗 uāng
ung	ㄨㄥ	春 tshung、裙 kùng
ui	ㄨㄧ	外 nguî、喙 tshuǐ
y	ㄩ	豬 ty、魚 ngỳ
yh	ㄩㄏ	肉 nyh、熟 syh
yo	ㄩㄛ	橋 kyò、薟 yō
yoh	ㄩㄛㄏ	藥 yoh、歇 hyóh
yong	ㄩㄛㄥ	洋 yòng、健 kyǒng
yng	ㄩㄤ	銀 ngỳng、中 tyng
oe	ㄝ	所 noē、拰 khoē

味道的航線

羅馬字	注音	應用字詞
oeh	ㄝㄏ	嗑 khoeh、唓 oéh
oey	ㄝㄩ	瘦 soey、腿 thoēy
oeyh	ㄝㄩㄏ	竹 toéyh、六 loeyh
oeyng	ㄝㄩㄫ	儂 noèyng、冬 toeyng

作為前言，在進入正文之前，我要再次謝謝各位願意翻開這本書（至少讀到此頁）。從馬祖、台灣福州甚至到任何流轉之福州人的族群視角出發，希望無論是台灣或者其他移住者所在社會，在當地福州族群延展並混雜生成新的地方認同同時，能拓展在音樂藝術、媒體傳播、經濟發展方面的在地串連，擴大並提升福州族群的能見度，從而代表福州族群，展現不同的世界觀點。

本書只是拋磚引玉，如果有任何錯誤之處，作者要負全部責任。受限作者能力，本書中主要報導人多數限縮於當代馬祖與台北的飲食敘事。雖然在這些敘事中，不論是橫跨山河的遷徙過程，還是忠於本土傳統的堅持，都是追尋福州文化之線索的一部分。福州族群的面貌千變萬化，而關於這方面的寫作才正要開始。歡迎閱讀至此的各位來信指教，分享更多你的飲食記憶，一起理解飲食如何型構我們的身世。

味道的航線　　　　　　　　　　　　　36

目次

推薦序　食之味，即是對家的眷戀／徐禎　6

推薦序　追尋聲音的鹹（kêing）味／游桂香　9

推薦序　福州味・家鄉味／李可　12

推薦序　鑲刻獨家文化記憶的福州美食／蘇桂雁　18

推薦序　把食物當作一種聲音／謝仕淵　23

前言　25

第一章　蔥油餅　38

第二章　繼光餅　90

第三章　佛跳牆　146

第四章　瓜白　236

第五章　結論：風格、烹調與食材中的福州味　308

第一章 蔥油餅

共別儂做,學自家其藝;
Koêyng piék-noèyng tsŏ, Oh tsi-a kǐ ngiê;

發咧介煎過其劑,
Huák-le kǎi tsieng-kuŏ kǐ tsiâ,

蜀輪蜀輪,都是思念。
Soh-lùng soh-lùng, Tù-lêi sy-niêng.

街角的攤車

「雙胞胎等多久？」

「雙胞胎還沒。」

「還要多久？」

「還要多久喔……大概十幾二十分鐘欸！你等一下來吧！我現在還沒炸雙胞胎，也沒辦法炸，油還沒夠熱。」

早上起來，對在台北推攤車的陳姐姐來說，開店就是一場戰鬥。

台北車流量大，行人走路飛快，一輪紅綠燈一百三十六秒過去，陳姐姐就得將攤車推至定點，然後速速加熱爐子，從家人開來的貨車取下雞蛋，還有一箱箱的麵糰餡料，並在半小時內炸好各式點心，準時在攤前整齊擺滿一排排的芝麻球、雙胞胎、麻花和甜甜圈。緊接著，五分鐘內將貨車上的貨全卸好，再拿出身後保冰櫃裡一塊塊摻和蔥段的麵糰，開始使著長期浸潤麵糰油脂而成了

味道的航線　　　　　　　　　　　　　40

深褐色的擀麵棍。此時早有排隊顧客詢問著蔥油餅，陳姐姐得馬上擀出一張張比人臉還大的餅皮，依照購買量一片片入鍋煎。

「不好意思，等一下有空再講há！我現在得趕快炸『雙胞胎』給客人，等等還要煎蔥油餅。你先帶『芝麻球』回去給媽媽吃！吃了以後有空再來，這樣子冷掉了há！……（轉頭）哈囉，你好！一張嗎？」

「半張。」

「好！」

這是陳姐姐和我的日常對話：一邊賣餅閒話家常，一邊和來客確認品項。

早上九點前，家人駕駛來的貨車，與她騎著機車跟隨車水馬龍的上班車潮，從新店來到台北安居街的巷口匯聚，陳姐姐會再推著借放在鄰近巷內停車塔旁的攤車，定點扣好車鎖，架起鐵爐架，鎖好瓦斯。卸下貨車上滿滿的「戰備物資」原物料後，總是直盯前方的陳姐姐，這時眼神跟一旁巷口焦急等候綠燈的上班族一樣，專注觀察油鍋氣泡、數著備料量，同時三頭六臂地招呼前方客人、取

第一章　蔥油餅

41

台北安居街街口的蔥油餅攤車（右）及等待擀開下鍋的蔥油餅麵糰（左）

麵糰，再回頭監看眼前油溫熱度。當陳姐姐開始用鍋鏟將蔥油餅在煎盤中玩飛盤般，翻過來又轉過去，代表煎盤的熱度已經足夠，再將這些充滿蔥段和香油點綴的麵糰擀平並下鍋，煎至金黃色時，一張張完美的蔥油餅就出爐。至此，終於完成每天的例行準備工作，開始迎接聚集自攤位不遠處傳統市場買菜人潮的顧客。

對陳姐姐來說，推著攤車，穿越機車熙來攘往的街道，與對頭那些小跑步快遲到的小學生、上班族擦肩而過，到達這台北傳統早市旁的巷子口，是她近三十年來如一日的生活。而作為一間來自馬祖東引的蔥油餅攤攤商，她如此默默在一處不起眼的小巷口街角，提供這份獨特味道給台北人一世代。

「欸，我到底找錢給你了沒？」
「有有有。」
「好，錢算好了há！」

味道的航線 42

和陳姐姐的對話，總是這樣的短暫而精確。只有深聊過的客人，才會發現陳姐姐帶著一聲「há」的特殊腔調華語，知道這間蔥油餅攤背後的不平凡。

一張餅，一個故事。有關於吃，我們會首先想到什麼？是注重蔥段煎出脆度與層次的餅皮，可以客製化去掉蔥段，還是一張就該焦香油潤的傳統風味？面對五花八門的小吃與菜餚，吃可以是追求外觀視覺與內在味覺的感官享受，也能是找尋喚起特定記憶的味道，築起一段生活過往。越平凡的料理，往往有越複雜的技藝、食材，與越講究的菜色論述。

從這裡開始，讓我們把食物當作一種聲音，1一起走遍台灣的各個角落，聆聽這座島嶼福州人的聲音。同時，我們也將穿越時空，前往另一座群島的馬祖和彼岸福州，探索那裡介於不同島嶼陸地之間的獨特飲食魅力，聆聽人們如何從食物在生活中的意義與角色，從風味中傳遞出他們乘風破浪一道又過一道的移民人生。在充滿著油漬與淚光的食物味道中，它們不僅溫暖著人的胃，流向眾人心中，還在不同歷史文化媒介的用途與類態歸屬下，彰顯個人與群體在社會中的位置、價值、行動與連結（nexus）。所以，這本將踏上橫跨東海甚至

第一章　蔥油餅

43

太平洋美食之旅的書籍，意在探尋台北和馬祖的秘密，也品味兩地和福州、馬來西亞、日本，甚至到多倫多與紐約的不同地域之間，在和其他文化交融與變遷中所隱藏的福州飲食文化，聆聽在小吃和大菜烹調之下，無數個體跨越海洋，到達新陸地彼岸的福州菜與福州人故事。

安居蔥油餅

> 每天在浪濤聲睡去，在浪濤聲醒來，小島四周水深潮暢，群礁拱抱，[…]有了海便能生活、生存下來！對於大海，我有著更多的敬畏，敬的是祂餵養了我們一家人，畏的是祂深不可測，那深愁的水應混著人們的眼淚啊。——陳翠玲，〈依爸「放蟹」回來 依媽做「蟹青」〉，《我的東引 你的小島》，頁四一。

陳姐姐是東引人，原本的家庭背景和在地作家陳翠玲相近，來自島上的一戶打魚人家。不過自從陳姐姐有印象開始，馬祖海域的漁業資源早已枯竭，家裡罕見那原應充滿的大海與魚腥鹹味。為了養活一家人，這時陳家人做出重大決定，走出浪濤聲圍繞的東湧〔Toeyng-ing〕——這相傳海水在此湧起的小島。先是爸爸與舅舅移民到台灣本島，之後居住東引約兩個月的陳姐姐與弟弟接力來到新店落腳。在台北的陳家人和許多東引長輩相同，先在基隆置產買房，考量基隆多雨後，最後選擇房價相對低廉的新店居住。

陳姐姐的攤位約起源於一九九六年，一開始攤車上販售的品項是蔥油餅、芝麻球、雙胞胎與麻花的組合。到二〇〇〇年左右，在麵包西點流行下，甜甜圈也被陳姐姐加入販賣品項中，延續至今。除了反映社會風潮，蔥油餅攤也是陳家在台灣的發展史：原本攤車是由陳爸爸經營，沒多久就頂給陳姐姐接手，自此主要都是由她一人開攤。因為製程麻煩，蔥油餅攤有時得靠爸爸協力原物料的供應。除了麵粉和水靠機器調製，其他麵皮擀揉的蔥油餅製程都仰賴人工，所以陳姐姐負責做蔥油餅，其他的雙胞胎、芝麻球與麻花則靠舅舅支援，再由親姊姊開著小發財車送到攤上。一家人分工井然有序，近期才減少自家勞動時間，備料轉向其他馬祖鄉親叫貨。陳姐姐說，「也想讓其他人有生意賺」，讓新店既有的馬祖人網絡，協助她生意的發展。

在她定居新店後，考量每天固定得到台北市出攤，生活圈都在這裡，就將戶籍遷來台灣本島，再也沒回過東引。「為什麼在台灣，幾乎都是馬祖人賣蔥油餅？」我問到。「當然是太苦啦！」陳姐姐說，做小吃苦，大部分靠人工，還有被警察取締的風險，是「沒有財產、沒有本領的人」

陳姐姐蔥油餅攤上的擀麵棍和其販售的蔥油餅

味道的航線　　　　　　　　　　　　　　　　46

才來賣，「這也是馬祖人的宿命。」不少來台發展賣蔥油餅的馬祖人，或者依親來台的福州人，都將蔥油餅視為在台灣安身立命的工具。他們避免在公有道路上擺攤，以免遭取締，安上「竊占國土」的罪名。²

疫情過後，陳姐姐的蔥油餅攤開業前多了一項鋪塑膠布的工序。她把學生時期人人都會擺在學校木頭課桌上方便寫字的塑膠軟墊，架在攤位立柱和油鍋之間權充透明門簾，保障她和客人的安全。相較於業績壓力與備料體力的重擔，鋪塑膠布已經是蔥油餅攤在面對猝不及防的疫情時，所能做出的最輕鬆轉變了。此刻，陳姐姐的眼神重心投注在麵糰，每天早上來買餅的顧客，都能聽到「搭──搭──搭──」的擀麵糰聲音；唯有靠身體的力量，才能擀出一張圓滿無瑕的餅皮。

曾經有段時間，台北街頭流行天津蔥抓餅，一張巴掌大的蔥抓餅只要廿五元，便宜又適合單人享用，餅皮還有用鏟子剁出的香酥口感。³直到大學參加一場天津大學的文化交流活動，才知道天津的古文化街賣糖葫蘆、賣煎餅果子，各樣小吃應有盡有，就是沒有蔥抓餅。倒是追求小吃創造力與新意的台北，不知有意還無心，彼時天津蔥抓餅幾乎都開在傳統蔥油餅攤車旁，而且家家大排長龍。

第一章　蔥油餅

記憶中，那時就有兩家天津蔥抓餅接著熱潮，各開在陳姐姐與街尾另一家蔥油餅攤旁，其中緊鄰在街尾山東蔥油餅旁的蔥抓餅攤到來後，原本經營蔥油餅攤的華僑老夫婦剛好因身體不適，不久就將經營約莫十年的店面頂給一位年輕人。可惜故事的結局並非老幹新枝，年輕人只頂下店面，在天津蔥抓餅的熱潮下，生意一落千丈，最後只能關門大吉。

當時在陳姐姐餅攤斜對角菜市場口的一家天津蔥抓餅攤，用透明壓克力板隔開顧客與料理台，選用高瓦數的白熾照明，打在不鏽鋼攤面上的燈光讓油鍋看來更加簇新，排隊人潮自然比蔥油餅攤多。但天津蔥抓餅熱跟一九九〇年代台灣社會流行的葡式蛋塔店一樣，成了泡沫經濟下的過眼雲煙，整條安居街再也不聞蔥抓餅的鏟餅聲。網購興起後，店面就在蔥油餅攤位斜對角的童裝店與五金行，也因無人光顧而關門大吉；蔥油餅攤後的全家便利商店，在周遭其他同質店面競爭下變成手機行，只有被普遍稱為「流動攤販」的陳姐姐蔥油餅攤車，挺過一波波商業危機。無論物價再怎麼飛漲，蔥油餅一張從五十元賣到七十元，仍然固守台北這條「安居街」巷口，每天賣著蔥油餅，等待著固定的饕客排隊、順便閒話家常。

味道的航線　　48

安居街，街如其名，適於人居，蔥油餅攤周遭的地景幾十年來雖然緊鄰市場，競爭激烈，但飲食攤或小吃店卻變化不多：在蔥油餅攤對面的舊衣回收箱旁，是一家開了快三十年的涼麵攤；涼麵攤旁則有間豆花攤，老顧客從年輕時用台語稱呼頭家娘為小姐，到現在小朋友叫她「豆花奶奶」。對中學生來說這些攤位就是天然的報時台，看陳姐姐與涼麵攤攤車經過面前，就知道現在應該下午六點了，已經是賣蔥油餅的陳姐姐「下班」時間，忙碌的一天也即將結束。

「一、二、三、四⋯⋯，我要計算啦，跟你說話再數，我就忘記了幾個啦！」生活在小吃夜市一條街的旁邊，即便疫情後的人們習慣隔一層薄膜互動，但少不了這種來來往往的交流。陳姐姐每天蔥油餅攤的開店時間，早上從約莫八點到八點半，開到下午五點半到六點，隨著安居街周遭租屋的上班族越來越多，悠閒的週末反而是陳姐姐工作最忙碌的時候，唯有在平日的午後，才稍微有一點自己的清閒時刻。

第一章　蔥油餅

當我和陳姐姐聊天，無意中打擾了她的營業節奏。此刻她正默念著放了多少顆的芝麻球到漏勺，忙著備料準備下油鍋。雖然向陳姐姐買這些跟蔥油餅算是兄弟姊妹般固定搭檔的攤車炸點，堪稱油炸、澱粉與糖霜一應俱全，聽來不太符合現代上班族的外食習慣，這些中式點心卻很符合老一輩口味，我也從小到大吃都不會膩。

「剛從馬祖回來嗎？」有次陳姐姐頭抬起來看到我買餅，正彎著腰向上一個客人說再見時，用眼神先和我打了招呼。

「不是，我正準備要回馬祖。」我隔著塑膠布簾回答。

「啊，馬祖現在一定很冷吧！」

我略不自在地看著塑膠布簾後的陳姐姐，陳姐姐對於成為攤車新配備的塑膠布簾倒不以為意。「對啊，不到十度。」我回答道。

因為常和她聊天，自從陳姐姐知道我在馬祖工作後，我就變成她少數記得的年輕客人。不過我不是她唯一記得的家族成員，另一位陳姐姐印象深刻的常

客，就是我的外公。從我會走路，外公就常常牽著我的手帶我來這裡買蔥油餅，陳姐姐也記住了這位能和她對上福州話的老先生。

陳姐姐來自說福州話的東引，很早就跟父執輩移民到台灣。大概在一九九〇年代開始，台北市出現大量現做的蔥油餅、雙胞胎與芝麻球的攤位。「一開始只有賣這幾項，後來因為民國八十幾年的台北麵包店與夜市流行西點，甜甜圈大受歡迎，所以也開始賣甜甜圈。」換句話說，蔥油餅、雙胞胎與芝麻球是這些攤位的標配，甜甜圈是選配。

現今的東引，是稱作「連江縣」的馬祖一部分。馬祖人在台灣島大部分居住在基隆、中永和、新店、板橋頂埔到桃園八德一帶，[4] 大多從事碼頭貨物搬運、工廠成衣製造、計程車隊駕駛等勞力密集工作，也有人後來自行開業，勞工變老闆，成為公司董事長。除此之外，還有部分鄉親從事賣蔥油餅、雙胞胎的小吃攤生意。過去，蔥油餅屬於北方點心。二戰時上海就曾專文報導在物資緊縮下，推行麵食運動以改善「南方人食麵方法較少，久食必感單調而無味，如能設法調劑，則此弊必有以除之」的幾項方法中，蔥油餅名列其一。[5]

在一九六〇年代，隨著中國大陸災胞救濟總會與中國農村復興聯合委員會引進

麵粉等美援物資，麵粉才成為馬祖島嶼常見的食材。因為屬於戰地前線，不乏許多來自大陸北方的官兵，當這些官兵駐軍調派馬祖後，與軍人關係較好的村民開始學習其飲食方式，並採用馬祖本地的工具，擀製他們傳授的北方麵點技藝——蔥油餅。據說後來是一位來自馬祖北竿的鄉親，大約是一九七六年左右在中和的菜市場擺攤開始，將賣蔥油餅變成馬祖人在台灣賴以為生的工藝。這位北竿人不藏私地將手藝傳給一樣來台灣本島發展的北竿馬祖同鄉，自此蔥油餅攤車便開始擴散到土城、板橋、淡水、關渡，以及台北市區等其他馬祖民聚居地販售。在技術相對容易傳承下，當蔥油餅攤車風行台灣街頭巷尾，已經鮮少人知道這是馬祖人的在台生活痕跡，幸好這些搭著蔥油餅賣的芝麻球以及雙胞胎，還留下馬祖人傳統小吃的印記。

無論在福州還是馬祖，芝麻球與雙胞胎都是典型的特色小吃。許多馬祖家庭就靠著這些攤車養活一家人，也靠著這些攤車，讓人回味家鄉的味道。在台灣，也有許多攤車像陳姐姐一樣，隱身市場旁、騎樓下、露天停車場入口前。

根據ＣＮＮ報導，美食是台灣十大特色之一。日本《ＢＲＵＴＵＳ》雜誌所列出在台灣必做的一百零一件事中，台灣小吃大概占了十分之一，其中天津

味道的航線　　52

蔥抓餅、台式甜甜圈、福州胡椒餅、福州意麵等等會在本書依序出場的小吃，皆榜上有名，[7] 以料理學校美食對決為主題的日本漫畫《食戟之靈》（食戟のソーマ），其中一集是當男主角想要在校慶學園祭中對抗四川系料理時，決定請同學去校外借一口特殊造型的窯爐攤車。他要展示的「另類中華料理」，就是作為台灣小吃代表在漫畫中出現的胡椒餅。

深受日本與美國喜愛的台灣美食，無論是講「街頭美食」、「B級美食」還是「小吃」，小吃已是台灣美食的靈魂。但是我們的小吃怎麼來？料理的味道為何如此？陳姐姐的蔥油餅就是很好的例子。你我身邊的小吃就是由這些移民／勞動者為了生活所傳承的家鄉味，而這些勞動者之中，有一味深深影響了「台味」的，那就是來自馬祖的味道，摻了許許多多原鄉福州、外省老兵還有西化飲食的影子。

第一章 蔥油餅

麥蔥非蔥，打滷麵與大滷麵

馬祖人賣蔥油餅，可以說是一段插曲；而要了解蔥油餅攤車的緣起，自然要先從蔥講起。

每年春天，馬祖東莒島的冰芳姐都會開著她那台白色的日產マーチ從碼頭到島上的市街。島上只有一條幹道，私家車混在貨車、計程車、巡邏車等車陣中並不顯眼，特別是在元宵過後的旅遊旺季，如果沒有像島民一樣有從車牌號碼就能辨認車主的特異功能，這台白色的日產マーチ被遊客誤認為民宿接駁車，也不令人意外。這一天，當船班靠港，經營民宿為主的島民紛紛去碼頭迎接觀光客，接駁車流絡繹不絕來往碼頭及街區之間的時候，這台白色マーチ的行車路徑卻與其他車流不同，在最後一個通往市街的上坡忽然右轉，往遠離街區的方向開去，並在一處深林古道停下。

冰芳姐並未經營民宿，可今天也忙進忙出。家在碼頭的她，在舊稱下底路 a-te-hō 的古道口下了車。她帶上環保購物袋，走入前方的深林，如果沒有走過古道的

經驗，恐怕會被這景象嚇一跳：一片幾乎九十度垂直插入海中的岩層上，陡崖的另一側就是深淵，只有一條小小的土路橫劈山坡上可供行走。但冰芳姐像走自家後巷般，不僅腳步堅定，沿路還不專心於路況地左顧右盼，好像在尋找著什麼。

冰芳姐曾經參與當地的社區發展協會，亦曾在地方報社擔任記者，讓她對東莒土地的一草一木，瞭若指掌。跟著她腳步的我，突然，聽見冰芳姐在數步之遙的前頭，轉頭興奮地說：「來，往前走！前面就是了！」我半信半疑，因為此刻眼前是一處沒有路的山坳，上方則是一片綠坡，放眼只有滿山的芒草，其他什麼也沒有。不過，當我順著她手指的方向，蹲下來仔細看看草皮，發現有些一株株高度和雜草差不多，莖卻更加圓潤的叢生植物。原來，把這些轉一圈再拔起，就是馬祖人的野生調味食材：麥蔥。

麥蔥，馬祖人稱作 mah-tshoeyng，是眾人皆知的鄉土植物。馬祖人善用一年四季不同時節生長的植物作為食材，春天稱為懿旨菜的薺菜、天光地白等都是適合消暑的涼茶聖品。[8] 至於俗稱草包草的山菅蘭，則全年適合於農忙時，將糯米放入編織成草包的山菅蘭葉中炊熟，成為古早馬祖人的「飯包」。

每到春天，捋麥蔥就是一場馬祖人的全民運動，人人都會去有生長這種蒜科植物的山坡崖邊尋找，甚至專程坐船跳島到馬祖境內的其他島嶼拔麥蔥。在常住人口稀少的東莒島，不僅大海被稱為東莒人的冰箱，海瓜子、鱸魚、章魚按季節豐收，陸地也充滿野生物產。若是在春天到了東莒碼頭，一定可以看到許多來自大島的南竿人笑著抱起一綑綑綠色的麥蔥，準備搭船回家保存。他們甚至會事先打給莒光的親友詢問麥蔥生長的現況，就是為了拔取這些粗得像蒜苗的麥蔥。這時，馬祖各島居民的週末休閒就是拔麥蔥，每年東引甚至會為此開放管制營區。講究的人會在野外將麥蔥一株株綑好放入自備的塑膠袋，帶回家後再洗淨、切碎、裝袋、捲上報紙，並放進冰箱冷凍庫，其量之多，往往可以囤積著吃上一整年。

麥蔥其實不是蔥，而是一種稱作「韭蒜」的蒜科植物。正因是蒜，味道遠比一般的蔥更辣更香。把採收的野生麥蔥加入泡麵提味當宵夜，是不少曾在馬祖服役阿兵哥的春日記憶；普通馬祖人家，則會使用中筋麵粉混入麥蔥末製成煎餅：一種是麵粉加水，在混入紫菜的粉漿中加入麥蔥後倒入油鍋，另一種就是將麥蔥裹到麵糰中，擀開後下油鍋，也就是蔥油餅了。

味道的航線

麥蔥的蔥油餅知名度之高，有馬祖旅居台灣的鄉親還用這個名稱，創設連鎖的加盟店。但是企業化經營需要產量，而傳說清明節鬼會出來活動，在草地撒尿，麥蔥就沒了香氣，過了春天只能使用提前採收冷凍的麥蔥料理。所以一般來說，無論在馬祖或台灣，開設蔥油餅攤的馬祖人，多半還是使用普通的蔥；相對地，麥蔥蔥油餅比較是馬祖在地特色的創新作法，像在盛產麥蔥的莒光、西莒島友誼山莊的蔥油餅，就是代表。

在跟著冰芳姐去採麥蔥的那一天，一大清早莒光天氣晴朗，雖然氣溫依舊偏低。就在馬祖再尋常不過的春日中，東莒島的另一頭，大浦村中的曹爸特別早起，開始準備一大堆國軍用鋼盆，以及麵糰。

「不能加太高溫的水喔！」在地人曹爸在東莒島上的大浦村漁寮高聲喊著。

過去的漁寮是政府補助以供漁民放置漁網漁具的重要公共設施，現在則經過整修，變成公共活動空間。這天，曹爸要在漁寮教一群都市年輕人做馬祖的蔥油餅。一群人開始揉起麵糰，不停地擀開再搓揉，放入鋼盆中，敷上保鮮膜等待發酵。

製作蔥油餅分成冷水與熱水和麵兩種，曹爸教的是偏燙溫水的做法：麵粉

與水量的比例是二比一，拿出家用水壺，將水量再分為一比二的冷熱水比例後，先用熱水燙麵燙出甜度與筋度，再兌入冷水，加點沙拉油，使勁搓揉，切成一斤一個的劑[kse]，也就是發酵後切分的小麵糰。等半小時發酵，接下來就是擀開成圓狀，加入紅蔥頭熬製的豬油，抹點鹽巴，並撒上蔥段，捲成蝸牛狀，放進冰箱冷凍。只要退冰後，再重新用手揉開壓平，剩下的工作就是等待加油煎餅糰，即可上桌。

曹爸說，加入豬油的蔥油餅麵糰，正是蔥油餅油煎後層次分明的美味關鍵。「而且煎的時候，油不能太少、火不能太大，才能外酥內軟，否則外皮是硬的、裡面也是乾的。」他會知道這些知識，全是年輕時看到台灣人擺攤時煎餅的帥氣，啟蒙著他想跟馬祖鄉親學手藝。曹爸的擀麵棍最早是由汽水玻璃瓶權充而成，這對許多過去曾經營阿兵哥雜貨店生意的馬祖人來說，是比木製擀麵棍還容易取得的廚具。後來，曹爸憑著做餅的手藝，在台北師大路、中和圓通路附近賣了蔥油餅十餘年，服務早起買菜的大台北市民。「馬祖人早期物資缺乏，只有跟阿兵哥交易或交換一些麵粉做粉漿，加上蝦皮、丁香與一點韭菜或麥蔥，起油鍋後煎成兩面焦，就是

麥蔥煎（左）與麥蔥

味道的航線　　58

左上：正在教學的曹爸
右上：等待麵糰發酵的劑（tsiâ）
左下：依序放入蔥段與豬油焗過的紅蔥頭後，將麵糰捲成蝸牛狀，再擀開入煎鍋就成型。
右下：西莒友誼山莊的麥蔥蔥油餅

口感比蛋餅偏硬的夏餅（ha-piáng）。夏餅如果什麼材料都沒有，就加一點糖，夏天必吃以充飢；換句話說，很多人是到台灣後，才知道並開始賣蔥油餅，後來再加入芝麻球等其他品項。」十餘年間，曹爸每晚在家中備料，隔天早上再到定點賣蔥油餅、鍋貼與小籠包。

「我不用擀麵棍的，直接在攤上夾一塊塑膠布，放下蔥油餅糰用木棍一推，馬上就成形了。」談到蔥油餅，曹爸自豪地提起他創新的作法。那時因為賣蔥油餅成本低，不像開餐廳需要添購廚具、桌椅還有聘請員工，機動性又高，一個地方賣不好就去另一處開攤，價格低廉又深受學生與工人階層喜愛，賣餅成為

59　　　　　　　　　　　　第一章　蔥油餅

一種流行。直到一九八〇年代,許多捕不到魚試圖找尋其他工作機會的馬祖人大量移居台灣,曹爸將技術傳授給過去是漁夫的大哥。後來,曹爸選擇返回東莒大浦的老家定居,他的二哥則仍在土城的一處停車場前擺攤賣蔥油餅。

島落腳的家。選擇在師大路、中和或土城擺攤並非偶然,這裡是許多馬祖移民到台灣本土城、板橋、頂埔等地區定居。老兵傳給馬祖人的蔥油餅糰工廠,許多莒光人就在給移民台灣的家人,成為綿延不斷的傳承象徵。不僅曹爸如此,安居街的陳姐姐也是爸爸和哥哥先到台灣創業,自己才承接他們的手藝,自創蔥油餅家業。

在馬祖,賣蔥油餅的店家倒不多,但是與台灣馬祖人的故事極其相似。馬祖最熱鬧的山隴菜市場內,總是大排長龍的人氣蔥油餅攤主陳爺爺說,原本他是兼職和媽媽分工賣蔥油餅,後來從酒廠退休後,開始全心學習桃園表哥傳授的技藝,用酒瓶擀了蔥油餅四十年。至於在東莒,專門供應散客的兩家餐廳也賣著蔥油餅,其中一間更號稱用總統當選紀念酒的馬祖酒瓶擀出來的蔥油餅皮特別脆口,取名九萬蔥油餅。這兩家店不僅賣蔥油餅,也賣阿兵哥最愛的仙草奶凍,遊客拿起菜單首先可以看到油飯、蛋餅、臭豆腐、炸雞排等源自軍中小

味道的航線

60

蜜蜂的各式各樣大分量小吃，特別是堪稱馬祖美食代表的炸雞排。

在一九八〇年代晚期，最早伴隨漢堡、三明治一起販售的炸雞排開始流行台灣，因應阿兵哥不能隨意到街頭走動的生活管制，馬祖商人主動出擊，將炸雞排等美食與涼飲直接裝載上機車、轎車或得利卡，送到偏遠的各營區大門叫賣，讓不能隨意出入營區的阿兵哥也能享受「自由的滋味」。享受便利的軍人，就稱這種「飛到西來飛到東」的攤商為小蜜蜂，炸雞排也成為軍人最喜歡的販賣品項之一。在駐軍仍然不少的南竿島，即便現在島上的小蜜蜂只剩下一、兩台，許多定點設立的小吃店仍專營炸物，並主打炸雞排為必點美食，不同店家還能細分為裹乾粉、裹粉漿、厚切、咔啦、刷醬等料理手法。開業至今，諸如南竿的大三元雞排、北竿的青年雞排，都已營業近三十年；駐軍比例仍高的東引，島上著名的雞排店就叫小蜜蜂，另一家以炭烤雞排聞名的莒興雞排也營業超過十年。在台灣，家喻戶曉的「協力香雞排」連鎖店，也是由馬祖人李亨玉所創辦，可見馬祖人與炸雞排淵源匪淺的關係。

除了現代美食炸雞排，在東莒或者其他馬祖餐廳中，還有許多從外地傳來馬祖的小吃深深影響在地日常飲食，包括蔥油餅、韭菜盒、銀絲卷、酸辣麵、

第一章　蔥油餅

大滷麵、牛肉湯餃等等外省料理，都是代表性的品項。其中，大滷麵是另一道傳授自外省老兵的常見麵食。大滷麵據說來自中國北方，原應寫作「打滷麵」。出身北京的飲食作家唐魯孫曾在一篇懷念故鄉飲食的〈打滷麵〉文章中說到，滷麵中的滷汁是關鍵，「既然叫滷，稠乎乎的才名實相符，所以勾了芡的滷才算正宗。勾芡的混滷，改成木耳、黃花、雞蛋要打勻甩在滷上，做料跟汆兒滷大致差不多，只是取消鹿角菜，做起來手續就比汆兒滷複雜了。所有配料一律改為切片，在起鍋之前，用鐵勺炸點花椒油，趁熱往滷上一澆，嘶拉一響，椒香四溢，就算大功告成了。」[10] 也因為滷汁是打滷麵的精髓，故此得名。

經營林義和工坊觀光體驗與餐廳的負責人黃克文則表示，打滷麵在馬祖誕生於一九六○到一九七○年代的特殊商業空間：軍中福利社。軍中福利社是由阿兵哥兼營，以賣小吃或便餐為主，例如：饅頭、水餃、蔥油餅、打滷麵、豬肉罐頭炒麵，除了賣給阿兵哥，也對外營業。「在那個年代〔這種經營型態〕很正常，當時沒有嚴格的制度，油、鹽來自部隊伙食的剩餘，這不是正規編制的營業單位，是部隊讓官兵增加福利的東西。」當時軍用罐頭有牛肉、豬肉、

味道的航線　　　　62

鰻魚等等,只有鰻魚是大圓罐。三軍也有獨門口味的口糧與香菸品牌,不過物資缺乏,打滷麵一碗只有紅蘿蔔、蔥、肉絲幾條,國防經費也不足,一個連一百多人可能養一到兩隻豬,當時每個營區都開伙,部隊伙食人多,就不需要飼料,餿水回收養豬,豬養大不殺,賣給老百姓,賣的錢就是部隊的福利,「所以負責養豬的阿兵哥壓力很大,豬不能死掉。」開福利社、養豬等等類似福委會性質的組織活動,應運而生。有時部隊剩下的餐點,或者喜歡得閒時到街上漫步的年輕單身士官長,就會將這些還熱騰騰的美食,專門送給鄰近熟識的馬祖人家。對於馬祖人來說,那是一般民間吃不到的風味。黃大哥回憶,「當時馬祖的麵點多是小吃,在最熱鬧的商港福澳街上,有賣包子、魚丸、餛飩、魚湯等等小吃店。」那時在馬祖常見的包子內餡是豬肉剁成肉末,與現在市面常見的成團豬肉餡不同;魚湯則是刮取魚肉後將其打成魚漿,殘留的魚骨肉採用類似肉羹將瘦肉裹上魚漿的製作原理,將魚骨調好味裹上魚漿蒸熟,再煮好清湯加

馬祖店家中的蛋餅(下)與銀絲卷(上)

63　　　　　　　　　　　　　　　第一章　蔥油餅

入魚骨，並添些醋與胡椒提味。黃大哥說，在物資不豐的年代，這些小吃就是美食佳餚，特別是魚骨已經變成懷舊的滋味，「可以說，吸骨頭是那時的馬祖人最愛，誇張一點講，勝過品嘗肉本身。」

而在鄰近馬祖的莆田，也就是媽祖的故鄉，這裡出名的料理就是滷麵。但莆田滷麵是湯麵，並加入時令海產，可說是在地特色的海鮮麵。馬祖所傳的大滷麵偏向中國北方的打滷麵，其滷澆頭是重點，滷汁得弄好才能加麵。唐魯孫就提到湯共煮產生糊糊的湯底，但麵條吸下肚口感又條條分明。

在他記憶中的北平打滷麵，是將滷過豆乾、香腸、雞翅、豬耳朵等的老滷汁，撈起食材與八角和茴香等香料後，另起一鍋爆炒蔥段、紅蘿蔔、肉絲與木耳，加入水、香油、白胡椒粉與滷汁煮麵。等待水滾後，最後一步是倒入太白粉糊、打下蛋花，在麵能掛起滷汁的時候，代表一碗正宗的大滷麵完成。一位北竿資深導遊「黑冰冰」林愛蘭曾在節目分享自己的手藝，雖然平時以帶導覽和販售老酒溏心蛋為主，但過去開餐館的愛蘭姐，曾經受一位原籍山東的士官長傾囊相授，販售在當年可是掛軍階的星級長官也想走出指揮部和士兵排排坐、來上一碗的大滷麵。[11]「你知道嗎？大滷麵應該叫打滷麵，重點就是滷！那位山東

味道的航線　　64

士官長跟我說，這是他們的眷村菜餚。只要將剩飯剩菜加入肉絲，再用勾芡增加光澤，加上自家家常麵，就是經典麵食，也是珍惜食物的表現。」到今天，愛蘭姐也經常和遊客與親朋好友分享她這碗麵食，並笑著說當年這軍官為避免其他阿兵哥看到大官不敢入內，影響店內生意，還願意摘下肩頭階級徽章，可以說是「摘星大滷麵」，說明馬祖人烹調大滷麵的技能，雖然不是自家原鄉文化飲食，也能做到正宗的北方滋味。

除了大滷麵，現在馬祖餐館賣水煎包、銀絲卷、鍋貼煎餃等等，都可以說和蔥油餅一樣來自北方老兵的記憶，特別是在一九九〇年代隨著軍營裁撤，這些麵點炸物最適合以小蜜蜂的形式，騎個機車外送到軍營門口。[12]

在台北，也有許多蔥油餅店，並多到可以分門路。除了前面提過的天津蔥抓餅及馬祖蔥油餅，還有一派蔥油餅也和北方相關，同樣來自山東。在台大念書的學生都知道，從靠近辛亥路的後門走出，過馬路後的一一八巷內就有一家忠誠號餅店。

餅店的招牌非常好認，寫著「此燈亮有餅」的霓虹燈箱，直白告訴饕客，只要燈箱下午營業時間有光亮，遠遠就能得知今天是否有餅可買。這家忠誠號

餅店的搭配販售品項是韭菜盒子，跟過去安居街巷子另一頭的黃昏市場中，那家帶著韓國腔經營的蔥油餅店品項相同。過去那間蔥油餅店是典型的北方家庭，店內也有搭著賣的韭菜盒子，從這些細節就能自飲食一窺不同流派之間代表的生長文化背景差異。

簡而言之，除了比較晚期開始流行的天津蔥抓餅，在相對歷史發展較早的傳統蔥油餅裡，幾乎可以用按照搭售的品項，總結地將餅店分為兩種：其一，搭韭菜盒子賣的，就是山東派；其二，搭雙胞胎芝麻球麻花賣的，就是受北方料理影響再改造的馬祖福州派。透過料理，即可品嘗到不同地域的細微文化差異。

味道的航線　　　　　　　　　　　66

另一種「台式馬卡龍」：甜甜圈

> 麵粉及發粉量好用篩子篩勻，雞蛋、黃油、鹽放大碗內攪勻。篩好的麵粉及牛奶各分三份，交換加入調黃油、糖、蛋混合之碗內，就是加一次牛奶勻，再加一次麵粉再攪勻，如此把麵粉及牛奶攪完為止。——〈兩種家常點心〉，《豐年》，第二十卷第五期，民國五十九年（一九七〇）三月一日

陳姐姐的蔥油餅攤，約莫從一九九五—九六年開始，也開始在餅攤賣起甜甜圈。沾上糖的甜甜圈，總是擺在個頭稍大的雙胞胎旁邊，像是最熟悉的陌生人。每次看著沾滿糖粉的甜甜圈，想著在這一片金黃油亮的麵食中，甜甜圈到底如何中西合併地，進入中式點心的江湖之中？

甜甜圈是十九世紀美國開始流行的甜點，相傳是荷蘭移民帶來家鄉的糕料理，到美國後的英文被稱為「dough」，再結合當時意指小型甜食糕點的英文「nut」，產生一個新的名詞「donut」，成為其英文名稱。

第一章　蔥油餅

在中文世界，甜甜圈一開始以「多福餅」之名登場。在西風東漸的上海，一九三○年代的報章經常可以閱讀到百貨公司的多福餅廣告，還有高級麵粉到貨時，鼓勵民眾「八一通粉最適宜於做多福餅、蛋糕及浜格之類的點心」的報導。[13] 在一篇一九四六年的讀者投稿中，署名木每的民眾教導大眾製作多福餅：

假如你有兒女在校裡念書的話；最近，大概都領到了配給奶粉吧？但是領到的配給奶粉，質料極粗，要是沖來吃，非但味道難聞，且有沉澱。你的孩子們不大喜歡喝吧？那末怎樣來處置這些奶粉呢？這兒要說的，就是利用這種奶粉來做一種叫「多福餅」的點心。什麼是「多福餅」呢？假使你記憶力強的話，也許還能記起若千年前在大新公司地下室裡化了一元錢可以買到十只類似圓圈形的那種點心吧？這就叫「多福餅」。本來，這種點心，是以麵粉為主料，而攙入牛奶。現在則利用奶粉而省去牛奶了。

在木每筆下的多福餅做法是，準備「奶粉十二兩、麵粉四兩、白糖四兩、小蘇打一小茶匙、生雞蛋三只、生油半斤」，先將油預熱後，打碎雞蛋與奶粉、

味道的航線　　68

麵粉、白糖和小蘇打混合均勻,「務使那些奶粉,糖等東西,都十二分調勻為止。」文中還建議奶粉如果沒沾濕,必須再加入油與一點水,還特別類比到「像平常做麵條用的那樣就可以了」,使讀者有所共感。因為是西式點心,木每還提到英制的量測方式,當餅糰調和成桂圓大小後,「再把坯子搓成細長條,約三英吋長,把二端搭上,就成一個圓圈了。」最後,把完成的圓圈放在事先撒上乾麵粉以防沾黏的盤子,另起一鍋熱油,「引火把油熱熟,待油沸透了,就可把做成的圓圈漸次放入油鍋中氽,看見微黃,就用筷子撈起,這就是自製的多福餅了。」[14]

到台灣,在一九五三年經常譯介外國文學的聯合報副刊,一段聖誕節中的老友故事這樣寫道:「以前我們都是在同校中讀書。她的父母很富有,而我的卻十分貧苦。當時我們尚係十四、五歲的女孩。雙方間情形還不多大顯著。賽瑪時常坐在我母親廚房中與我一同吃她一手所做的多福餅。」[15]

多福餅不只是文學,也出現在推廣農業新知的《豐年》雜誌上。在這本由美國新聞處、美國經濟合作總署中國分署及中國農村復興聯合委員會[16]三個機

構聯合成立發行的半月刊中,將多福餅與蔥油餅並列為兩種值得推廣的家常點心。其中,多福餅的材料需有「麵粉三杯、細鹽半小匙、發粉三小匙、黃油一大匙、黃砂糖八大匙、雞蛋一個、牛奶半杯、炸油半鍋」,並特別註明可用豬油取代黃油,鴨蛋取代雞蛋,但核心不可缺少的是上海木每言之可「利用奶粉而省去了」的牛奶。[17]

及至一九七九年,仍可在豐年雜誌上看到有關多福餅的報導,不過順著戰後從中國引進的名字,並未在美援推廣的脈絡下全面鋪展。[18] 二戰後美國為推銷生產過剩的小麥,通過簡稱四八○公法的《農業貿易發展與協助法案》(Agriculture Trade Development and Assistance Act)後,麵粉在台灣進入與上海不同的脈絡,從新潮象徵變成深入鄉村推廣的飲食首要改善目標。過去華人社會不盛行將麵食當主食,剛好結合麵粉與美援供應的奶粉與牛奶的「多福餅」,成為中美合作下農復會亟欲推廣的目標。

至於有關甜甜圈的報導,追溯至一九七四年。一家西餐廳直接以「甜甜圈」為名,在今天的台北長春路上開業:

投資七百餘萬元的甜甜圈西餐廳，昨（十）日上午十時正式開幕，供應全國獨家製作的甜甜圈（Donuts）。

據該公司董事長鐘延換表示：甜甜圈餅（Donuts）在歐美最為一般人所喜愛，該餐廳特聘專家引進美國調製技術，以機器化一貫作業，每四小時出爐一次，味道鮮美，有七十多種口味，任憑選購。[19]

機器化是甜甜圈剛跨入台灣市場時的關鍵詞。在隔年的一九七五年全美餐旅設備巡迴大展」，媒體突出介紹的，是一貫作業設備、圓型冷凍設備及製冰機的新式甜甜圈生產裝置。當這些機器首次在台展出後的數年，一九八二年，鄧肯甜甜圈（Dunkin Donuts）宣布和台灣廠商技術合作，在台開設美式甜甜圈店。[21] 三年過後，彼時稱作「唐先生甜甜圈」的 Mr. Donuts 也關注到台灣市場並設點，同時，麥當勞就在一九八四年進軍台灣，開設首家分店，甜甜圈和薯條作為快速方便的西式油炸物，開始風靡台灣，改變台灣人飲食習慣。這時，台灣出現了專門供應甜甜圈生產的烘焙預拌粉，[22] 讓甜甜圈以「美式月餅」之名，搶進台灣市場。[23] 一九九二年高緣企業引進「圓堡寶」自動化迷你甜甜

第一章　蔥油餅

圈製造機,對外號稱人人有三十萬創業資金即可加盟,在當時台北最熱鬧的台北獅子林廣場、大亞百貨地下二樓小吃部等百貨公司、電影院,甚至是學校、動物園、兒童樂園等人潮密集處販售,投資者只要準備廿五萬,不需繳交加盟金或保證金就能創業,「估計五、六個月可回收,風險小」。[24]

一九八四年,政府公布「烘焙食品技術士技能檢定規範」,這時甜甜圈改以「油炸道納司」之名,列為西點蛋糕類的檢定項目之一。當國家開始試圖標準化甜甜圈的飲食規範,一般人民顯然還是習慣稱其為甜甜圈,[25] 並且從一九九〇年代開始,路上越來越多流動點心攤加入台式甜甜圈的熱潮。根據聖瑪莉麵包連鎖店的統計,傳統的波蘿麵包、鹹麵包,法國大蒜麵包、牛角可頌、甜甜圈、馬來糕等,是最受國人歡迎的口味,口味還存在南北差異,北部消費者對派類、丹麥、法國硬式麵包的接受高,中南部則鍾情傳統口味。[26]

路邊點心攤沒有能力引進大型機器設備,但他們有長期和麵糰相處的經驗,一個用麵粉、砂糖、奶油和雞蛋混合後油炸的舶來品,難不倒這些蔥油餅老闆。只要將麵粉混入砂糖、鹽、奶粉、水、雞蛋、酵母粉,放入冰水拌匀後,將麵糰揉成一定厚度再壓模切出甜甜圈,發酵三十分鐘,入約兩百度的油鍋中炸成

味道的航線

金黃色,再濾油並趁熱沾細砂糖粉,甜甜圈就完成了。

因為造型討喜,口味老少咸宜的台式甜甜圈,在售價親民跟購買方便下掀起熱潮。大街小巷的攤車也多角化經營,兼賣其他像是雙胞胎、麻花卷以及芝麻球等油炸麵點,讓甜甜圈順著台灣西點的流行,深入大街小巷的常民餐桌。

這股台式甜甜圈熱潮,曾在二〇〇〇年達到最高峰,不僅引進機器設備生產的加盟主增加,在街頭直接表演讓顧客「恐怕都很難以抵擋好奇心的驅使,紛紛掏腰包買來嘗嘗新。」[27] 因為製作方便,容易自行在街頭販賣,甜甜圈熱潮的風行結果是產生模仿效應,最後導致產業泡沫化,「像是葡式蛋塔,到五年前甜甜圈市場爆紅,以台北市為例,大約有五十家左右,經歷爆紅然後又退燒,現在剩沒幾家,如何存活憑真本事。」[28] 在金融危機前後的台灣,雨後春筍般興起的街頭攤車,簡直是餐飲業的一級戰場,能在熱潮過後繼續存活下來的小吃攤,不證自明了他們靠著手藝獲得顧客青睞的真本事。

從豐年雜誌的文章看來,早年中式蔥油餅就與西式甜甜圈相提並論。而陳姐姐的蔥油餅攤就是順著台灣的飲食發展脈絡,並搭著一九九〇年代的甜甜圈熱潮,也開始在攤上賣起台式西點。和初始在上海發軔的多福餅相較,陳姐姐

第一章 蔥油餅

攤車甜甜圈，已經進化到混用發粉與些許小蘇打，產生更蓬鬆的口感。現在台灣的甜甜圈還多會灑上一道糖粉的工序，就像經過本地化後，口感相對原產地法國更加酥軟、又稱麩奶甲的牛粒(bu-ling-kah gû-lik)（實際上與海綿蛋糕淵源較深），可以說台版甜甜圈也成為另一種「台式馬卡龍」，配合著台灣人挑剔的嘴，卻又喜歡求新求變的飲食西化風向。

台式西點的興起，代表一九九〇年代台灣攤車風起雲湧的歷史，不過在陳姐姐的蔥油餅攤上，炸物並不僅限於甜甜圈一項，除了甜甜圈，還有芝麻球、雙胞胎以及麻花，這些特色的福州小吃。但無論西點還是中點，為了專心製作比較需要時間，也是客人購買主力商品的蔥油餅，陳姐姐會在剛開店時，就預先炸好所有蔥油餅外的其他小吃品項。當客人選購這些油炸點心時，就能即刻享用這些美味的炸物，跟上城市中人們急促的腳步。

來自福州的雙胞胎、芝麻球與麻花

台語中的雙胞胎稱作馬蹄糍(bé-tê-tsînn)或頭鬃尾(thâu-tsang-bué)，芝麻球則稱為糍棗(tsînn-tsó)，並且也有以華語稱之為炸馬蛋的說法。在福州話中，這些炸點也湊巧與馬有關：雙胞胎稱作馬耳(ma-ngéi)，芝麻球稱作馬卵(ma-lāung)或者浮油糍(pu-iu-lî)。因此，如果到福州，福州人會用華語向外地遊客介紹雙胞胎與芝麻球為馬耳朵與馬蛋。另外在台語中所稱之枷車藤(kha-tshia-tîn)、蒜蓉枝(suan-hiônn-ki)、索仔股(soh-á-kóo)或索仔條(soh-á-tiâu)的麻花，福州話則稱作火把(hui-pà)，是漳泉、福州到台灣一帶都流行的點心(tiám-ning)。

在福州，雙胞胎與芝麻球經常一起售賣。一家在市內長樂區營前地帶知名的海鮮鍋邊小吃店，最著名的吃法就是點一碗十一元人民幣滿是鮮蝦、蛤蜊、香菇的海鮮鼎邊扠後，再隨性用店家提供的塑膠袋自助取用兩元一塊的雙胞胎、芝麻球與油條，離開前主動告知老闆總額刷QRcode付款即可。電動自行車喇叭聲中，這間開在T字巷口路衝的小吃店，在下班時間會有源源不絕的外帶人流。每當店員拿出一鍋鍋現炸點心，總會有許多尾隨店員的顧客來回穿梭店家

75　　第一章　蔥油餅

的前後場，他們得一邊忙著點餐付款，又得眼明手快地搶購新鮮出鍋的炸物。在眾多炸物中，除了炸成碩大的圓球、因而福州人若用華語會以此稱之的「馬蛋」，這間店還有招牌「馬耳朵」。當代福州人轉華語所稱的馬耳朵為福州雙胞胎，作法是將麵糰對折、中間夾著一層白糖糖皮發過。當小麵糰的剷切成長條狀，隨後直接放入炸鍋，就會長出「馬的耳朵」。綜合外型與口感，相比於台灣，福州的雙胞胎外型纖瘦、口感有嚼勁，吃起來更像是甜版油條。

在台灣，雙胞胎普遍的作法是先用高筋麵粉製作麵糰，加入老麵、雞蛋和鮮奶，甚至放入一點奶油增添香氣後均勻混合，靜置一段時間，再用炒過的中筋麵粉混入糖製作糖皮。當麵糰與糖皮疊合時，部分店家會撒上白芝麻，麵糰再上下併疊將糖皮包裹其中。切塊後，會特別在每塊麵糰選取其中方正的一角戳洞並反凹轉圈，丟至炸鍋時麵糰會自然膨脹。至於芝麻球的製作則一樣是麵糰裹上芝麻，丟入炸鍋後會待麵糰炸至膨脹後出鍋。

雙胞胎與芝麻球同樣是在中國南方省分常見的點心，除了福建，在江浙一帶的老上海人稱雙胞胎為炸糖糕。而傳至台灣的雙胞胎與芝麻球，剛好都與福州人相關：在八里，販賣台式雙胞胎等經典福州小吃的店家，店主本身就和福

味道的航線　　　　　　　　　　　　　　　　　　　　　　　　　　76

州有淵源。「姐妹雙胞胎」成立於一九七一年，原名統力早餐，老闆張安滿說自己的手藝是十二歲離開老家雲林後，從來自平潭的長者得到啟發。張安滿原本在台北一家製作唱片的工廠上班，有次遇到一位老榮民引起他的注意，「那時工廠外有個老榮民賣『馬蹄炸』（即雙胞胎），他把二個馬蹄炸戴在頭上，看起來噱頭十足，大家都跑來跟他買。」所以他結婚後，便辭掉工作，和太太張陳秋菜「帶著一條棉被、兩雙碗筷和省吃儉用存下來的三萬元，落腳八里。」原本賣早餐的他，開店是為提供碼頭工人迅速填飽肚子好上工的需求，後來才轉型賣雙胞胎為主。張陳秋菜也回憶，那時販賣雙胞胎「是從外省人吃的油炸麵食改良，把『雙胞胎』從硬的做成鬆軟的口感，並搭配燒餅、油條、甜甜圈、酸菜包一起賣，生意好得不得了。」29

另一方面，同在八里的「福州兩相好」店家，也是現在觀光客從淡水坐著藍色公路遊艇上岸後，到八里渡船頭必吃的特產。這種八里兩相好原本是為了服務同是福州籍老兵的回憶，

安居街蔥油餅的甜甜圈

77　　　　　　　　　　　　　　　　　　　　　　　　第一章　蔥油餅

隨著八里成為觀光景點，兩相好現在變成必吃的八里美食。第二代老闆林先全分享，自己的父親來自福州，來到台灣認識母親後，夫妻倆一起開始做點心攤，並在一九八〇年代到八里定居，賣雙胞胎、芝麻球與麻花。老兵，都是同鄉的，就喜歡吃這家鄉味小吃。」曾考量父母身體因素，休息五、六年後，兩相好於二〇〇〇年重新開店。30 林老闆介紹他們的麻花，是將混著麵粉、老麵和豬油的麵糰放入黑芝麻提味，不斷攪拌。攪拌後的麵糰，要配合空氣中的濕度，抓準時機讓蓋上白布的麵糰有適當的發酵時間，以避免麻花變型、甚至變質。發酵後，將麵糰分成適中大小，搓成長條再發酵一段時間，接著將麵糰長條的兩端對折拉起，讓麻花像老舊的有線電話線圈那般捲起。動作重複兩次後，麻花成型的下一步是油炸：好吃的麻花秘訣，是先用大火下鍋，再另起一小火油鍋，將麻花二次入鍋炸熟後，再蓋上防止麻花浮起的鐵架，轉大火逼油。過程中，必須不斷翻攪讓麻花均勻受熱；最後泡進高溫燒製白糖而成的糖漿，起鍋後就大功告成。

福州人做點心，傳到台灣後不只影響本地人的口味，也有馬祖人以此為基石，在台灣開創家業。基隆惠隆市場有間開立四十餘年的口福食品行，老老闆

味道的航線

78

胡宗龍來自馬祖西莒島，店內熱銷的「千萬麻花」，就源自一位福州老兵的傳授。「那時候，他『福州老兵』在白犬（西莒舊稱）是我們家鄰居，我們都叫他『半嶺 Tsing』。因為半嶺就是我們家住的地方，Tsing 是他的名字（不知道國字怎麼寫）。他雖然是海保『部隊士兵』，在西莒靠修船維生，但會做麻花，到基隆後開始擺攤。」那時西莒島生活困苦，不要說麻花，胡家表示連豆漿油條都很少買，小孩每餐只能喝米粥湯，飯是留給大人吃的，家中菜色多是將剩下漁獲，以白麴醃製成的糟魚。在這種經濟條件下，胡宗龍父親決定向外發展、離開馬祖；這個帶著家人遠遷基隆，以跑遠洋商船展開新生活的決定，帶動遷台後的胡家，以麻花開啟他們人生也如麻花般的事業插曲。

一九四九年以後基隆作為北台灣重要的商港與軍港樞紐，是台灣通往兩岸航線的必經地。來到這裡的福州人從事海軍、財稅與司法行政業務，基隆地方法院所在的東信路與崇法街就是聚居處；許多保送到基隆海事或海洋學院（今海洋大學）的馬祖人，則多擔任貨輪船長水手、碼頭搬運工與計程車司機等職務。一九五四年，一批被稱為「海保部隊」、駐守主力在馬祖西莒的海上游擊隊解編，後撤至台灣本島時，這些多來自福州沿海地帶的情治人員、軍校生與

農漁夫，部分留在基隆定居。現今馬祖各島的許多傳統糕點店，手藝都是由這些駐守馬祖的福州人留下；其中一位，就是半嶺 Tsing。

一九六○年代的基隆，路上行著三輪車，人潮熙來攘往，鬧區聚集在田寮河兩側。半嶺 Tsing 與弟弟在對街的中興國校與信義國校前各自設攤，[33] 他們將麻花擺在騎樓店前的斜桌上，店後有機器生產，剛好就是信義國校，在放學時出爐吸引路人採購。我母親幼時就讀的學校，就是信義國校，她也記得放學時，那檔總是香味四溢的福州麻花攤。近期有次帶她一同來到口福麻花，已離開基隆近三十年的她聽到胡老闆說上此事，意外於當下這口中的麻花，居然和幼年記憶有如此深厚的緣分。

起初，曾和爸爸一樣跑船的胡宗龍，選擇到台北警備總部考試，並在電訊傳習所受訓取得報務員資格，來往台灣海峽，甚至航至伊朗。遠洋貨輪離家一次就是以月起跳，考量與家人聚少離多，他回家經營向香港點心師傅拜師的饅頭店。

而麻花人生的開始，則是在遠洋商船上擔任水手的胡宗龍父親，協助半嶺 Tsing 就近在香港、上海與福州連絡上他福州的家人後，為了表達

福州營前海鮮鍋邊的雙胞胎（右）與芝麻球（左）

味道的航線　　　　　　　　　　　　　　　　　　　80

在八里販售雙胞胎的知名店家

感謝,當兩岸開放探親後,這位同樣來到基隆的西莒鄰居決定回鄉定居前夕,他將自己的麻花技藝傳授給胡宗龍。今天,二代接手後的口福麻花,同時以銀絲卷饅頭與客製生日造型蛋糕聞名,而中西合璧下的麻花店,在幾年前一位顧客以一張麻花發票中獎千萬後,重新包裝為「千萬麻花」,繼續擔任基隆的伴手禮代表。

說起麻花,它跟蔥油餅、雙胞胎、芝麻球一樣,不只是我母親的小學記憶,更是過去我外公外婆的最愛。在他們身體還硬朗的時候,總習慣推著菜籃車一起去附近的超市採買日常用品。到了傍晚,就會路過蔥油餅攤,用家鄉話和陳姐姐聊家常。他們總會刻意多買一些麻花、蔥油餅或雙胞胎,然後來我家按門鈴,要媽媽下樓接過這些點心,或者回家打電話請她去拿。這是我念中小學時深刻的回憶:在其他家人都還沒下班的傍

第一章 蔥油餅

晚，就我和媽媽（或者有幾次由我代打到外公外婆家「領貨」時，順便就在他們家吃著點心聊天）享受最快樂的無所事事時刻。

福州小吃的麻花，很早就走出福州，成為台灣報章雜誌中的家庭副刊料理教材，讓婦女可以在家手作。34 但是對於馬祖人來說，麻花不只是食物，還多了一種思鄉味。過去馬祖的糕餅業，原物料仰賴軍方，福澳店舖美味軒二代媳婦曾回憶，當時的麵粉來源還是由軍方物資處統一批售，必須一次就購買幾十包麵粉屯存，再加工生產豆沙餅、油條、月餅等點心。35 歷經戰地政務時期，除了原物料來自軍方，餅店的客源也有不少是阿兵哥。自從行政院新聞局局長沈劍虹來訪馬祖，對起馬酥和芙蓉酥這兩種點心讚不絕口，甚至賜名為「馬祖酥」後，起馬酥和芙蓉酥聲名大噪，變成軍人返台休假或退伍時必備的伴手禮。

早期就是馬祖商港樞紐的南竿福澳是餅舖重鎮，其主要街區福澳街上三大餅舖都生產麻花，許多馬祖人的手藝便源自於此。至今仍在營業的北竿糕餅業者發師傅，是福澳三大餅舖之一萬豐有關門弟子，36 他延續蘿蔔絲餅這類費工

在國二時全班為即將遷往基隆的胡宗龍（最後排右五）而提前拍攝的畢業照（胡宗龍先生提供）

味道的航線　　82

的手藝,並接受事先預訂,保留糕餅文化的傳承。[37] 其他像是頂好商店的紅薯糖、美味軒的芙蓉酥、天美軒的芙蓉酥與大餅、寶利軒與鮮美廉的繼光餅,也都是值得品嘗的馬祖糕餅。

當年沈劍虹來訪馬祖後,馬祖兼賣麻花的糕餅舖在那時軍人的大量採買下,主力都改為生產起馬酥和芙蓉酥,直到大量消費人口隨著軍隊裁撤而消失,福澳頂好與美味軒、山隴天美軒與寶利軒、塘岐發師傅與鮮美廉等餅店,才因應解嚴開放觀光,隨著觀光客喜好,再次多元化生產,發展出各自的特色酥餅。

同時間,馬祖在戰地政務時期出現西點麵包店,標誌著邁向現代社會的飲食習慣改變。隨著飲食西化,消費客群減少,與其繼續生產需要繁複人工技藝的馬祖傳統糕餅,更多糕餅店在解嚴後的選擇是關門大吉,消失在眾人眼前。[38] 所以雖然麻花的生產盛極一時,馬祖目前島上較無專門販賣麻花的店家,倒是其技術隨著馬祖人遷居,傳播到台灣的基隆與桃園一帶。其中,中壢邱記麻花就是其馬祖的南竿津沙村後代所經營。邱家從馬祖移民到桃園後,繼續從事拿手活,如今轉身為無論在馬祖工作的本地或外地人,會一起團購回馬祖的辦公室點心。

83　　　　　　　　　　　　　　　　　　　　　　　　第一章　蔥油餅

基隆口福食品的麻花

馬祖傳統美食之所以延續的理由不一,但關於飲食的記憶,可以透過品嘗傳遞。記得我外公、外婆曾說,雖然家鄉很遠,能在台北開心吃到來自家鄉的點心,是人生最大的幸福。我現在經過蔥油餅攤,則總想著,除了念托兒所時和他們一起躺在夏日午後的台北公寓地板午睡的時光值得回味,我也想和他們說,那時一起在午後吃著麻花與蔥油餅,一直是我人生最快樂的事。

味道的航線

上：安居街蔥油餅現今販售的五種點心：蔥油餅、雙胞胎、芝麻球、麻花與甜甜圈
下：馬祖點心芙蓉酥

1 Hauck-Lawson, A. S. (1998). When Food is the Voice: A Case Study of a Polish-American Woman. Journal for the Study of Food and Society, 2:1, pp.21-28.

2 根據聯合報報導，曾有位馬祖劉姓婦人在台北中崙市場擺攤十餘年後轉戰內湖，「沒想到她剛來這路邊賣蔥油餅、雙胞胎，竟要被以『竊佔國土罪』移送⋯警方最後網開一面，劉婦才破涕為笑。」另外，也有其他案例。詳見：錢震宇（二〇〇五年三月廿三日）。萬象系列 關懷篇之七大陸親人在台灣。聯合報，第廿一版，C 4版。孔維勤（一九九一年九月十五日）。路邊賣蔥油餅⋯妳犯了竊佔國土罪。聯合報，第十一版。

3 根據作家魚夫的說法，目前知名的永康街天津蔥抓餅，約莫是二〇〇〇年後由皮鞋店轉型，取名天津的原因，或許跟原先最早引進台灣時師承天津師傅有關係。詳見：魚夫（二〇一七）。臺北食食通。台北：台北市觀光傳播局。頁九二－一〇一。

4 劉宏文（二〇一七）。我從海上來。桃園‧馬祖移民。桃園：桃園市政府文化局。頁九。劉宏文（二〇一六年十月十七日）。蔥油餅。馬祖資訊網。二〇二三年二月四日，取自：https://www.matsu-idv.tw/topicdetail.php?f=182&t=157193。

5 這篇報導還特別提到：「每家主婦若能將麵食之法逐日掉換，則自不覺食麵之單調，且將感其味之無窮，而小麥之滋養力較米為富，且可預防腳腫濕氣，則久食之後，不僅經濟可以調劑，而吾人之健康，亦得以增進矣。」詳見：吳靖（一九三九年九月四日）。麵食之製法及益處。申報上海版，第十三版。

6 劉家國（主持人）（二〇一七）。馬祖鄉親桃園移民史（案號：一〇五〇七三〇）。桃園市政府文化局委託，馬祖資訊網執行。

7 西田善太（編集長）（二〇二一）。BRUTUS 特別編集：台灣で観る、買う、食べる、101 のこと。東京：マガジンハウス。附田佑斗（二〇一五）。第一二四話：校歌齊唱。食戟之靈⑮。台北：東立。頁一〇九－一二八。

8 黃開洋（二〇二二）。霧季野草事。鄉間小路，四八（七），頁六四－六五。

9 曹爸說，這是家用版本，如果做生意，會提前在燙麵時，為了大量生產，兌水就加入鹽，省一道工序。

10 唐魯孫（二〇二〇）。打滷麵。酸甜苦辣鹹（新版）。台北：大地。頁三四一－三七。

11 施珠勵（製作人）（二〇二二）（二〇二二年十月十六日）。詹姆士出走料理【電視節目】，第一八〇集。台北：全能製作股份有限公司。二〇二三年六月五日，取自：https://www.youtube.com/watch?v=iTj9PS2IbvE。

12 今天，西莒田澳的隆順小吃店特色水煎包，經常就以小蜜蜂的形式外送，也是許多在地人指名要搭船代購的美食。

13 八一通粉營養價值高 上糧最近將裝小袋出售 準備普遍供應市民試用（一九四九年十月十七日）。大公報上海版。第三版。

14 木每（一九四六年七月卅日）。炊事怎樣做多福餅？申報上海版，第九版。

15 海籟（一九五三年七月十六日）。真實故事不同的愛。聯合報，第六版。

16 簡稱農復會，是當年依據《中美經濟合作協定》由台美雙方共同指導台灣農村建設的機構，今天的農業部前身。

17 徐久美（一九六二）。兩種家常的點心。豐年，廿（五），頁三三。

18 簡美月（一九七九）。四健／學校／推廣／班會（大寮鄉農會）。豐年，廿九（十六），頁四五。

19 甜甜圈餐廳昨開幕（一九七四年十月十一日）。經濟日報，七版。

20 美製餐旅設備昨起展出三天（一九七五年七月卅日）。經濟日報，七版。

21 經部昨審議通過僑外投資案一批（一九八二年五月廿五日）。經濟日報，六版。

22 外國速食「五胡亂華」國內也臨「戰國時代」（一九八五年三月廿四日）。經濟日報，六版。糕餅業可「偷工」不減料（一九八五年十二月卅日）。經濟日報，十版。

23 高蘭馨（一九八九年九月七日）。賣月餅也賣文化 秋節月餅市場展開包裝大戰。經濟副刊，二七版。

24 江內坤讚許桂宏企業革新有成 高緣引進迷你甜甜圈自動生產機（一九九二年十一月廿五日）。經濟日報，第三十版。許志祥（一九九三年七月七日）。現代商店經營型態走向連鎖加盟趨勢 有意創業者可一趟連鎖加盟展示會場可獲豐收。經濟日報，第二六版。曾玉燕（一九九三年七月九日）。連鎖或加盟系統崛起市場 風險低利潤穩為創業者提供成功管道。經濟日報，第四十版。高緣引進圓堡寶甜甜圈製造機（一九九三年七月十七日）。經濟日報，第二九版。

25 直到現在，相關烘焙職類課程的教材解說上，還要先透過一段引文，讓同學們了解原來「道納司」就是甜甜圈，顯見科定項目與現實生活的差距。

26 林珍良（一九六六年九月十八日）。麵包市場戰鼓隆隆。聯合報，第三四版。

27 李竘瑛（一九九三年九月廿日）。甜甜圈做給您看。經濟日報，第十五版。

28 孫紀蘭（製作人）、張芷婕、涂芳銘（執行製作）（二〇一〇年二月廿七日）。台視晚間新聞【電視節目】。二〇二三年二月四日，取自：https://www.ttv.com.tw/VideoCity/video_play.asp?ID=1018，https://www.youtube.com/watch?v=SYFOGMArbrg。

29 老字號 三姐妹傳奇 八里雙胞胎（二〇〇四年十月七日）。壹週刊。二〇二三年十月二日，取自：https://tw.nextmgz.com/realtimenews/news/1436728。

30 張志杰（二〇〇四年五月九日）。雙胞胎賣雙胞胎 八里雙胞胎早餐店趣事多。自立晚報。二〇二三年六月九日，取自：https://www.idn.com.tw/news/news_content.aspx?catid=5&catsid=2&catdid=0&artid=20040509dd002。

31 台視公司新聞部（製作人）（二〇一九年十一月十一日）。尋找台灣感動力【電視節目】。台北：台灣電視事業股份有限公司。二〇二三年六月五日，取自：https://www.youtube.com/watch?v=N5vpGPfQhk/。

32 台視公司新聞部（製作人）（二〇一九年十二月九日）。胡宗龍在基隆的同鄉還記得，當年諸如建陽十二號、宜平卅一號等艦艇隊從西莒來歲修時，這些游擊隊員還會在他家打麻將消磨時光。有關海保部隊的介紹，詳見：好多樣文化工作室（二〇二〇）。縮時旅行：馬祖戰地文化秘徑引路指南。連江縣政府文化處（二〇二〇）。東海部隊的游擊足跡：文化馬祖。二〇二四年一月十八日，取自：https://www.matsucc.gov.tw/cultural-travel/ 東海部隊的游擊足跡/。

33 這應是除了馬祖西莒島外，與東引等以海維生的馬祖島嶼共同的飲食記憶。吃魚不見魚，重現馬祖東引人的美味家常，領略醬汁有精華的糙魚文化。微笑台灣。二〇二四年二月廿五日，取自：https://smiletaiwan.cw.com.tw/article/7023/。

這些游擊隊靠美軍捐贈的砲艇與徵收本地的船隻維持運作。連江縣政府。在一九六八年實施九年國民教育前，小學稱為國民學校，簡稱國校。

34 宋織女（一九六六年一月九日）。春節做麻花。中央日報，第八版。
35 曹辰瑩［掐米］（二○二二年十月五日）。開箱美味軒！閒聊福澳最繁華的過往！掐米亞店．馬祖廣播節目【影片】。YouTube。https://www.youtube.com/watch?v=8qmT65Vnq7w。
36 包子逸（二○一八）。老派小點閩東一下。10＋島款款行：四季 X 五感離離離島出海放風。台北：天下文化。頁二○一二一。
37 在南竿的鐵板包子店，也經常有俗稱菜頭餅（tshèi-lou-biáng）的蘿蔔絲餅出爐，但需要事先預訂，並不是明文寫在其菜單上的商品。
38 宋志富（二○○二年八月八日）。地方加工製造業回顧之八 馬祖糕餅業起伏與創新。馬祖日報，第二版。

第二章

繼光餅

蜀排餅，鏗囉鏗，
Soh-pè piāng, Khiang lo khiang,

貼上芝麻，
Tháik suông tsie-muài,

食咧平安大團圓，
Siek le ping-ang tuâi thuang-uòng,

萬年寶蓋，萬事吉祥。
Uàng-nièng po-kǎi, Uàng soêy kǐk-suòng.

胡椒餅・福州話

在熱鬧的台北街上，銀行和商辦大樓之間藏著一個小吃店面。如果路過這裡，會看到人行道上的攤子前，五位師傅圍著長桌兩端，各自忙碌著手上的工作：在長桌的一端，一位師傅專注地將麵糰擀成小而圓的麵皮；旁邊的一位將混合瘦肉片、絞肉與醬汁的肉餡塞進麵皮；麵皮的肉餡撒上大量蔥段再裹成球狀；另一邊的兩位師傅則正在將包進的餅一顆顆鏟下。每當排隊的人潮開始聞到焦香，就是一個個包有醃漬肉塊、外表黏一些白芝麻，隨後被快速貼在火爐中烘烤二十幾分鐘的麵糰，即刻出爐成香噴噴且脆薄的胡椒餅。

這是位於台北車站重慶南路上的「福州世祖胡椒餅」，創立台北車站分店的胡椒餅老闆吳玉成已在饒河街賣餅四十年。吳玉成說，他是在十五、六歲時，和一位福州老師傅學習製餅的技巧。當兵回鄉後，本著一身熟練的技術開業經營，利用課餘賣餅，順道貼補家用。「〔那時〕高中選擇念夜間部，白天邊幫忙邊學習，一學就學了五、六年。」[1]

如同吳老闆所言，胡椒餅這項手藝來自福州人。在台北，除了松山饒河街的世祖胡椒餅，在萬華龍山寺與華西街、東區頂好、公館台大與師大等商圈也都有胡椒餅攤，甚至擴及新竹與嘉義。他們都發源自艋舺的「福州元祖胡椒餅」，並靠著自己的技術走出艋舺，將店舖的名聲發揚光大。[2]

今天，元祖胡椒餅開枝散葉。但不變的是，胡椒餅的特點，在於麵糰：製作時先將麵粉倒入攪拌機，隨後加入適量溫水形成麵糰。接著，用手觸碰麵糰評估軟硬度和濕度，再逐步調整麵粉和水的比例，以達到最佳狀態。在華西街設立「艋舺黃記元祖胡椒餅」餅攤十年的老闆黃桂英女士是黃家遷台第二代，她受紀錄片採訪時特別強調，[3] 麵粉比例的決定需要經驗，不是一兩天就能學會。為了避免麵糰黏在木板上倒入少量油，放上從攪拌機取出的麵糰，再憑藉多年經驗熟練地用雙手揉壓，掌握適中的力道，使其剛好揉合。隨後，將揉好的麵糰分割成三等分，逐一揉成條狀，再將其切分為小塊狀，把每個小麵糰揉成圓型，在小麵糰上加入油酥；將這兩種麵糰混揉均勻，能賦予餅皮特殊的酥脆口

華西街的胡椒餅

感。再來，老闆會壓扁麵糰，再放入事先醃製好的肉餡。當按照家族秘傳配方，以一定比例分別加入刀切成較大塊的肉，以及肥瘦各半的絞肉混合攪拌後，透過豬肉肉餡的黏性，沾上秘密武器蔥花，搭配傳統的手工技巧，豐富的餡料就會巧妙地被包裹在小小的麵糰裡。接著，老闆會薄薄地塗上準備好的太白粉水，讓炒香過的芝麻能黏附在餅皮，不僅增添胡椒餅的香氣，也提升口感。最後，放入事先清洗過爐壁的火爐中，烘烤二十分鐘，一爐七十顆胡椒餅，就可出爐等待老饕光顧。

元祖胡椒餅原址在已拆除的萬華戲院，但當地人還是會稱呼位於龍山寺對面的艋舺公園一處為「戲台口」。約莫一九五〇年時，一對黃姓福州夫婦首先在此創立元祖胡椒餅，不過這不是他們一開始的初衷。「［我］年輕時是基隆的小姐，到台北工作後結婚，跟著丈夫隨公婆做生意。黃家是福州人，以前經營過料理店、擔仔麵，後來才改做胡椒餅成功。」第二代媳婦黃許材嬌回想本店創立時的情景，這樣說道。

一九九二年，當黃許材嬌的丈夫過世後，她和媳婦接手，再雇用其他親戚，繼續經營胡椒餅店。[5] 之後，黃家其他後代或近親，也陸續在台北近郊開

Hi-tâi-kau [4]

店。⁶ 表示手藝來自外公黃世瑄的黃家遷台第三代鄭姓兄弟,更分別在士林與公館以丞祖與大學口的店名,打響名號。老闆鄭一濱與鄭一竹介紹說,胡椒餅最早馬祖稱之為蔥肉餅,後來因為第二代身為廚師的大舅想以外來的胡椒提味,「這樣賣起來感覺還不錯,所以大家才叫它胡椒餅。」⁷

胡椒餅在馬祖稱之為肉燒 nyk-siu,曾在一九五〇年代前盛行在作為福州商貿樞紐的西莒島上,當時來自福州沿海各方的游擊隊伍駐紮在此,士兵也帶來傳統漁村罕見的手藝。雖然在豬肉稀有的海島,賣胡椒餅僅止於長輩幼年聽聞的傳說,不過關於胡椒餅與福州文化之間的聯繫,曾來台求學的馬祖長輩陳高志老師有深刻的體會。

在一場馬祖文化的分享會上,台大中文系畢業的他,告訴在場聽眾作為一個馬祖小孩,他於一九七〇年代在台北的特殊求學經驗:

「當年我念台大的時候,校門口公館外就有那麼一間賣胡椒餅的店,店老闆是福州人。那時我想買個餅,就向店內問了聲一份多少錢。因為門口沒人,我又將聲音喊高了些。」說到這裡,陳高志老師也放大聲量,將我們拉回當時的情境。老師回憶,當他用揚高的滿是ㄅ、ㄆ不分福州特殊口音問價錢時,「沒

tshœyng-nyk-piáng

第二章 繼光餅

想到，這時一位背對著我的老先生，他不僅背對著我，而且還看都不看我一眼，就用福州話回答我：『蜀份廿五塊！』」_{Sŏh-hông nièng-ngù-loéy}

陳高志老師是馬祖福州語的文字研究者，說的正是當年台大正門外的小吃美食回憶，那時羅斯福路上滿是流動攤販，其中就包括大學口胡椒餅。「可能因為我的口音，他一聽就知道我的母語是福州話。」陳老師經常在網路發表語言文字的考究，對於生活中每個人說話不同的腔調細微差異也十分留意。他說，這個餅店是他心中的大學回憶，也是真正福州人用濃醇鄉音經營的餅店。

「我告訴你，台北的福州人，在我求學年代還真不少。剛剛談完胡椒餅，我還記得另一件事情，曾經有一次我和馬祖同學在台北搭公車時，上車後遇到一位老太太。老太太的穿著整齊乾淨，顯然經過打理，頭髮也整整齊齊盤成一球，梳得烏黑發亮。因為太過工整，我忍不住跟同學用福州話開玩笑說：『許其可能是假的。』_{Hṳ̄ khŏ-nèng sèi ká li}（這個[頭髮]可能是假的。）結果沒想到，話還沒落完，她轉頭回了句：『汝各儂去買咧嘛！』_{Nṳ̄-kouk-noèyng khŏ mē̤ le ma}（那你們去買買看嘛！）害我們嚇得立

味道的航線　　　　　　　　　　　　　　　　　　　　96

「好吃的胡椒餅,必備材料是能使胡椒更加有味的三星蔥,關鍵還在肉的調製。一顆胡椒餅從一塊半,賣到了一顆五十元,[8] 無論是世祖胡椒餅選用瘦肉片以絞肉混合,還是元祖胡椒餅選用半肥半瘦的肉塊內餡,走過歷史的胡椒餅各家獨門秘方都有死忠愛好者。

那麼,為什麼叫胡椒餅呢?有人認為,這種技法來自中東,一如胡椒都是舶來品,講究的是烤的技術,火爐要能控制得宜;[9] 有人認為胡椒餅原本是福州餅,一如福州一帶的蔥肉餅,餅貼在爐壁上,經過烘烤才能品嘗。在福州,[10] 胡椒餅確實裡面加了胡椒提味,混合上蔥段的嗆辣,讓肉餡的風味跳躍出多種層次,使肉汁更加香甜。

無論是「福州」訛傳成「胡椒」,還是衍伸出這是福州人受中東烤饢技
Hok-tsiu　　　　　hôo-tsio
術的影響,[11] 或許胡椒餅的身世,從福州話的源流可知,和「蔥肉餅」更有關係。[12] 在福州,如果提到蔥肉餅,意義就擴大了;餅可不只有胡椒餅一種,但都起源自一個人物:戚繼光。

第二章　繼光餅
97

繼光餅的文化與記憶

> 舉世盡聞不抵抗，輸他少保姓名揚。四百年來陵谷變，而今麥餅尚稱光。
>
> 一九三六年春 福州——郁達夫，〈于山戚公祠題壁〉

胡椒餅的烤餅記憶，不只是馬祖人的記憶，也是很多福州人的鄉愁。在福州的大街上，隨處可見透明保溫箱裡頭躺著一顆顆烤餅。這種烤餅的保溫箱上，統一用紅字行楷寫上「永泰蔥餅」，和胡椒餅一樣撒上了滿滿芝麻，但餅身比胡椒餅稍扁一些。在福州，無論是蔥肉餅還是蔥餅，經過炭火燒烤的餅概稱為繼光餅。戚繼光的故事不停在福州人之間流傳，在福州著名景點于山上，紀念戚繼光的「戚公祠」迄今仍矗立，一九三六年，擔任福建省政府參議的著名詩人郁達夫，曾在逗留福州的一年裡，為繼光餅留下一首「四百年來陵谷變，而今麥餅尚稱光」的詩詞。繼光餅的故事，就得從戚繼光開始說起。[13]

傳說中，這位打擊東南沿海匪寇的知名明朝將領，發明了一種在中央穿有

味道的航線　　98

圓洞的烤餅；而所有福州人，無論男女老少、移民或離鄉客，人人能傳誦他的事蹟。在一九七八年的《中央日報》副刊中，一篇〈鹹光餅之戀〉書寫一位台灣囡仔和他哥哥與福州老師傅的互動故事：在過去一個繼光餅零賣一分錢，一角錢可以批發十五個繼光餅的日子裡，他們總喜歡在家附近的萬華貴陽街，看著福州餅攤老師傅攤上的光餅嚥口水，再拿出一個來聞聞香味，從那繼光餅的小洞中眺望街景⋯⋯

有一次，我們趕早去餅店，光餅還沒出爐。我們就站在一旁看老師傅擀餅。那種擀麵杖一端有一枝錐子，擀好餅，一翻手把木錐子向圓心一戳，就留下一個小洞，二哥就問：「頭家，光餅不鑽孔，吃起來不是一樣嗎。為什麼要這樣厚工（費工夫）？」老師傅把兩隻紅眼睛瞪了一下二哥，用沾了白麵的手摸摸他的小光頭，打著福州腔說：「你真巧（聰明）。我也未聽見有人問我這層事。」

接著，他興致勃勃地告訴我們，光餅是咱們中國古時名將戚繼光，為了追剿倭賊做出來的軍糧。

[⋯]

「倭賊就是日本仔的祖宗。那時,他們坐船到唐山(大陸),殺人搶東西,搶了就跑。戚繼光為了追趕他們,就做出這種餅。[⋯]這種餅因為是戚繼光做的,就叫光餅。在郎家(我們)福州,也有叫征東餅的,就是這層意思。」

[⋯]

這一天,師傅顯得高興,當他數餅時,另外多給了兩顆。說:「這兩個賞你兄弟仔。」我們喜出望外,出門到拐角,就各拿一個咬了起來。

二哥一面嚼,一面口齒不清的說:「福州師人真好!以後我們再問他一些事,說不定會再送光餅給我們吃。」

接著,我們果真大動腦筋,向他提了許多問題,比如:光餅為什麼要分甜的和鹹的?從福州坐火車到萬華,要幾點鐘?戚繼光打敗了倭賊,後來有沒有做皇帝?⋯⋯他只是泛泛作答,也不賞我們光餅,很使我們失望。倒是有一次,我問他這做光餅的手藝,是不是從七鷄公(戚繼光)那裏學來的?使他噗哧發笑,又賞了我們兩個餅。——亦玄(一九七八年八月十五日),〈鹹光餅之戀〉,《中央日報》,第十版。

在台灣，繼光餅的台語叫做 kiâm-kong-piánn，傳說早在清領時期就另有泉州人帶入新莊廟街等地落腳。但這篇報導中說的鹹光餅，談論的是福州人帶來的繼光餅。雖然歷史學家已考究出明代的「倭賊」還包括了一群反叛帝國、以貿易維生的沿海漢人，[14]〈鹹光餅之戀〉的內容可能看似過時；然而，在文字中，福州文化被生動地呈現，包括老闆的福州腔口音，例如文章中的「郎家」，是福州話中的「nang-nga」，即「儂家」，表示「我們」的意思。福州人將戚繼光的故事帶來台灣，不只吃著繼光餅，戚繼光的故事還是一則讓人牢牢記住的集體記憶。當這些關於要每位戚家軍將士將餅掛在脖子上，以便士兵能將這些餅串在一條線上的傳說傳入台灣後，不斷重複著這個故事，強調這可以縮短軍隊在指定地點進食的時間，使他們更靈活地對抗倭寇。繼光餅不只代表福州人，它也是許多逃難到台灣的外省福州人，在面對生命創傷時的象徵。就像〈鹹光餅之戀〉中所描述的，他們將繼光餅視為凝聚抗戰和流離記憶的象徵。

繼光餅不僅在福州盛行，它的美味也在中國東南沿海的溫州、寧波等地傳承，成為當地小吃攤的經典之一。光餅文化從福州輾轉移植到台灣，成為福州人的生計工具，同時也融入台灣人的美食記憶；對台灣的孩童和福州師傅來說，

101 第二章　繼光餅

「迎青山王」的口號即代表著繼光餅，連結了台灣人的常民生活與廟會活動。

艋舺的年度三大祭典之一是青山王夜巡，每年在祂農曆十月廿三日的前兩日，來自惠安的青山王會連續兩晚自黃昏開始出巡，抓拿夜間出沒的妖魔鬼怪，護佑行經地區的民眾平安健康。在出巡當晚，跟在青山王轎前開道的，有宣導閒雜人等迴避的報馬仔、充當護衛的七爺與八爺、八將團等等。其中，報馬仔與七爺八爺都會在胸口前掛繼光餅，特別是七爺八爺的繼光餅，長得像婚宴漢餅一樣大。在鼓聲大作中，出巡隊伍從廟宇出發，一路上還有鑼鼓隊、藝陣隊伍依次隨行。除了打頭陣的七爺八爺掛著餅，也會有廟方人員協助沿途發蓋有「青山宮靈安尊王之印」紅印的光餅。據說因為七爺與八爺為城隍大將，祂們帶著的繼光餅就有避邪去禍的能力。這些繼光餅總是吸引沿途香客的目光，眾人搶著去拿。據說，獲得一塊餅咬下可以保平安，所以繼光餅又稱為「平安餅」。[16]

在艋舺周遭有許多餅舖製作這些繼光餅，例如台北環河南路上的老字號福記，即便已由二代新住民接手，源自福州傳統的胡椒餅與光餅技藝繼續傳承，仍是台北福州菜餐廳新利大雅的叫貨首選。這些繼光餅餅舖就像胡椒餅一樣，

是由福州人在戰後帶來落地生根。其中一間賣著那七爺八爺身上所掛著、台語俗稱大餅頭的三水餅店，則已經飄香萬華七十餘年。

tuā-piánn-thâu

「青山宮喔！」

上：艋舺青山王夜巡報馬仔所繫之繼光餅
下：青山王夜巡隊伍中由信眾捐獻的繼光餅發送給民眾

電話鈴響後,像這樣短促、旁人一時無法理解的對話,就是曉芳姐的日常。

「喔,是『洪』喔!」

「學……什麼,要先跟我講清楚喔!」

十點多不到,三水餅店的曉芳姐忙得不可開交。電話一來,餅店這一頭應話的就要快速記下客人訂購的品項,並再三確認抬頭。

「這些都是宮廟剛好有宮慶,那他們就會來訂這一些東西,比如說要還願還是什麼的。」耐心跟我解釋各項糕餅內容的曉芳姐出身宜蘭,嫁進福州楊家超過四十年,對福州傳統點心與艋舺常見糕餅都瞭若指掌。青山王夜巡剛過,店內來自與青山宮相關信眾的訂單仍不斷湧入。穿梭於電話茶几與包裝台之間,一邊包著客人剛下訂的壽桃塔的曉芳姐介紹,每當青山王誕辰,店內最有特色的商品就是大餅頭,並且蓋上靈安尊王紅色銜印也僅三水餅店獨有:「〔青山宮靈安尊王之印〕只有我們家〔有自己刻蓋印〕,在我嫁來前,公公婆婆就有去跟青山宮請,所以青山宮有〔借〕給我們,每年只有那個三天的時間而已。」

到後來,為免借印發生保管問題,經請示尊王同意自行刻印過後,三水餅店有

味道的航線　　　　　　104

了自己的靈安尊王之印,但每一次夜巡前仍會將章送回廟中,向靈安尊王求得請示應允。

開業七十年的三水餅店,除了與大餅頭系出同門的繼光餅,最為老客戶稱道的是壽桃。歷經一九九三年西三水市場拆除與艋舺公園整建的黑暗期,在二〇〇六年買下現今的一樓店面後,二〇一一年二代開始接手的三水餅店,從早期以繼光餅、雙胞胎、麻花、與麵粉製作的沙其馬[17]等經典福州小吃,順應消費趨勢將壽桃、紅龜粿、麵龜等台灣宮廟祭祀常見的糕餅作為主線,並發展自製的米食芋粿巧、米糕,還兼賣麵線、糕仔等雜貨。曉芳姐指出,早期艋舺的糕餅店其中有幾家都是福州人在經營,販售品項差不多,但是經過市場洗禮後,不同店家發展出各自擅長的專項。像她嫁來不久,三水餅店就調整了繼光餅的大小,並研發從炭烤轉電烤的製程,後來慢慢隨著客群喜好,逐漸從雙胞胎、麻花與沙其馬,轉往主力生產廣受客人歡迎的壽桃。目前,在宮廟與一般家庭拜拜的老客戶訂單各半下,最忙碌時壽桃可以一天賣出一、兩千顆。

不同的神明節慶,會有不同的熱銷糕點,例如天公生是銷售壽桃的高峰,至於中元前後三水餅店則會生產佛手包、必桃、必粿。與馬祖在補庫等祭祀時

第二章 繼光餅

今日以生產壽桃為主的三水餅店，店內牆上掛有由福州人主導之北市糕餅公會贈匾

常見的包、餅、福、明頭、齋囝等饅頭類麵點不同，曉芳姐表示三水餅店中元普渡時賣的糕餅，也不斷隨著時間，在她的福州公公因應宮廟需求下做出改變。

現在的三水餅店，已經不以生產繼光餅為主，相對地隱身在東三水市場中的「唐記咸光餅」，仍如店名，天天生產甜、鹹光餅。他們的光餅採用電烤，但口感不輸炭烤般的香氣與扎實感。店主林姐姐受訪表示，她們家手藝源自開設傳統麵包店的外婆。本身是台灣人的外婆，原本賣著蔥花等傳統麵包，後來跟著來自福州的外公一起轉做福州點心。在舅舅阿寶師發揚光大後，第三代獨立發展，先由她哥哥在東三水市場開店，當哥哥店面搬遷至桃源街

後,她再和母親接手市場中的攤子,直到今日仍販售著光餅、比光餅小上許多的收涎餅,還有招牌咖哩餃。

「我舅舅福州話比較好啦,他比較常和我外公相處,我現在只記得麻花叫『huî-pă』、光餅叫『kuông-miăng』,還有雙胞胎叫『ma-ngêi』。好像都是自己的商品齁,哈哈⋯⋯啊!還有,出去玩叫『kha-liŭ』!!」

開朗的店主姐姐,說到她的福州記憶,只記得過去常不在家的外公,常常回去福州,每次回家就會帶來那時海關尚未管制、帶肉餡的福州魚丸。到現在,來自福州的繼光餅和在地互動較深,在青山王誕辰等特殊時節,林姐姐就會和廟方借印章蓋印在剛烤出的繼光餅上,保佑平安。

在萬華,三水餅店、阿寶師、元祖胡椒餅等福州糕餅店創辦人,都是飄洋過海後在異鄉結緣認識的同行,[18] 甚至在台北的糕餅業職業工會就是由福州人創立。跟隨父親在一九四八年來台的台北市糕餅工會理事董泰宏受訪時表示,初期工會成員幾乎都是做餅的福州師傅,懷抱著到異鄉賺錢打拚的夢想,上船忍受八小時的顛簸後到淡水落腳,前往台北的

青山王夜巡前後才加蓋「靈安尊王之印」的繼光餅與大餅頭

第二章 繼光餅

東門、後火車站或三重一帶定居。他們將福州的胡椒餅、鹹光餅、麻花、油餅、雙胞胎、芝麻球等家鄉味帶來台灣，這些簡單好上手的傳統糕點，變成短時間征服台北人的味蕾，讓福州人安身立命的工具。當時福州的傳統糕餅到底有多紅？糕餅工會副理事長潘銘龍表示，過去台灣物資缺乏，糕餅食材中，最上等的餡料就屬紅豆餡，於是芝麻球、菊花酥等中式麵食丙級證照常用「紅豆餡」當作試題，考題內容也都屬於福州餅範圍。「糕餅工會初期全部都是福州人，開會報告都還用福州話開呢！」董泰宏在受訪時這樣說道，印證當年福州人在台北糕餅界的影響力。[19]

不只台北的福州糕餅具影響力，在台南這座糕餅文化深厚的城市，許多傳承自福州的糕餅技藝也占有重要地位。其中，台南糕餅界的代表之一，便是由福州人唐振茂創立的品來芳。唐振茂於一九二一年來到台南，先到同為福州人所開設的寶美樓擔任點心師傅，後來自立門戶。當時品來芳是一家規模頗大的餅舖，吸引了許多人前去學師仔。今天，台南糕餅業界許多老一輩師傅，或曾在品來芳學藝的。

曾在品來芳學藝的一間台南餅舖黃老闆，在我前去買餅時和我分享⋯「一曾

經]在學徒期間,除了在品來芳裡學的技藝,其他地方是學不到的,不同的餅舖也都有自己獨特的做法。」黃老闆提到,他從十二歲開始學藝,直到十九歲才正式出師,期間也曾跟著福州師傅。回憶起福州師傅傳授的特別技藝,他說:「有啊,像蒜蓉枝、麵粉酥,還有豬腳圈,這些都是福州糕餅的特色。」而當學徒時期,工作是非常辛苦的,「當時老師傅會手拿著做椪餅的那個板直直敲下、嚴厲地指導我們,甚至會說,『你站都站不穩,還想學師仔?』」

福州糕餅師傅需要嚴格訓練,一般只傳授徒弟單項糕點的製作技法,想學上至糖果、下至點心五花八門的糕點技術,來自福州家庭的萬華阿寶師表示,沒有三年六個月別想出師,師徒制下還要看師傅心情,藉時機才能請教要領。[20] 經過嚴苛的訓練,當福州糕餅師傅自立門戶,生產的福州糕餅會延續一條有趣的產業鏈,交由許多退伍老兵幫忙賣餅:第一批糕餅大約在五、六點左右出爐,老兵會在六點準時出現,拿著竹簍裝滿剛出爐還燙手的糕餅,稍微使力用手或用頭撐著,徒步拉到當時鬧區所在的西門町、東門、後火車站,甚至中永和等各大市場販售,用叫賣聲吸引客人。[21]

到今天,這些來自福州的餅店傳承第二、三代後,除了家鄉特色的繼光餅,

平時也販售其他各種餅類,除了馬祖人蔥油餅攤同樣常見的雙胞胎與麻花等福州小吃,也各自研發出壽桃、咖哩餃與胡椒餅等差異化的主打商品。

在台灣,前台北市文獻委員會主委、同時曾在福州居住過的板橋林家後代林衡道先生,曾在台北市福州同鄉會出版的《福州月刊》中,[22] 分享他對福州與台灣飲食文化的第一手見解。福州和台灣兩地的飲食文化相似,由於地理位置,它們在各自發展過程中互相影響。例如,在烤餅方面,就有著「福州光餅」與「台灣鹹光餅」以及「福州征東餅」與「台灣甜光餅」之間的差異。這些乾糧曾為戰爭時的糧食,但在抵達台灣後,變成了神明保佑的象徵,更轉化為供奉神明以祈求庇佑的有靈力之物。[23]

如今,不僅在艋舺,各地信仰虔誠廟宇附近的老餅店都生產鹹光餅。例如,新莊廟街有許多百年老店,在當地稱為「新莊大拜拜」的地藏庵文武大眾爺巡遊時,它們會提供信眾鹹光餅等各種祭祀糕餅,至今仍然為老客人服務。[24] 在台灣的廟會中,繼光餅已成為不可或缺的祭典一部分,代表神明對當地的祈福。

夾餡的餅最好吃

疎散須知：應先期頒發，以便共曉，其內容大概如下：（甲）維持秩序，鎮靜自守，沿途可以減少危險，如途遇空襲等。（乙）服從指導，分批疎散，得以迅速撤退，到達疎散區內，亦得以便棲息。（丙）應帶物件，須先期一切準備，安放一定場所，待緊急通知，即可出物：

（一）每人須自備乾糧，如光餅，麵包，飯丸等。

（二）每人除身上穿着衣服外，所帶衣服被褥，只可簡單輕便，裝在包袱（油布更佳）自己可以攜帶為度。

（三）每人須攜帶臘燭，洋火，及其他燃料。

（四）每人須攜帶竹笠一頂，或雨傘一把，（至少兩人亦須一把），日隨帶。

（五）時常習用便藥，萬金油，如意油，鷄那餅，神散，丸散等盡日隨帶。

（六）錢幣金銀視其個人經濟能力盡量攜帶。

市場中的繼光餅（右）、酌酌餅（左）

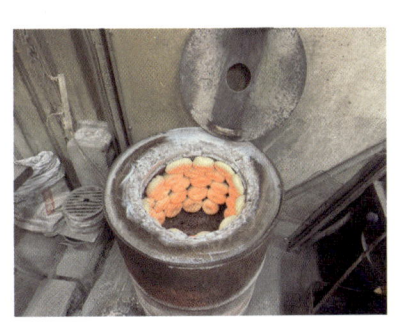

（七）疏散民眾中如有手藝技能（如土木匠，裁縫匠，醫師，扶產等）可盡量隨帶工具，以便於必要時召集互助。——本省疏散人口辦法（一九三八年十一月廿九日），福建民報。永安版

在中日抗戰期間，繼光餅曾被福建省政府組織的抗敵會所推薦，作為在緊急撤離時的理想緊急食品。在戰地政務時期，繼光餅也被準備前往台灣求學或就業謀生的馬祖居民視為最佳的補充食物。

在東莒島，一位退休的糕餅師傅回憶起五、六十年前他曾在島上經營餅店，當時軍民眾多，生意繁忙。繼光餅不僅是日常食物，還被視為乘坐補給船離開島嶼時，對抗悶熱船艙中的柴油味和暈船不適的最佳選擇，能緩解暈船的不適感。

無論是鹹餅還是禮餅，餅店一直是馬祖人日常生活的一部分，它們為婚喪喜慶提供食物，也為需要消耗大量體力的漁民提供營養補給。曾經分布在馬祖各島嶼上的餅店，藉由賣繼光餅見證了島嶼的歷史。

事實上，每個老馬祖人心目中都有自己最懷念的餅店，全盛時期的馬祖，

味道的航線　　　　　　　　　　　112

人口不過一萬八千人，各島餅店加起來卻超過十間。不只如此，餅類也比現在賣的品項多出許多，除了鹹餅、禮餅，還有中秋節會熱賣的月餅，以及征東餅、㸆㸆餅等至今在福州也很罕見的餅類。

福州是烤餅的故鄉，按照有含餡、不含餡的、甜的，福州給予不同作法的烤餅不同名字：將麵糰貼在火爐爐壁上炭烤，不含餡的芝麻烤餅稱作福清餅，連芝麻也不撒的，稱為光餅，這些餅都是鹹食，麵糰和有鹽巴。如果是甜食，麵糰和上白糖，並且不撒芝麻，叫做征東餅，也是光餅的一種；還有一種餅是撒上芝麻、帶有甜餡的，叫㸆㸆餅，當內餡加入糖後，餅內部經過炭烤會受熱膨脹起成「㸆㸆」的樣子得名。有時同一種餅在不同地方就有不同稱呼，從名稱就可以看得出福州人對餅的講究。

戰地政務期間的馬祖屬於戰地前線，在一九五八年所實施之「金馬戰地政務實驗辦法」，管制馬祖人民的遷徙、換匯、結社自由，實施「管教養衛」政策。負責民生與行政事務的馬祖戰地人的日常生活統一受馬祖防衛司令部實際領導。馬祖戰地政務委員會，居民簡稱政委會，主任委員由司令官兼任；在村莊，實際

管理保防、教育、軍事訓練，甚至農糧生產的副村長，居民簡稱指導員，由鄰近據點或營區的軍官兼任。軍隊以監控的空間治理方式，讓軍隊體系完全進入馬祖居民既有生活，達成特別是在戰地前線的社會秩序穩定。拿著出境證才能到台灣的馬祖人，宛如置身「一國兩制」，不僅人民的居住移動需要事先報准，連商品進出口也受到管制，特定物資需要由隸屬馬祖戰地政務委員會的物資供應處統一供給。在一九七三年，政委會公布地區物資檢查處理辦法，宣布除軍用補給品外，所有物品須由防衛部及政委會聯合檢查組負責檢查，不可超額，還要繳稅。[25]

一九七六年，馬祖發生沙拉油走私案，在馬祖實際掌政的戰地政務委員會負責統一經銷，因為沙拉油「暗中私購私售，影響地區戰備豆油之推陳」，所以連江縣警察局出面，將沙拉油扣押繳稅，否則退回台灣。[26] 因為需要抽稅，導致黃豆油價格在以色列與阿拉伯國家戰爭引發的第一次石油危機時飆升，馬祖地區的黃豆油售價又比台灣地區更高。因此，黃豆油在馬祖成為奢侈品的象徵。在東莒大浦的白馬尊王廟，過去的祭品包括魚、雞、豬和鹹餅，都必須經過油炸。這不僅有助於保存食物以避免變質，使用高價值的沙拉油，還方便擺

味道的航線　　114

盤和清理，同時也表達了對神明的誠心。而今日台灣的福州餐館則是蚵蛋搭配的光餅多在上桌前會油炸過，以增添香脆的口感。

福州民間對於光餅有各種食法，有以小刀劈開一大口，夾以一片肥多瘦少用醬油調味料等浸過的豬肉片，置於隔水蒸鍋中蒸熟後取食，又如以之夾粉蒸肉，滷豬頭肉略蘸大蒜醬、蚵仔煎、煎酥的海苔、魚肉鬆、或五香豆干等食之，又覺其有另一種風味，常見城鄉間酒樓、茶肆、與溫泉浴室等處所，時間有「肉

彰化（上）的蚵嗲與馬祖（中）、福州（下）的蠣餅製程類似，但用料不盡相同

擱（土音夾字意）餅」叫賣，即是此類餅食，價廉味美。——張章圖，〈福州光餅〉

一九四九年戰後，有許多如張章圖的政府職員，來台後開始於報章雜誌上發表與家鄉記憶有關的飲食文章。

在台灣，大稻埕的「福州佬」繼光餅攤，經常夾的是酸菜、滷肉搭花生粉；對馬祖居民來說，繼光餅不僅是奉獻神明的炸物，更是日常課後的家常食物。麵糰經過發酵再烘烤留下的氣體空隙，本身就適合配上各種炸物。如果是夾上馬祖特有的「蜢餅」，變成一塊只賣兩塊五的「肉胳餅」（胳即張章圖文中的擱之正字），更是美味。一位馬祖居民曾分享，在三、四十年前時，她最期待的就是放學後吃一個爸爸手作、夾了蜢餅的鹹餅。

蜢餅，也就是 tiê-biāng，其中的 tiê[27] 指的是牡蠣，所以正式應該寫作蠣餅。當在圓型鐵勺上，淋上事先用在來米與黃豆製成的粉漿打底後，依序加上混合著高麗菜、紅蘿蔔、米粉的餡料，以及一顆半熟蛋後，再淋上粉漿進油鍋炸，一顆蠣餅就完成。很多台灣觀光客來到馬祖，以為這就是本島常見俗寫為蚵嗲的蚵炱，ô-te[28] 但是馬祖的蠣餅不僅內餡多了紅蘿蔔、米粉、半熟蛋，還有可以客

製化的紅糟肉條，外皮會灑上幾顆花生，更令許多人意外的是，馬祖的蠣餅，沒・有・牡・蠣。

在福州，今日蠣餅仍加上混著高麗菜與紫菜的牡蠣內餡。其實，在早期的馬祖，特別是作為交通集散地的碼頭，經常可見街角有著用軍用汽油桶墊著，就蹲坐在地上販賣夾著馬祖野生牡蠣的蠣餅攤。但是因為後來野生牡蠣減少，推動水產養殖的發展上也因為保鮮度或者沒有市場區隔性，不具外銷潛力，價格高昂，所以季節性的牡蠣成了「馬祖蚵炱」裡沒有蚵仔的趣象，還流傳著「蠣餅無蠣，蝦酥無蝦」的說法，蠣餅只有蝦皮、韭菜、冬粉與肉末，以蝦皮權充海味。

許多移居的老福州人，會在報章分享家鄉記憶，其中就曾提到繼光餅最適合夾上一片滷肉或者一塊蚵仔炒蛋。這種吃法，也是台北福州閩菜館最經典的菜色之一。對於馬祖人來說，當繼光餅吸滿因為咬下蠣餅噴發出混合著海水鮮甜的油汁，既能充飢，又能一滴不漏地接下經黃豆油調和過的海洋養分。

王小姐所生活的小天地，與漁村中的一般家庭，同一模式，略顯陰暗而窄

小,但是他們善於運用這有限的空間,在全家動員之下,大批的製作馬祖酥和繼光餅,零售給甫自海上歸來的父老們當作點心或充飢之用。這份純家庭式的副業,不僅為他們一家四口帶來了溫飽,也帶來了幸福的「天倫」之樂。——劉淳(一九六五年三月十日),模範婦女王寶金,馬祖日報,第二版

南竿島的牛角村,居民曹玉蘭說起幼年記憶,表示自家從爺爺那代開始,就流轉在東莒、北竿及大坵等馬祖島嶼,專門從事烘烤繼光餅,賣鹹餅與稱為油條的油炸粿生意,給當時海上工作量大,需要及時恢復體力的漁夫,和一九六五年最早可以找到地方報紙描寫賣繼光餅的場景十分相似。過去主要賣給勞動人口充饑的繼光餅,如今已是觀光特產,即便現在曹玉蘭的父親已從酒廠退休,兼營民宿的同時,也決定重新發揚曹玉蘭祖父過世後就斷絕的家傳手藝;他們將繼光餅轉型成觀光產品,曹叔叔每天仍然會按照訂單,一天最多可以生產六百顆木炭烤繼光餅,讓吃不慣電烤的馬祖人回味傳統風味。

繼光餅夾蠣餅,是過去馬祖有錢人的享受,台灣的福州餐廳繼光餅則多夾蚵蛋

東引擺暝平安餅

每一天，敲麵糰的拍打聲定時在馬祖的寶利軒響起，這裡是現今馬祖近乎絕跡的傳統炭烤繼光餅店。這家店由傳承兩代的資深師傅堅持古老的製作方式，毫不畏懼高溫，眼明手快將沾滿芝麻的麵糰，貼上燒得通紅的炭火內爐。

在高達兩百至三百度的炭火中，生餅必須用手精確地貼附在爐壁，火候的掌握則得視不同季節的氣溫與濕度調整，再將烤好的餅一一小心鏟下，考驗著師傅的功力與耐力。從父親高金寶接下餅攤的高明中表示，製作繼光餅時，聲音是最重要的關鍵。當幾滴水珠灑進火爐時發出嘶嘶聲，代表火候已足；揉開麵糰時，一揉一拍之間，不斷發出有節奏的拍打聲，才能稱得上完好的鹹餅或者鹹甘餅——馬祖人稱呼繼光餅的方式。
<small>kèing-ngàng-miàng　　　　　　　　kèing-miàng</small>

在馬祖，稱呼印上芝麻、用火爐炭燒出來的餅的方式，據稱來自對岸福州與莆田交界的福清市。這裡的鹹餅會融合鹽、小蘇打粉、麵粉與酵母（也就是醒過隔夜的老麵糰）的麵糰揉平，搓成長條裁切成小塊，再輕壓至扁圓狀並敲

出孔洞後，餅胚倒扣進預撒上白芝麻的竹篩滾動。印上竹篩裡白芝麻的繼光餅，正是為了讓餅能夠網羅酥脆的口感而設計的關鍵，再經過窯爐烘烤，等待外皮變成焦黃酥脆的色澤，就能取出。[29] 如果將麵糰中的鹽巴換成糖，並且不撒白芝麻，就是福州光餅。

在東引島，每年元宵節後的正月十八夜晚，是白馬尊王出巡的日子。白馬尊王是東引島的主神，香火最鼎盛的廟宇。在這一天的下午，家家戶戶將供品擺到自家門前，神明在稱為門旨與呵班的發號施令與「威──武──」聲中，扮演「報馬仔」的保長公導引下，跟隨其後的七爺八爺出巡，神偶掛上一串串近似鹹餅的平安餅，吸引東引人的目光，沿途取下分食，代表神明賜福的平安。[30]

餅在馬祖人的飲食和祭祀生活中扮演著重要角色，是平安的象徵。除了寶利軒，南竿有超群、郁軒、鼎鑫，北竿則有鮮美廉等店家，都仍在製作傳統或改為電烤的鹹餅；東引的欣欣麵包店原先是由阿兵哥傳授的麵包技藝起家，但在米其林師傅指點下，更開發出個頭只有原本鹹餅一半大小的南瓜繼光餅。

此外，其他傳統糕餅店販售的馬祖傳統小吃，包含內餡混著糯米與糖、外裏地瓜麵糰並用印模壓製成形的龜桃，和福州人喜愛口感較硬、拌炒甘藍或油菜用的白粿，也就是寧波年糕，都屬於「粿」類；另外還有一種同樣是糯米製成、在七月半祭祖時常見的點心苞當糍，與南竿人稱糯飯糍、北竿與東莒人則稱清飯糍等的米食，[31]在馬祖都可以統稱為糍，發音是 sì，又寫作糨，是福州話稱呼米食的統一叫法，據說有著「時來運轉」的諧音寓意，[32]所以苞當糍也常出現在馬祖葬禮，吃了能保佑平安。類似於上述主要原料為糯米的米食，還有早年因為採荸薺磨粉製作得名、但訛傳寫為迷你糕的尾梨糕（現在改用地瓜粉或太白粉製作）。無論是米食還是尾梨糕，這些馬祖可見的美食，也是媽媽小時候的福州記憶。媽媽說，小時候為了做糍，外婆都是買糯米回來自己磨，但不是每家都有石磨，只能靠交情請有石磨的鄰居好友幫忙。以苞當糍來說，糯米需要加水在石磨中，才可磨成糯米漿。當糯米磨成米漿後，裝入帆布袋或米袋裡面綁緊，再拿大石頭壓著。這時取決於石頭重量與糯米漿製作量，有時需要至少一個晚上或更長的時間，才能壓出米漿中的水分。等到糯米漿成為完全沒有不會黏碗的粔（糯米糰），切成小塊摻和砂糖的黃豆粉或花生粉上苞當

東引欣欣麵包的南瓜口味繼光餅

滾動一下，就變苞當粿。

在餅類方面，lé-biáng 在馬祖是一款帶有甜味、尺寸稍大的烤餅，過去與征東餅的烘烤方式相同，以近乎十人圓桌大小的平底鐵鍋，在底下添加柴火鏊成。現在則以電烤為主，國字寫為「禮餅」。馬祖人所說的禮餅，經常出現在喜事，比如慶祝新屋落成、新人結婚以及老人壽辰等場合。居民通常以五十塊為一單位，並將數百塊餅挑在傳統的扁擔上，以無數紅布袋包好挑到喜家，親自送至慶典現場。一般來說，主人家會退還一半的餅，其餘收下的餅再分送親友，象徵著「共享幸福」。而在福州，禮餅指

味道的航線　　　122

左一：糯飯糍／清飯糍
左二：龜桃
左三、左四：在福州，稱作尾梨的荸薺容易採買，路邊水果店就有售賣
右一：苞當糍
右二：福州禮餅特色是內含桃紅色的梅舌
右三：大湳市場的繼光餅與䬣䬣餅

的是一種加入肥豬肉、冬瓜糖條、花生等材料，外表撒上白芝麻，裡頭有顏色粉紅、吃來甜口，稱為「梅舌mui-lich」的漢餅。在福州周邊的古田縣習俗中，便有「喜餅確實是必不可少的，不僅僅要彩禮。喜餅是一種加上糖和豬肉末的米餅，三寸見方，半寸厚。」[33]的說法。至今，喜餅仍是福州人到聚春園與百餅園等傳統風味老店的首選，特別是中秋時節，可說是福州人的月餅。[34] 對旅居海外的福州人來說，甚至是與廣式蓮蓉與江浙鮮肉月餅分庭抗禮的家鄉味，有著「禮餅方有禮，其他不為禮」的意義。[35]

但在馬祖，這類漢餅被稱為 koéyk-piāng，依據詞音推測國字寫為「角餅」，反映所處地域豬肉較難取得的景況。原鄉在連江鳳城與定海的馬祖媳婦胡冰燕與孫穎，不約而同說到無論在家鄉或馬祖，人們都這般稱呼福州月餅，「可能是沿海民眾大多數拿到這種餅時，往往只能分食，而不能獨享，因為已經切好分塊，就以此稱呼這種餅。」[36] 對她們來說，禮餅在連江另有所指，是在農曆八月十五拜謝婦幼守護神臨水夫人時，當出嫁女兒這天送給娘家一塊角餅後，舅舅或者外祖父母會回送給外孫的餅類。這一種比角餅小的禮餅，包裝上會貼著一張畫有人偶的貼紙，讓小孩子一邊吃餅、一邊賞月，代表來自娘家的祝福。

其實，當冰燕與孫穎嫁來馬祖後，發現這裡有許多與原鄉不同的餅類稱呼與儀式功能。

連江人在新屋落成、結婚或祝壽時，並不送馬祖人俗稱大餅的那種禮餅，而是包芝麻、花生、梅舌等百果餡的糖包，或者連江人也稱糯的年糕。此外，連江人將撒上芝麻的繼光餅稱為麻餅，在清明時會用麻餅夾上五花紅糟肉片，連同包豆芽菜、紅蘿蔔絲、豆乾絲、香菇絲、蔥與薑絲的春餅，作為掃墓祭祖時，十道宴饗祖先必備的其中兩道供品。對孫穎與胡冰燕來說，這種飲食命名與習俗差異，是她們嫁來馬祖後最感到不可思議的地方：僅隔一道海峽，文化上馬祖與連江，也有一些習俗的轉折與不同。

（注音：peih-kuo-ang、thoung-mau、muai-biang、tshing-miang 37）

在桃園的另一個馬祖

「這個湯煮開再放進來,當煮開了,整坨扁肉燕黏著沒關係,水沖出來,煮一下就散開,不用煮很久,魚丸跟肉燕都是熟的,放冰箱冷藏兩三個禮拜沒關係!……欸手不要摸!」在一攤位於桃園八德小吃店舖上,我正和老闆娘討論手上提著的食物回家怎麼煮時,有位趨近看著攤上炸紅糟鰻的大哥,意外打斷我們的對話。

「你這麼賣?」這位大哥邊摸著籃中的食物,邊問價錢。

「一斤兩百二,不要摸,謝謝。」老闆娘好聲好氣地說,客人開始討價還價。

「六百六嗎?」老婆婆跟我說了福州話,不過眼神直對著老闆娘。
<small>Loeyk-pak-loeyk-ma</small>

「正是,六百六。」不等老闆娘接話,我用福州話回答,完成這一回合的採買。
<small>Tsiang-nëi, loeyk-pak-loeyk</small>

味道的航線　　126

換了兩趟公車、一小時，從台灣不用坐飛機，經過轉車，來到大湳就能感受到濃厚的馬祖氣氛。下公車時，一時之間還沒意會已抵達目的地，匆匆跟著一群婆婆媽媽下車，菜籃車輪駛過公車站所在的安靜社區，順著前方發現摩肩擦踵的人潮，就知道這正是能在市場許多小角落，發現福州話的大湳市場。

先向最熱鬧的四維路走去，整條街廊左右兩側俱是三層樓建物。街道中央架設了遮雨棚，十字路口交叉的規模，讓我不斷想起首爾的廣藏市場。走進後，各種叫賣聲填滿耳朵能接受混音的承載極限：香腸、壽司、排骨、服飾、圖書等等，相比自家巷口陳姐姐蔥油餅攤所在的白蘭市場，可謂小巫見大巫。

今日人聲鼎沸的大湳，在近五十年前，是軍營、眷村與工廠林立的鄉村地帶。許多馬祖人在親戚相互介紹下，形成爸爸拉叔叔、阿姨帶嫂嫂的連鎖移民，落腳八德做工，辛苦存錢後購地買房置產。相傳至今在台灣的馬祖人就有近五萬人，無論是一九九〇年代爆發震驚社會的聯福製衣廠關廠工人事件，還是這幾年相對為年輕人熟知，轉型八德置地購物商場的廣豐紡織廠，都有馬祖人辛勞的身影。

在台灣的五萬馬祖人中，就約有三萬人定居在八德大湳、更寮腳與鄰近的

龍岡一帶。[38]大量馬祖人定居後，家鄉味也在此出現。來到大滿市場前，一個腦海中的圖像是這裡充滿馬祖人的攤商，但是市場的主街四維路上令人吃驚的攤商規模，在品項上並沒有任何與馬祖文化相連之處，街上並未如預期聽到馬祖人的聲音。直到走進這裡的馬祖人信仰中心之一的龍山寺，發現一本在地刊物當期介紹的大滿馬祖美食，才再回到市場按圖索驥。[39]

第一站，走進陸光街的巷內，這裡整排賣著福州小吃。初來乍到的外地人可能會有點詫異，原來台灣的菜市場除了台語及客語，還有一條巷弄這樣充滿福州話的叫賣聲。福州的鄉土新聞喜歡報導有福州人的地方，就有一股「蝦油」味，這種味道如果可以具體轉換成聲音，那應該就是這種一串嘰哩咕嚕、語速不等人思考的福州話了。剛進巷口還沒走到隱身樹後的店面，行人就能先聽到幾位依伯依姆[40]的聊天聲。在這時空錯亂誤以為是馬祖的八德社區角落，福州話才是第一語言。兩攤福州小吃中，其中一攤招牌寫著「福州長樂魚丸」，魚丸無論大小皆為一斤一百九十元，扁肉燕則為一斤兩百八十元（有關魚丸與扁肉燕，詳見第四章），還沒進市場核心，我在這攤就選購了魚丸、扁肉燕、蝦酥與keing-mui等小吃。問老闆們是否來自馬祖，他們回答：「是馬祖……從長

樂梅花來的!」因為在本無國界的海域劃界,許多馬祖漁夫家庭一九四九年後分隔兩岸,直到一九九二年開放依親居留,這些留在大陸原鄉的馬祖人,才回到馬祖或跟著遷台家人來台工作。同樣的故事,發生在隔壁另一攤賣鼎邊趖跟蠣餅的兩位姐姐身上,問了其中一位店員,她也是一名嫁來台灣本島的依親移民,不過家鄉是與長樂梅花隔著閩江口對望的連江琯頭,而連江琯頭,同樣是許多馬祖人的原鄉。

鼎邊趖店非常熱鬧,三、四位顧客正和老闆娘聊著各自近況,與其說在等鼎邊趖起鍋,更像是為了聊天才來的。當在鼎邊趖店舖外賣餅的依伯依姆聽到我在用熟悉的語言和鼎邊趖內

大浦市場中販售著長樂梅花的大小魚丸、肉燕等帶餡小吃

129　　第二章　繼光餅

的姐姐聊天，其中一位繼光餅的依姆用福州話順口接龍，向我介紹隔壁賣肉餅的依伯。原本安靜的依伯在依姆的熱情鼓舞下，推銷起他的「福州肉餅」，特別強調長樂或連江才有得賣，全桃園也只有他在賣，「台灣買不到」。原來，依伯口中的肉餅，就是我曾在馬祖媳婦穎與冰燕口中聽到的角餅，只是當台灣人來問，為了方便介紹，他都用華語說這是福州肉餅，「裡面包的是花生、冬瓜糖；不用蒸，直接室溫保存，切了就可以吃。」因為有這些在陸光國宅旁的福州新住民攤商，讓八德飄起一股台灣其他地方難以尋覓的福州味道。

走進市場內，還有更多福州小吃的攤位。在一間只販售馬祖人與福州人會稱為「馬卵」的芝麻球和「馬耳」的雙胞胎攤車前，等我光顧時，馬卵已售罄。好奇詢問是不是馬卵比較暢銷，店家的答案是因為這幾天下雨，相對馬卵備料就少了一些。但是這間店舖的生意非常好，輪到我時，檯面僅存的雙胞胎也剛好銷售一空。因為，在買十送一的優惠下，隊伍前兩位顧客就搶購了二十二個雙胞胎。

在等待下一鍋雙胞胎出爐時，意外得到和老闆娘有些餘裕閒聊的片刻。跟顧客對話時無意間流露腔調的老闆娘說，他們家也算馬祖人，姓陳，在這邊開

業十五年。此時在老闆娘身後，還有一位操著濃厚福州腔華語的老老闆娘，和說話帶有捲舌音腔調、協助打下手的另一位新住民聊天時，突然高聲對顧客說，「有沒有人騎車來的呀！前面警察在開單囉！」她不停地講，這是今天早上警察來的第三次了。我好奇問那下午警察會不會也來開單？老老闆娘說，下午市場就歇業了，怎麼會有人違停呢？「警察都是早上來，而且最近特別頻繁。」要每個人小心，別只為了停幾分鐘買東西，被罰了幾千元。一如大湳市場的其他馬祖店家，陳家雙胞胎也有自己忠實的老顧客。不僅是因為物價便宜，有著相較於台北每個雙胞胎少三元的物價，更重要的是，可以從顧客和老闆的談話中，顯見他們都是透過每朝市場採買，建立早已深入彼此生活作息的關係網絡。

店家生意忙碌，沒時間聽我吞吐緩慢的福州話，我便改用華語和他們聊天。

過程中，在講出「馬卵」和「馬耳」的鄉音關鍵字之後，有位顧客熱情地告訴我市場中有幾處原鄉馬祖人經營的店家，並特別推薦我去四維路巷子另一頭的曹師傅麵食專賣店，「依弟，你可以去那個方向買麵，也是馬祖人開的，他們的『風飛麵』很有名！」所謂風飛麵，馬祖話叫 hùng-phŭi-miĕng，有人以為應該寫為粉胚麵，是過去做扁食剩下的皮，將其曬乾成麵的節約精神展現，只要

131　　第二章　繼光餅

在水中加入肉絲還有撕成絲狀的魚乾，什麼調味料都不加，煮滾以後放入麵片一下子就會熟透，能立即享用，成為在桃園的馬祖特產代表。

我一聽到粉胚麵，整個人精神一振，再三確認方位後，就急著前往，因為這是在馬祖都找不到的特色了。

「諛諛，買老酒！」半路上，剛轉進大同路，還在找尋藏身巷弄的製麵店時，冷不防又聽到一句

上排：鼎邊拉攤（左）的蠣餅（右）
中排、下排：鼎邊拉攤前其他店家販售的繼光餅（中右）與福州肉餅（下）

味道的航線　　　　　　　　　　132

濃厚的馬祖腔華語。回頭看,一位阿婆推著小小的手推車,車上透明罐擺滿了鮮豔的紅糟、鵝黃的老酒,還有一袋袋裝好的小顆魚丸。這推車其實就在早先進來四維路的另一個方向,看來剛進大滿市場以為走錯地方的判斷錯誤;這裡的馬祖攤販,總數絕不亞於今日馬祖列島規模最大的介壽市場攤商數量。[41]

等我回到大滿公園中的龍山寺,正有一群馬祖叔叔阿姨在聊天。我和他們分享剛剛去到巷口賣的鼎邊趖、芝麻球和粉胚麵等米麵食。我提到自己來自台北,過去外婆要買這些家鄉小吃,都要到南門市場。「台北也有個南門市場喔?我們桃園就有一個南門市場。」(有關台北的南門市場,詳見第四章)這些叔叔阿姨顯得很驚訝,和來自對岸長樂梅花的老闆娘有相同反應,顯然市場的生活圈都是以桃園市區為中心。不過,有一位阿姨聽到對話後,說她也常去台北萬華,特別是到三水市場買餅。「萬華?!」我說,「對啊!那邊不是有什麼三水餅店嗎?!」我嚇了一跳追問著是否也知道那餅店是福州人開的?阿姨說她不知道,但是就是會去那裡逛逛,並買旁邊巷內的胡椒餅。她笑著說,大滿市場中的繼光餅、𥻵餅,還有胡椒餅做法,幾乎都相同,也是約莫二十分鐘的炭烤,一爐

大滿市場中的南竿陳家雙胞胎

約六、七十個的餅就能起鍋，時間與數量上和艋舺黃記元祖胡椒餅差不多。

事實上，在大湳市場經營魚丸、繼光餅、芝麻球等許多福州籍新住民，都是因為馬祖人的親戚關係，在開放後來到八德落腳的福州籍新住民。而在戒嚴時期的馬祖各島並沒有固定交通船，只有定期開往基隆的軍艦，軍方也不鼓勵居民沒事隨意跨島走動，許多馬祖人如果沒有成為到台灣開始「認親」。一位姐姐分享，初到台灣的他們，什麼都不曉得，「當看見台灣，船正準備靠基隆港下船時，我同學突然問我『為什麼台灣有那麼多月亮？』我一下反應不過來，後來才明白他以為路燈是月亮，因為那是過去身處宵禁馬祖的我們，在黑漆漆的夜晚唯一能看見的東西。」一如市場外的大湳公園一角，那間信仰來自該村的龍山寺。他們與隔壁的閩台宮，以及其他擁有獨特廟名、隱身桃園巷中的廟宇相同，是馬祖村民移居來台後融合轉化的信仰中心，許多台灣人與新住民也都是信徒，成為他們在新故鄉相互理解與交流後，不只是實體、還是心靈的落地生根所在。

用小吃傳承飲食地景

> 搓丸自搓搓，依奶疼依哥，依哥有老嬤（lǒ-mǎ，老婆），依弟單身哥。
> ——〈搓丸歌〉，馬祖與福州童謠

冬至前夕，大湳公園中的龍山寺廟內，許多小朋友正在家長的帶領下唱著搓丸歌，提早慶祝「冬節[toeyng-tsaih]」。八德龍山寺是馬祖人遷台後，由神明透過乩轎書寫溝通方式建立的傳奇廟宇，可以說是神主動跟著信徒一起從馬祖來到新鄉。

時至今日，龍山寺的信眾並不僅限於原鄉馬祖人，而是歡迎各界人士前來認識馬祖文化的窗口。搓丸就是其中一項馬祖信仰習俗推廣活動：馬祖人習俗上會在冬至前一晚，在竹篩旁搓著糯米糰，並把搓好的丸子放上紅托盤，與蠟燭、橘子、蘋果、蔥一同擺放神龕前。各家各戶通常在女性的指導下，紅托盤內的丸子不只捏出圓形，也包括一層層疊起像塔般的造型，甚至捏成雞、豬、家畜各種形狀。完成準備後，有些丸子會黏在大門牆上；其餘一般擺放在紅盤後，

第二章　繼光餅

除少部分下鍋烹煮,大多會放在供桌上,祈求來年家庭平安。過去各家各戶還以爐灶燒飯時,對馬祖小孩來說,搓丸像是體驗和遊戲,最期待的是夜晚待丸子風乾,等燒熱的爐灶火熄滅,用紙包裹搓好的丸子放入灶中的灰裡,烤一下子就熟了。「乾又脆,真好吃啊!」一位馬祖阿姨向我提起過去那段時光,臉上還不經意露出笑容。

馬祖的飲食通常伴隨著時令儀式,至今馬祖生產傳統糕餅的頂好特產,仍會固定在不同年節製作特定的糕餅。一九七四年,馬祖第一家西點麵包店「統一麵包」於福澳街成立。飲食西化風潮讓師承傳統糕餅師傅的劉依金,決定結束在台北闖蕩當麵包師傅學徒的生活,回鄉改投入販賣台式麵包與海綿蛋糕為本體的西點麵包。[42]

一九九〇年代末,因為經濟蕭條,許多台灣人改行賣小吃,追求當時新聞話題討論度最高的品項販售。除了世紀末全民掀起的一股「葡式蛋塔」熱潮,還有胡椒餅、蔥油餅等等中式麵點,也在這一股不景氣中,陸續在台北、宜蘭、嘉義、高雄等全國各地出現許多加盟或者連鎖店,甚至在報紙上雨後春筍地刊登徵求加盟攤主的廣告。

頂好特產每年過年前在市場販售祭灶料　　馬祖人祭灶時家中擺設的甜供品

味道的航線　　　　　　　　　　　　　　　　　　136

當夜市小吃在一波波的跟風潮流中，大量複製出現又快速到閉消失，反而讓許多馬祖販賣小吃的糕餅業者，紛紛決心回頭經營傳統美食，希望把握當時解嚴開放觀光的契機。

在南竿製作西點麵包的頂好特產老闆劉依金，就決定重拾過去學習做油條、油餅、大餅、麻花等傳統小吃的功夫，回頭賣起馬酥、芙蓉酥、[43]稱為麻脂的蔴佬、加入麥芽糖與花生的地瓜糖，還有特定季節生產的中秋月餅，muai-ie和俗稱祭灶料，也就是通常在農曆十二月廿四祭灶神時必備、稱為寸棗的tsiu-liau

馬祖人食用地瓜餃的三種方式：煮、蒸、炸

137　　第二章　繼光餅

老鼠囝和稱為糖包 lô-ŷ-iâng thoung-pou-hua-jeng花生仁等甜食的總稱。據說，「灶公上天講好話，灶媽落地保佑奴。保佑奴爹有錢趁，保佑奴奶福壽長。」灶是一家人的生活來源，灶神也保佑著一家人平安，只要每年此時貢獻這些甜食祭拜回天庭述職、負責稟報一家今年品德的灶神，並口中念著希望灶公灶婆能保佑平安的祈禱，祂就會向玉皇大帝說好話，好運一整年。

身處政治經濟與社會文化快速變遷的一九九〇年代，中小企業為主要產業結構的台灣，正是這些小吃攤，真實地養活了一戶家庭。隨著喜歡熱量高、易果腹、趕時髦的阿兵哥退去，馬祖店家的消費主力轉為體驗在地風情的觀光客，力求改變與台灣飲食同步的經營思維，變成販售獨特的家鄉味。回鄉開店，是大多到台灣發展的馬祖人會有的人生抉擇。除了重回馬祖開麵包店的劉依金，師承父親繼光餅家業的寶利軒老闆高明中，也在受訪時回憶，[44]過去的他其實在台灣擔任砂石車司機，根本沒有想過回馬祖接手家業，直到父親有次烤餅時昏倒，才知道父親對於木炭古法的堅持，不只為了家庭，也是為了文化傳承。因為烤繼光餅深受天候影響，夏天廿五分鐘能炭烤一爐，但冬天至少要四十五

分鐘，只能憑手感預測每爐四十塊繼光餅命運。

二〇〇〇年開始，高明中回到父親留下的餅舖。回想歷經馬祖過去那段大量駐軍的歲月，再想到當時父親做餅是在「司令官下令，所有的駐軍都要寄包裹回家。爸媽、姊姊和我一起通宵趕工，整條街看我們家做生意，好不風光」的情況，他感慨說道「但是，那個時代過去了。」高明中說，很多事情無法預測，只能向前走。他曾是第一位將傳統餅店開回福州的馬祖人，一如超群麵包店將夾上蔥蛋豬排的繼光餅重新命名為馬祖漢堡，頂好研發推出馬祖貢糖與一口酥，發師傅將傳統烹調法為煮湯或油炸的地瓜餃[45]改良成五行地瓜餃剉冰等，高明中憑藉著傳統技術加上創新思維，不斷發展新型馬祖小吃，迎合觀光、邁向現代化，同時也透過研發新商品與發展新通路，試圖轉型。無數如寶利軒這般一九七三年就創立的老店，迄今仍在馬祖矗立，因為他們知道開店除了要賺錢，還有更多的，是傳承保留馬祖獨特飲食地景的社會與文化責任。

1 必比登推介：福州世祖胡椒餅（二〇二〇年二月十九日）。米其林指南。二〇二三年六月三日，取自：https://guide.michelin.com/tw/zh_TW/article/dining-out/michelin-bib-gourmand-taipei-fuzhou-black-pepper-bun。

2 其實大台北擁有眾多胡椒餅店，本處參考台灣美食網路的採訪報導分類。詳見：吳國靖（執行製作）（二〇一二年四月九日）。捷運美食通【電視節目】。新北：台灣繽紛數位多媒體有限公司。二〇二三年六月三日，取自：https://store.twsfood.com/default.php?page=201008130 2。https://www.youtube.com/watch?v=OZ0toek1oJo。其他胡椒餅店，包含延平北路黃記炭烤胡椒餅、基隆西三碼頭胡椒餅等，也多是歷史悠久的福州胡椒餅名店。詳見：石曉茜（製作人）（二〇一〇年五月七日）。愛爾達旅食生活誌【電視節目】。台北：愛爾達科技股份有限公司。二〇二三年六月三日，取自：https://www.youtube.com/watch?v=uhyojrSVdNo/；吳宇舒（製作人）（二〇二二年十二月廿五日）。海峽拚經濟【電視節目】。台北：東森電視事業股份有限公司。二〇二三年六月三日，取自：https://www.youtube.com/watch?v=teh9wGgD7os/。游明煌（二〇一四年十二月十七日）。老顧客：走了，港邊味沒了。聯合報，第B1版。曹馥蘭、詹雅蘭、吳思瑩（二〇一〇）。台灣小吃──北部篇。高雄：宏圖，頁一九〇─一九一。

3 吳永健（導演）（二〇一七）。福州元祖胡椒餅【紀錄片】。新竹：玄奘大學大眾傳播學系。二〇二三年六月三日，取自：https://www.youtube.com/watch?v=CowJGgpgOco

4 另有二代女兒黃桂英女士主掌的「艋舺黃記元祖胡椒餅」開在華西街夜市，在她受訪時提供了這樣的說法。詳見：林奎佑「魚夫」（二〇一八年三月二日）。這家比較少人知道：華西街夜市艋舺黃記元祖胡椒餅【影片】。YouTube。https://www.youtube.com/watch?v=gShzwJPWS4I/

5 陳英姿（二〇〇三年六月廿二日）。胡椒餅 三水三張 台北三天王。聯合報，第B3版。石曉茜（製作人）（二〇一〇年六月十三日）。愛爾達旅食生活誌【電視節目】。台北：愛爾達科技股份有限公司。二〇二三年六月五日，取自：https://www.youtube.com/watch?v=zxCQ6-BRAXU/

6 甚至有黃家後代嫁到嘉義後，也以元祖胡椒餅為名設店。正元祖胡椒餅 香噴噴 真夠味。聯合報，第B2版。

7 台視公司新聞部（製作人）（二〇一九年三月卅一日）。尋找台灣感動力【電視節目】。台北：台灣

8 電視事業股份有限公司。二〇二三年六月五日，取自：https://www.youtube.com/watch?v=UhuO-6QhwSk、https://ttv.com.tw/info/view.asp?id=42412；非凡電視台新聞部專題組（製作人）（二〇一〇年二月六日）。非凡大探索【電視節目】。台北：飛凡傳播股份有限公司。二〇二三年六月五日，取自：https://www.facebook.com/DA.SHIUE.KOU/videos/9379401762222402/。按照資料，原位於和平西路三段一〇九巷二弄，約莫二〇〇九年後搬至和平西路三段八十九巷內現址，並在三代店主黃振萌接手後，約莫二〇一二年前後更名為「武林萌主萬華元祖胡椒餅」。詳見：走過胡椒餅的黃金歲月 傳奇的胡椒餅滋味（二〇〇二）。烹飪教室月刊，壹。二〇二三年六月五日，取自：https://www.ytower.com.tw/prj/prj_53/ck001-1.htm；佑庭（二〇〇九年四月九日）。台北福州元祖胡椒餅。平凡文字創造生活的美【部落格文字資料】。二〇二三年六月五日，取自：https://yoten930.pixnet.net/blog/post/28595657；非凡電視台新聞部專題組（製作人）（二〇〇九年十一月一日）。非凡大探索【電視節目】，第五〇五集。台北：飛凡傳播股份有限公司。二〇二三年六月五日，取自：https://news.ustv.com.tw/food/shop/3729、seagod（二〇一一年五月十九日）。台北好好吃～龍山寺萬華戲院旁的福州元祖胡椒餅。Seagod的慢遊人生【部落格文字資料】。二〇二三年六月五日，取自：http://www.seagod.me/2011/05/blog-post_8626.html。

9 焦桐（二〇一四年十一月廿四日）。三少四壯集—想要擁抱想像假依。中國時報。二〇二三年六月四日，取自：https://www.chinatimes.com/newspapers/20141124000624-260115/。

10 林娟（二〇一〇年九月十一日）。大陸人看台灣—胡椒餅的原鄉情懷。旺報。二〇二三年六月四日，取自：https://www.chinatimes.com/newspapers/20100911000954-260301/。

11 台灣常識集〇九一 胡椒餅（二〇二〇年六月廿二日）。圖文不符【臉書粉絲專頁】【讀者投書】。二〇二三年六月四日，取自：https://www.facebook.com/simpleinfo/photos/a.429825197193593/1516337278542374/。

12 曹銘宗（二〇一六）。台灣食物名小考：蚵仔煎的身世。台北：貓頭鷹。頁一一〇一一三。

13 林娟（二〇一〇年九月十一日）。大陸人看台灣—胡椒餅的原鄉情懷。有關繼光餅的最早文字紀錄，可以回推至清朝文人施鴻保所寫《閩雜記》的一章，「光餅，咸南塘平倭寇時，製以備軍行路食者。後人因其名繼光，遂以稱之。今閩中各處皆有，大如番錢，中開一孔，可以繩貫。」

14 陳博翼（二〇一九）。十六一十七世紀中國東南陸海動亂和貿易所見的「寇」。限隔山海：十六一十七

15 劉馥（一九八六年七月十六日）。南昌：江西高校出版社，頁四一一六六。民俗小辭典　鹹光餅。自立晚報，十版。

16 池惠琪（二〇二一年十二月十九日）。將手中捏製的誠心獻給神明——三水餅店。二〇二三年六月五日，取自：http://umkt.jutfoundation.org.tw/mkt_library/3369/。壬寅年 十月廿三日（二〇二二年十一月十六日）。巧味餅舖【臉書粉絲專頁】。二〇二三年六月五日，https://www.facebook.com/camiBingPu/。

17 根據口述，過去三水餅店製作的沙其馬口感堅硬，有可能即為馬祖人同樣採麵粉製作的起馬酥（khí-má-lu）。不同於現今台灣常見的沙其馬口感鬆軟，多加了使麵糰鬆軟的泡打粉等膨鬆劑，馬祖的起馬酥則將加蛋與糖的麵糰壓成薄如餛飩皮，所以兩者油炸過後的口感並不同。這有可能也解釋了，為何今台灣市面上的沙其馬香餅舖、義美香餅舖等源自或師承福州師傅的餅店，他們招牌的麵粉酥酥改名為馬祖酥，起馬酥改名為馬祖酥有所差異。在一九六四年，經由行政院新聞局長沈劍虹建議下，一千步的繽紛台灣【電視節目】。台北：新唐人亞太電視股份有限公司。二〇一六年八月十九日。取自：https://www.ntdv.com.tw/b5/20160622/video/174139.html/；陳玉華（製作人）（二〇二三）。台南：新永安有線電視公司。二〇二三年六月三日，取自：https://www.youtube.com/watch?v=2H88wQAfX2k。呂立翔（二〇二三年七月十九日）。麵粉酥？木瓜酥？——關於沙琪瑪在台灣的那些事。比漾比漾。二〇二三年九月一日，取自：https://www.beyondbeyond.com.tw/category/foodaesthetics/articles/749。

18 相關店家歷史訪談，感謝陳世偉先生提供。有關福州人在台北的發展，請參考：陳世偉（二〇二四）。移民點心臺灣化：戰後臺北的福州糕點族裔經濟發展（未出版碩士論文）。國立臺灣師範大學臺灣史研究所。

19 台北市政府勞動局（二〇二三）。台北市糕餅業職業工會故事（上）。二〇二三年十一月十一日，取自：https://bola.gov.taipei/News_Content.aspx?n=7A3C3FFB6914DBB8&s=48318B2DB07F4F6D。

20 張要嬅（製作人）（二〇一七）。台北：壹傳媒電視廣播股份有限公司。二〇二三年六月三日，取自：https://www.youtube.com/watch?v=qdYDD2T3WJQ。壹WALKER【電視節目】。

味道的航線　142

21 台北市政府勞動局（二〇二三）。

22 「福州光餅，台灣鹹光餅。福州征東餅，台灣甜光餅。福州控蹄包，台灣控蹄。福州紫菜，台灣茄。福州番柿，台灣臭柿。福州糖粥，台灣米糕粥。福州春餅，台灣潤餅」。詳見：林衡道，〈閩台食品名稱之差異〉，《福州月刊》，四九，民國八〇年（一九九一）十一月廿日。

23 林仲亮（一九八六年十月十五日）。台北顯影還願。聯合報，十二版。

24 在新莊，至少就有金合和、老順香、新義軒、美成香這四間糕餅老店賣鹹光餅。詳見：你都吃哪間老街鹹光餅？（二〇二〇年十月廿一日）。新莊騷【臉書粉絲專頁】。二〇二三年六月五日，取自：https://reurl.cc/nD1xG6。

25 例如，該辦法第二條明定未繳地方稅者的懲罰：「凡經申請報稅入境之物資數量，超額或單價短報，其超短額在規定以內者，按規定補稅。規定以外者，即認定意圖逃（漏）稅。超出規定攜帶量處罰如下：（一）初次違犯，其超額部份及短報部份，應按馬祖地區該項物資（品）之售價處以總值百分之四十之罰鍰，並補稅百分之九。（二）違反兩次以上者（含二次）應按照馬祖地區該項物資（品）之售價處以總值百分之八十之罰鍰，並補稅百分之九。」詳見：馬祖戰地政務委員會訂頒地區物資管制檢查及處理辦法（一九七三年二月廿六日）。馬祖日報，第二版。

26 進口沙拉油　限期處理（一九七六年三月十日）。馬祖日報，第二版。

27 因為福州話的單字變成單詞後會變音，意思是牡蠣餅的 tiê-biāng，單念牡蠣的時候發音是 tiê，音調從華語四聲變為馬祖福州話特有的一種音調，這種音調像是一個人從山腳爬上山再從下山的感覺。

28 按照作家魚夫的看法，台語的㚻字義是「煙氣凝結而成的黑灰」，在此使用並不合理，所以他推測台語的 te 一詞應該是從福州話的 tiê 轉譯來的。詳見：魚夫（二〇一五）。台灣蚵統一了福州爹，所以蚵爹。樂暢人生報告書：魚夫全台趴趴走。台北：天下文化。頁一三九―一四一。

29 一梅馬影像（二〇一八）。冬日好食08繼光餅。馬祖好食。二〇二三年六月五日，取自：https://www.matsufood.tw/blank-14。

30 在東引島上，有欣欣麵包店生產原味與南瓜兩種口味的小型繼光餅，提供給遊客或者由鹹味島合作社與泰利食堂等店家批至店中。至於合菜或者祭祀用的繼光餅或平安餅，仍自南竿叫貨。

143　第二章　繼光餅

31 在福州,有店舖將其以諧音雅稱為「清茉莉」。

32 Doolittle, J.(一八六五／二〇〇八)。中國人的社會生活。(陳澤平譯)。頁一〇九。

33 林耀華(一九四四／一九九九)。金翼:中國家族制度的社會學研究。北京:三聯書店。頁三七。

34 通常這些餅舖還會兼賣各種白粿糕、菜頭餅等傳統福州點心。詳見:美且有(二〇一九年九月卅日)唯讀福州。二〇二三年六月九日,取自:https://a-laung.com/fuzhou/?p=35。

35 中秋佳節近月餅福州禮餅熱銷(二〇一九年六月十二日)。星島日報美東版二〇二三年六月九日,取自:http://www.nctalk.cn/type_2/xiangqing3848504a.html。

36 陳高志(二〇一五年九月廿九日)。悠悠歲月 逝者如斯(九) 從馬祖「繼光餅」說起。馬祖資訊網。取自:https://www.matsu.idv.tw/topicdetail.php?f=184&t=141509&p=1。

37 春餅就類似台灣的潤餅,不過無論是北部常見的蛋酥、紅糟肉、花生粉,或者南部常見的油麵、砂糖粉,在福州都較少見。

38 不過龍岡現今知名的文創園區馬祖新村,過去是曾任馬祖地區指揮官的華心權將軍,特地為前線駐守的將士在台家眷興建之房舍,故並無馬祖人居住其中。

39 劉春梅、吳月英、黃曦芬、黃仁興。大溝市場MAP——桃馬人日常生活地圖大溝市場篇。桃馬書房,三一。頁二〇—二一。

40 相當於阿伯、阿姆的意思。

41 有趣的是,在台灣的馬祖人,有些並非以馬祖菜為主要販售品項,但因為老闆是馬祖人,多會在主打菜系中添加點家鄉小吃,形成在烤鴨店中吃炸地瓜餃、在海鮮餐廳中吃酒糟雞、在清真牛咖哩飯店中吃魚麵的特殊飲食風景。可以參考以下店家:陳平良外木山烤鴨、御膳園海鮮餐廳、水料理溫體牛咖哩飯。

42 許赫(二〇二〇)。麵粉裡打滾的依金那。福澳傳奇:老故事新回憶。連江縣:福沃社區發展協會。頁三九—四七。

43 起馬酥與芙蓉酥都是一種混合麥芽糖漿炒勻後,在模具內鋪平撒上花生粉與芝麻,壓實後再下刀切成一塊塊長方體形狀的糕點。不同之處,在於起馬酥是將加入蛋與糖的麵粉,攪和後壓成薄皮油炸,有點類似台南常見的麵粉酥;而芙蓉酥是將發過的糯米糰切條後,再油炸,有點類似寸棗。

44 曹重偉（二〇二一年十一月十六日）。馬祖達人系列之一 繼光餅大師高明中。馬祖日報。二〇二三年六月五日，取自：https://www.matsu-news.gov.tw/news/article/77637/。

連江縣政府文化處（二〇一七）。寶利軒。馬祖好食。二〇二三年六月五日，取自：https://www.matsufood.tw/post/南竿-寶利軒/。

45 林奇伯（二〇〇一）。馬祖餅食——馬祖酥、芙蓉酥、繼光餅。台灣光華雜誌，廿六（五）。二〇二三年六月五日，取自：https://www.taiwanpanorama.com/Articles/Details?Guid=8959441 6-51b1-4c89-b672-abf9046c881f。

頭號粉絲（二〇一〇年十二月十日）。楊縣長，繼光餅呢？【線上論壇第三則留言】。馬祖資訊網。取自 https://www.matsu.idv.tw/print.php?f=2&t=85908&p=1。

將地瓜洗淨去皮，蒸熟後篩成泥狀，再加粉揉成麵皮，塞入內餡為花生粉、黑芝麻與細砂糖的傳統點心，馬祖老人家習慣煮熟後，再淋和著炒至溶化起泡加上老薑的二砂糖糖水。詳見：陳崴勝（二〇一五）。行家的台灣經典小吃。新北市：雅事文化。頁一二五。

第三章

佛跳牆

蜀台攤車推囉推,
Sŏh-lài thang-jia thui lo thui,

魚丸拌麵佮蜀堆,
Ngý-uòng puàng-miêng kák soh-tui,

笊篱長箸搖囉搖,
Tsia-liè tŏung-noêy iù lo iù,

七遛八遛,莫拆福州?
Tshík-liu páik-liu, Mŏ thiéh Hùk-tsiu?

大稻埕江山樓的菜單

每年馬祖的元宵時節，都是當地一年中最熱鬧的時候。在稱為「擺暝」的 pēi-mang 日子，每間廟從神偶、神轎，甚或金身都會出巡；村民同心協力迎接神明，家家戶戶忙著祭拜。這一天，所有離鄉背井到台灣、中國甚至東南亞的馬祖人，會從各地坐輪船、快艇、飛機，甚至平時天氣不好時才會啟動的直升機，回到這總面積不到三十平方公里，約莫十分之一台北市大小的群島。無論職業是什麼，都必須返家協助村莊的大事，這也是所謂「過年可以不回來，元宵不能不回來」的馬祖人，堅持按時返鄉擺暝的特殊之處。

這一天，家家戶戶迎接神明之後，會將供品煮來分食，稱之為食福 siek-houk；或者食社 siek-siā。[1] 在舉辦食福或食社的晚上，村民在廟中直接辦桌，享用當年做頭 tso-thâu（負責供品的輪值戶）家戶女性烹煮的菜餚。有一年參加北竿坂里村的食福，餐桌有滷味、太平與八寶飯等菜餚，充滿福氣寓意與地方特色：滷味是受到馬祖特殊戰地文化影響，從台灣流傳來的手藝，其能隔餐再加熱的特性不僅方便保存，

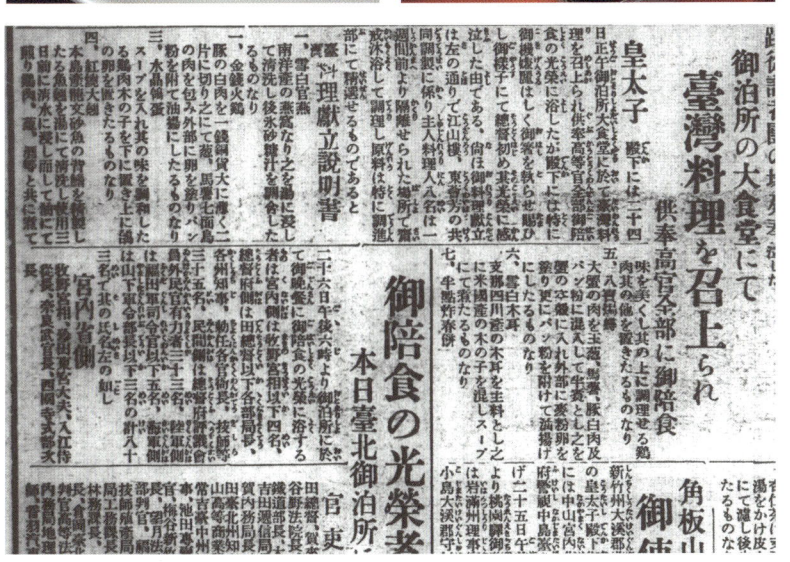

也契合當地生意人忙於為阿兵哥提供洗衣、雜貨等服務時的作息需求。至於「太平」$_{\text{thài-pîng}}$，說的是用鴨蛋炸酥的一道湯品，取 ah-lâung 同時在福州話代表「鴨卵」與「壓浪」的聲音，代表討海人祈望風平浪靜。太平蛋用炸的方式上桌，就成了虎皮蛋。而稱作百果飯$_{\text{pēih-kuò-puóng}}$的八寶飯，更是福州馬祖一帶的特色料理，外婆在我小時候就常常將糯米飯蒸熟後放涼，再拿出一個碗公，在碗底依序先鋪好葡萄乾、甘納豆、

上：馬祖食福宴上的八寶飯與虎皮平安蛋
下：《臺灣日日新報》報導裕仁皇太子在台享用的台灣料理

第三章　佛跳牆

紅棗、龍眼乾等佐料後，鋪上糯米飯，一起進蒸籠，熟了再倒扣回盤上，就是一道用來待客的經典福州菜。在馬祖，過去因為果乾不易取得，過年食福／食社或者婚宴會館上的八寶飯，常以軍方的鳳梨罐頭代替，成為軍民一家版的馬祖菜。

但八寶飯不只馬祖獨有，在日本時代的台灣，彼時還是裕仁皇太子的昭和天皇來台時，隨行處「御泊所大食堂」供應的十道菜餚中，八寶飯正是壓軸的甜品；[2] 民間記載中，新竹文人黃旺成也曾在明治四十五年（一九一二）五月廿三日的日記寫道：「吃完午餐以後，馬上走路回家。太太的祖母下午已經回去了，轎夫拿來八寶飯、油豆腐」[3] 等文字，是台灣仕紳階級日常生活中的料理。

對福州人來說，八寶飯不只是甜品，另外有一道鹹八寶飯，更是婚宴中的大菜。鹹八寶飯選用豬肚尖、鴨胗、香菇、冬筍、干貝（或蝦干）、紅棗、花生和白蓮子，將八寶汆燙過後和熟糯米共同拌炒，再加上豬油調和，盛入大鍋碗，最後鋪上一隻農曆十月後內呈金膏的紅蟳，將紅蟳對半切開、分成八片後，即是以紅蟳米糕之名出現在台灣人宴會餐館桌上的福州八寶蟳飯。[4]

味道的航線　　　　　　　　　　　　　　　　　　　　　150

三山善社諸同人。訂本新年宴會日。假江山樓。開新年宴會。申込所在。為丸金義興兩商店。會費二圓。閒申込者。已有數百名云。──〈三山善社春宴〉,《臺灣日日新報》第四版,大正十三年(一九二四)一月五日

在台北,有一處被台灣人稱之「福州廟」的三山善社,裡面祭拜日治時期即移居台北的福州先民。位在福州山下的三山善社,福州人稱之三山社,因為福州人較晚遷居,只能買到相對城外的荒郊土地,當作厚葬先人之處。廟宇命名「三山」,來自福州境內的三座名山:于山、屏山與鼓山;至於「善社」,代表是服務同鄉的慈善團體,[5] 在現代也是一座帶有福州人佛道合一思想的禪和派信仰空間。[6]

當年的福州人愛去江山樓聚會,而江山樓,不僅

在《臺灣日日新報》上,筆名石衡生的日治時期文人黃贊鈞所留下有關佛跳牆的詩詞

來台福州人過新年會在此集結，也受到泉漳人的歡迎，販售著融合福州菜的台灣酒家菜。江山樓是由吳江山創立，以融合閩、川、粵等料理聞名。其中，佛跳牆就是這間酒樓的招牌作之一。佛跳牆被譽為高級酒家菜代表，修築台北孔廟的文人黃贊鈞（一八七四―一九五二），曾在〈偶園小集賦呈嘯霞潤波二君〉一詩中，以筆名石衡生留下「佳肴道是佛跳牆，弗數易牙先得口。末陪笑我黃山谷，不速自負交遊熟。」等文，藉佛跳牆傳遞他對女子美好之欣賞。

不只日治時代的福州人愛去江山樓，作家林文月也曾回憶她的外公連橫，最愛的江山樓料理就是佛跳牆：「外祖父連雅堂先生中年時代於《台灣通史》完稿後，曾有一段時間舉家居住於台北的大稻埕（即今延平北路一帶）。由於地緣近著名的餐館『江山樓』，故而每常與北部的騷人墨客飲宴於其間，而該樓主人也頗好附庸風雅，對於雅堂先生尊崇有餘，逢年過節每以佳餚敬奉至府。其中，外祖父最喜愛的，便是『佛跳牆』。」[8]

江山樓位於今日台北市的歸綏街和重慶北路一帶，也就是大稻埕慈聖宮和霞海城隍廟之間仍保留傳統氛圍的迪化街中段。福州人以其手藝聞名，在酒樓等公共飲食場所出現之前，福州廚師經常受到文人仕紳的聘請，隨著官員前往

家中。在私人宅邸的花廳中,與正門後面以一道木板與屏風相間,仕紳一邊欣賞戲曲,一邊品嘗福州師傅做的美食。9 花廳通常位於大戶人家的傳統四合院中,面對四周開放的廣場。至今,台中霧峰林家仍然存在這種典型福州建築,其花廳屋頂的脊梁除了上有台灣常見的燕尾裝飾,向外斜直延伸之下還帶有滴水裝置,建築本身形式與福州最著名的古蹟三坊七巷內花廳類似。而在花廳中欣賞曲藝和戲劇,更受到包含沈葆楨、林覺民等名門望族的福州人官宦文化影響。10 過去台灣與福州望族之間經常聯姻,連帶兩地交流更加密切,板橋林家便曾聘請來自福州聚春園系統的依梅師為家廚,烹調醋溜腰子、爆糟雞、紅燒田雞、黃花魚湯、魚丸蚵仔麵線、蠔餅(即蠣餅)、光餅蚵蛋,以及點心千葉糕、芋泥、尾梨糕、葛粉包等福州家常菜。也精通湖南燒鴨、北平烤鴨、廣東燒豬等其他幫菜的依梅師,每回宴會「不僅讓熊光叔公祖很顯擺,梅師更因此名氣大增,成為台北上層社會無人不知的名廚。大正十四年(一九二五),林熊光舉家遷往東京,亦帶梅師隨行。後來台灣閩人許丙賞識梅師手藝,邀請擔任東京許宅的廚師。」11

回憶起外公連橫,林文月則記得小時候的佛跳牆做法,必定少不了芋頭、

魚翅、魷魚、豬腳、紅棗、鵪鶉蛋、芋頭要炸、魚翅要煨、豬腳要滷、魷魚紅棗則泡發，再將這些料一起鋪在一盅口徑深的瓷器裡，以芋頭墊底，依次排上豬腳、魷魚、紅棗、魚翅等等，加入煨汁、滷汁、泡發水等，並適量加入事前準備的雞高湯後，約蒸一小時可上桌。板橋林家後代林衡道回憶：「佛跳牆用料種類多且講究：豬蹄、蹄筋、排骨、豬肚、海參、魚皮、魚翅、蓮子、香菇、鵪鶉蛋、芋頭、干貝、紅棗、金勾蝦、鮑魚（這是以前林家廚師準備的基本材料，現在有餐廳為了便宜，塞一堆筍干、白菜、杏鮑菇，風味盡失）、備料、泡料、發料，一晚。鋪料、塞料、灌湯、蒸熟，又一晚。上桌前，再蒸一小時，開蓋，滿室生香……」[12] 同樣地，在台北大龍峒以舉人陳維英宅邸「老師府」聞名的陳氏家族，後代也發現祖母傳下的佛跳牆料理要有「炸好的排骨十塊、炸好的芋頭八塊、魚皮三兩、花膠四兩、蹄筋八個、乾筍絲二兩、大白菜五兩、香菇八朵、干貝三兩、鵪鶉鳥蛋十個、炸好的蒜頭十粒、栗子十粒、鵪鶉蛋、乾筍絲、高湯適量」。[13] 至今，辦桌佛跳牆大概仍不脫以芋頭、排骨、鵪鶉蛋、乾筍絲為主角。

一般來說，在台灣的辦桌總鋪師稱佛跳牆為「跳牆」_{thiàu-tshiûnn}或「魚翅筒仔」_{hî-tshì-tâng-á}。

這種公共宴請的風潮始於日本統治台灣後。在治台不到三年，即明治三十一年（一八九八），當時台灣酒樓的數量一下子即增加到「不下十餘家」。[14] 與傳統的小吃攤位（或稱為露店）不同，這些餐館提供雅緻的用餐空間，吸引文人雅士在此宴客、吟詩作對，並使傳統的私廚菜餚變得更加公共化。如今在台灣，佛跳牆已是婚宴和喜慶場合上最常見的主菜之一，通常也被稱為「雜菜滷」。儘管名稱中有「滷」，但佛跳牆並不像白菜滷[15]一樣需要勾芡燜煮，通常將湯料放入鍋中，然後下鍋封膜，採用蒸的方式將整甕佛跳牆炊熟。

自從一九八〇年代開始興起冷凍年菜，爾後人們隨著經濟條件改善習慣上餐廳吃年菜後，當代的台灣佛跳牆更像是喜慶、豐盛的象徵，因為佛跳牆的食材選擇自由卻多是高單價，能「搏賣相、拚高價、裝高貴」[16]，成為過年餐桌不可或缺的一道湯品。隨著時代發展，現在不再需要到辦桌宴席才能品嘗到福州佛跳牆或林文月筆下的山珍海味，便利商店提供的佛跳牆年菜預訂服務已成為替代選擇。在福州，網路上也出現了一種新潮的產品，稱為「佛跳牆火鍋」，強調湯底的關鍵性，標榜「佛跳牆湯頭是關鍵，湯頭熬得好不好，對於整盅佛跳牆起了至關重要作用，星洲集團人才濟濟，世界級廚師團隊，雖然可能在佛

第三章　佛跳牆

跳牆製作工藝名頭上比不上老字號，但美食是相通的，由他們監製的佛跳牆質量儘管放心。」商家表示，北京、上海與廣州等地近幾年大量出現佛跳牆火鍋，並不代表不尊重「老祖宗」，而是市場需求已經轉向。[17]

> 晚上，至北投吃台灣菜，有一道菜「佛跳牆」，是將很多菜，如魚翅等放在罈子內，相當的好吃，我想一定相當的貴。至北投，這是多少年來的第一次。
> ——〈民國六十五年一月廿一日〉,《賴名湯日記Ⅲ》[18]

上面這段文字，是祖籍江西的前參謀總長賴名湯，他在一九七六年一月廿一日寫下第一次吃佛跳牆的感受。原本是福州菜的佛跳牆自從成為酒家菜，讓後來到台灣才認識這道菜的外省人認為是台灣菜特色。據 DailyView 網路溫度計的調查，它甚至超越了菜脯蛋和三杯雞，成為網友心目中台式餐廳必點佳餚的正宗台灣味。[19] 不過，雖然已成經典菜色，各家料理手法可能差異甚大。

在我曾經參加的一次馬祖學生教育旅行活動途中，當我們到一家台北近郊提供旅行團用餐的婚宴會館，店家號稱六菜和一湯的桌菜中，有一道是佛跳牆。一

群馬祖學生看到鐵鍋中盛著的芋頭紅棗雞湯料理，疑惑不解，經過一番推敲，在場師生才明白這就是店家說的佛跳牆。

因為沒有提供瓷甕盛裝，而且湯頭顏色淡得出奇，任誰都很難辨認這是完全失去應有寓意與做法的佛跳牆。可見在成為一道名菜後，佛跳牆也開始因為響亮的名聲，讓一些不知情的顧客在態度隨便的餐廳受到矇騙。幸好馬祖人的味蕾可沒這麼好收買。帶隊的馬祖長官只吃了幾口就離開，當眾人以為他只是去上廁所，他卻帶了領班回來，原來是去投訴佛跳牆多不符實，在店家不停賠不是下，解決這樁風波。

這段過往，讓人同時體悟到佛跳牆盛名之下的實況，和馬祖人對味道的堅持。

第三章　佛跳牆

福州聚春園，佛跳牆始祖

一般人除了在重要節日之外，平時很難有機會天天上餐廳品嚐佛跳牆。因此，對於普羅大眾而言，想到最有名的佛跳牆，應該是一九九六年香港電影《食神》中，反派唐牛與周星馳飾演的史蒂芬周最終對決時的指定菜色。決賽中，評審好姨與唐牛先後說出佛跳牆有「九九八十一種變化」，襯托這道料理需要多種繁複的食材與煨功火候的技藝。據說發明了佛跳牆這道菜的始祖，正應該是起源清朝同治年間的福州菜館三友齋，也就是現位於該市市區最熱鬧東街口的餐廳聚春園。

聚春園在擁有眾多老福州深宅大院、過去盡住著達官貴人的三坊七巷街區旁，三坊七巷由三個里坊和七個巷子組成而得名，充滿各式各樣台中霧峰林家花廳建築樣式原型的白牆灰瓦樓房。不僅是福州現代歷史的見證地，這些巷弄中大門深鎖的宅邸主人，過去也多和台灣有著密切聯繫：他們包括曾翻譯《天演論》和鹿港辜家聯姻的嚴復家族，[20]以及曾擔任清朝末代皇帝溥儀老師、和

味道的航線　　158

板橋林家聯姻的「帝師」陳寶琛家族,[21]還有擔任過台灣欽差大臣的沈葆楨家族等等。這些家族在政商方面,迄今都影響著台灣。

除了達官顯貴,三坊七巷中的南後街以及旁邊的南街還有各種福州小吃,包括肉燕、魚丸、肉丸等等。現已更名為八一七北路的舊南街上,是由百貨公司與馬鞍牆脊共構的摩登老街,佛跳牆的起源傳說正在這條舊南街上:相傳曾經有福州官員品嘗了一道由友人妻子燜製的甕湯料理後,驚豔地說到「罈起葷香飄四鄰,佛聞棄禪跳牆來」,決心回家仿製,更要求家中廚師研究開發。最後經過反覆試驗,廚師不僅重新復刻了官員在友人妻子那裡嘗到的佛跳牆滋味,這位廚師後來也自立門戶,在清朝道光年間更名為聚春園菜館,將佛跳牆打造成自家店面餐館的招牌料理。從民國到今日,聚春園都是名菜館,甚至是台灣總督府在因應日本向福州擴張占領所做出的《福州事情》調查中,唯一被中外官民認可,能舉辦最上流宴會的漢菜館。[22]

在福州,這裡的佛跳牆製作方式與台灣熟知的版本不一樣。福州話中,huǎk-thieu-tshuǒng的「佛跳牆」與huǎk-lieu-tsuǒng的「福壽全」發音類似,更有了福氣上的寓意。如果到福州,在聚春園餐廳坐下想享用一盅佛跳牆,每盅

佛跳牆是按人頭計費。其中販售最便宜的「極品正宗佛跳牆」，小小一罈約莫中杯手搖飲的容量，一盅就開價三九八元人民幣。若比較食材，福州的佛跳牆融合了海膽、魚唇、鴿蛋、花菇、鮑魚、蹄筋、海參、瑤柱等二十幾種乾貨，並分兩道手續製作：前一天就得先備湯料，第一次的湯料以豬蹄龍骨等骨頭的熬煮為主，只取其汁，最後一個小時要不停攪動，確保骨頭於湯汁中化為無形。第二天再以雞肉為主，加入冰糖、八角等，並倒入福州人家家戶戶都會釀造的老酒後煨煮成第二種湯，過濾後，湯底放涼成凍，再加入或蒸或炸、備法各異的鮑魚、鴿蛋、花菇、海參、蹄筋等原料，將其部分以紗布相隔（或以腐竹覆蓋）分出至少五層，使各種食材既不會相互打架，又能出味融入湯中，最後鋪上一層荷葉，蓋上燒成彌勒佛形象的罈蓋，才能上桌。23

與台式佛跳牆重視「滷」的蒸煮相比，傳統福州作法熬煮出的佛跳牆著重煨功，連在台灣的福州餐廳早期也強調其和台式佛跳牆不同處，在於「將各種材料洗淨，分兩次放，第一回是除去海鮮及燕窩之外的材料放入，置少量水，

福州聚春園的佛跳牆

味道的航線　　　　　　　　　　　　　　　　　　　　　　　　　　　160

其餘全部放酒，封罈，以小火（最小的火）煨一整天後開罈。再將燕窩以及海鮮類置入後，再以小火煨一整天後即成。」[24]

那麼為什麼佛跳牆在台灣會有所演變呢？師承福州師傅的台菜餐廳主廚認為，一如《食神》反映的大眾印象，事實上「在大陸，佛跳牆可分成廿六種作法，可放進去裡面一起蒸燉的食材超過一百種，看價位、大小來做調整。」但是「台灣的佛跳牆因為在地食材的關係，已經發展出自己的風格。[⋯]。現在佛跳牆多用米酒，不過那時【學做菜】，福州菜師傅就因地制宜，使用能讓佛跳牆散發當歸、川芎等中藥材隱味的五加皮酒來提香。」特別是在地辛香料食材的加入，「紅蔥頭、三星蔥、台灣蒜頭」讓湯頭散發獨特的香氣與甘美，加上台灣佛跳牆喜歡放的芋頭、扁魚，形塑了獨特的風格。[25]

在福州吃佛跳牆，與其說在吃料，不如說在品嘗湯汁布滿膠質的藥燉口感，喝下口中不同性質食材激發出難以想像的新滋味。不興油炸，以「豬骨、八角、福州老酒」為大骨熬湯、香料與黃酒提味的福州佛跳牆，在一小碗瓷罈中，食材反成了菜餚的點綴，難忘的是老酒隱味的湯頭。因此，每當談到閩菜時，最具代表性、最突顯其擅長羹湯和煨功技巧的菜餚，非佛跳牆莫屬。

第三章　佛跳牆

福州麵線與福州麵

> 早上六點開張，中午一點半即收，店裡只賣乾麵和福州魚丸湯，沸水鍋邊，林光宇右手執長箸，左手握撈子，白麵俐落涮過兩圈便起鍋，少一分則太硬，久一分則太軟爛，扣進白瓷碗公裡恰好一碗分量，一旁的老闆娘隨即抓起大把蔥花，蓋滿麵碗，送上桌時還是白煙蒸騰。[⋯]每天早上，林家乾麵從萬華的老字號製麵廠和魚丸店進貨，從傳統市場揀嫩蔥芽尖，定時定量，賣完便收。
> ——羅毓嘉，〈林家乾麵〉[26]

如果走進靠近台北第二殯儀館旁的三山善社，廟宇雖然不起眼，但入了廳堂，抬頭就能望見許多見證歷史的匾額。有代表中國政府受降的何應欽、以及指揮古寧頭戰役的李良榮將軍等政商顯要贈送的牌匾，隱身其中，更令人好奇的，是許多署名有麵線、洋裝、錫箔、大木，題字自稱「華僑」的福州人獻匾：

「歲次壬申年孟春穀旦 碧雲紅樹 台北市福州錫箔東夥敬獻」

「同心同德 臺北華僑麵線工友仝敬獻」

「庚辰仲春○ 南柯足適 洋裝部 金○○ 高○○ 王○○ 周樂斌 書」

「中華民國甲戌年冬立三山善社惠存 千秋逆旅 大木部發起董事 陳正鈿 陳依和 陳○○ 張細妹 張正森 張乙可 邱福清 林發暘 李金水 仝○○」

「中華民國甲戌年孟冬立 善如善終 臺北華僑麵線○○○」

其中，位居正殿的「民國甲子年臺灣三山善社以妥幽靈福建省長薩鎮冰獻區最為醒目。甲子年按照天干地支的方式回推是一九二四年，這塊福建省長薩鎮冰區額，代表當時的國民政府官方對於台灣僑胞的關心問候。這是因為：當時的台灣並不是中華民國一部分，與福州之間存在著國界，福州人來到台灣後，屬於「在台華僑」。27 比如，台灣總督府支持的《臺灣日日新報》漢文版一篇昭和六年（一九三一）四月五日報導中，曾說：「臺北福州華僑。爲年例清明祭典。擬分部如左之期日。往內埔庄共同墓地及三山善社。舉行祭典。四日。大木工部。五日。城內部。六日。大稻埕部。七日。萬華部。八日。細木日。

工部。」[28] 四年後,當新竹發生了死亡三千餘人的關刀山地震,南京國民政府的《中央日報》特別在民國廿四年(一九三五)四月廿三日的報導提到福州有感,「至我國旅居台島僑民損失情形如何,聞外交部尚未接到駐台領事館電告。」[29] 都說明了當時旅居台灣的福州人,多半歸類在「華僑」的身分認定。相對地,從台北或日本到福州居住的日本人,則在一九〇〇年的《臺灣日日新報》提到福州舉行天皇節的慶祝活動時,將這些僑民歸類為「福州居留民」。[30]

這群來台尚未入籍的中國人,多是嚮往台灣,想靠一技之長在此謀生的藍領階級。根據一九〇一至一九〇二年台灣總督府民政長官的統計,全台有八,〇〇二名福州移住民,次於泉州籍(一,一九八,五九一人)、漳州籍(一,〇二八,〇五一人)、廣東籍(三七六,三三九人,即客家人)還有熟番(三〇,四一七人,即平地原住民),屬於漢人第四大族群,占比〇‧三%,

台北三山善社上由福州人、時任福建省長薩鎮冰題字「以妥幽靈」匾額

其中以台北縣三,一四九人為最,多過於汀州人、潮州人與興化人。[31]到了一九二六年,福州籍翻了三倍有餘,成長為二六,九〇〇人,人數最多分布在台中州。[32]但隨著其他漢人移民增加,這時的福州籍人數反而次於汀州人,成為台灣漢人第五大群。

這些福州籍移住民隱身在台灣社會,從祭典中的大木工部、細木工部、城內部、大稻埕部、萬華部的分野,可略知他們的主要行業別與集散地。過去大稻埕公園一帶的第一劇場與國泰戲院,曾有許多福州麵攤與鐘錶零件業者,今天此地仍留有知名的佳興魚丸總店。福州人在台灣的行業,以理髮業、餐飲業、裁縫木工業的占比最高,是最遲從二戰時開始在台北西區流傳的「福州三把刀:剃刀、菜刀、裁縫刀」順口溜寫照。[33]福州人擅長手工藝,曾聽媽媽說過她的外祖父在老家,就是以替人雕刻佛像聞名;有位中研院研究員在閒聊時則曾向我提及,他的父親也是日治時代從福州到台灣後,靠裁縫手藝在桃園大溪創業。

日本時代就移居台灣的福州人,多半就是這般靠著手藝本領開創事業。在新竹開設西服店的西裝師傅陳彬銓,是跟著偷渡船來台,「當時在新竹的福州

人，多半從事西裝、剃頭、木匠和廚師工作，都是利用一雙巧手謀生。陳彬銓帶著簡單行囊，拎著包巾，跟著常在大陸台灣兩岸「走水」（走私）的同鄉，搭上往來台灣和大陸的日本鐵船，經過一天一夜到基隆上岸。[⋯]東華興洋服店是新竹城最大的洋服店，[⋯]，師傅和學徒有將近三十個人左右，絕大多數都是福州人，少部分是本地人。陳彬銓表示，老闆認為福州來的學徒比較乖，語言也不通，比較能專心。」二戰結束後，陳彬銓曾決定將新竹老婆接回福州生活，但是發現回鄉找不到好工作，一九四九年決定跟太太再度回到新竹定居。

除了新竹，一九八二年的《自立晚報》專訪一位人稱「福州佬」的繡花師傅時，寫道：「據說本省刺繡業者泰半為福州人，猜想這個現象必定有它的歷史根據。像林老闆探聽得知福州刺繡作工十分考究，題材包羅萬象，如祝壽用的壽星像、裝飾堂屋的山水畫、女兒出嫁用的繡花裙等等，都是本省所不時興的題材，但在福州卻是節慶的必備品。」繡花師傅居住的艋舺，距離在大稻埕開業的水蛙園福州一章提及黃家開枝散葉的元祖胡椒餅店所在，餐廳亦不遠。他們設立之處，都是老福州人在台北居住的地方。這些福州人因

味道的航線　　166

為來台時間晚，又未入日本籍，所以在台北、嘉義、台南或高雄等大都市只能購買郊區土地，以自己的方式厚葬先人——以台北為例，這就是在市郊有一處被暱稱為「福州廟」的三山善社和附近福州山的地名由來。

在善社中，書寫上祖籍的牌位除了來自福州城的先民，還有許多祖籍屬於傳統福州十邑[36]的長樂與連江的沿海移民。這些原居住在沿海地區的先民因為水災多次發生，決定不如移民遠走他鄉，另謀發展。一八九八年，《臺灣日日新報》曾記載「福州前者風雨為災，各鄉田中禾稻均受損傷，收成減半。」[37]知名作家須文蔚就曾寫道這個時期的家族故事：

記得二十年前，九十多歲的外公，偶然會從北港來台北，到家中住上一、兩個星期。他在餐桌上極為嚴格，食不言，不挑食，碗中沒有米粒，就不許孩子動筷夾菜，總之和外公

《自立晚報》報導在萬華營生的福州佛粧師傅（一九八二年四月六日，第十版）

第三章　佛跳牆

吃飯，非常像進了新兵訓練中心。

一天，新婚的孫媳婦月瓏煮了一碗豆腐湯，先用熱油爆香薑米、蝦皮與豬油，加入豆腐與高湯熬煮，上桌前佐以蔥末，是很家常的福州料理。外公在秋日暖陽的午餐桌上，竟然打破了自己的規矩，說：「這湯真好喝，讓人想起在福州長樂時，婚宴或壽宴上才喝得到的豆腐湯。」

「外公在福州長大喔？」我忍不住詢問。

他緩緩告訴我，他是福州長樂人，年少時帶著一籃蛋，翻山去探望姑姑，回家時，全村遭遇海嘯，潮水挾帶著海沙排山倒海般沖進村裡，海浪拔木捲屋，媽祖廟一夜間全教沙石覆沒，整座村莊殘破不堪。他遍尋不著家人，一夕成為孤兒，後來當木工學徒，很受師傅器重，要招贅，但他不肯，於是過黑水溝，赴台工作，才在雲林北港落腳。

透過一碗平凡無奇的豆腐湯，從外公的舌尖開啟了一趟漫長的時空旅行，驚心動魄的海嘯，孤苦無依的孩子，咀嚼、貧困度日的學徒，曾經在家具行的一場宴席中，捧著湯碗，意外嚐到豆腐裡蘊藏著海鮮的甜香，他眼前閃爍飄忽的喜幛與燭火就收妥起來，藏匿在他的心中，一直到七、八十年後，他才重新

味道的航線　　168

回味,把心事回溫。——須文蔚,〈自序:從味蕾溯洄時光的旅行〉,《烹調記憶:做一道家常菜》,頁八—十三。

按照書出版的時間回推,須文蔚的外公約莫一九二〇年時遇上洪災,根據馬祖文史工作者的考證,一九一九年一場淹沒了沿海長樂及連江縣境的水災,使許多馬祖先民決定來外島發展。[38] 該年九月廿七日,《民國日報上海版》第六版〈福州時局之悲觀〉記載:「然下游之海產魚鹽,猶足以供沿海居民之生活,即近省之長樂連江各縣,亦藉鮮魚海物為生。自海嘯以後,魚不入港,螺蛤蚕蚌類亦無從而得,省城人民有兩星期之久,不得鮮魚而食,此非海竭乎?日來獸肉如豬羊雞鴨,因之漲價,菜蔬亦有不足之患,為數十年未有之蕭條。」隔年的《大公報天津版》,在五月廿一日及七月廿七日刊登了類似的內容。此時,現今福州三坊七巷知名的永和魚丸店,人稱「魚丸二」的第一代創辦人劉二俤也憑手藝,一九二〇年代來到台北永和[39] 受僱做魚丸,並靠著在台灣賺取的薪資,約十年後返回福州,不久,就從一手提著扁擔、

福州菜刣豆腐(豆腐羹) *khô-tâ-ōu*

169　　第三章　佛跳牆

一手扣著瓷瓢瓷碗出聲叫賣的流動小販，成為自立「永和魚丸」固定店面的老闆。[40] 事實上，從一九〇〇年代初到一九四〇年代，福州水災的新聞幾乎年年有聞，[41] 不斷有福州男性來到台灣發展；其中，抵達雲林的福州人不只須文蔚的外公，另外有一群福州人因為相同理由，和台北的福州人一樣靠著一己之長，以製作麵線維生。[42]

陳南榮先生是居住在雲林的第二代福州人，他的父親陳秉清先生在一九四〇年左右移居台灣，一九四七年短暫回到故鄉長樂後，權衡兩地的工作機會，一九四八年又二度來台發展。他記得：

「當時與先父來台灣的一群人是教台灣人做麵線和做福州菜，所以麵線又叫做『福州麵』或『福州細麵』」。先父首先在斗六市三平里和成功

一九三〇年代的福州洪水
（北原癸巳男（一九三八）。南支主要都市素描。臺灣時報，二二〇，頁八七 國立公共資訊圖書館數位典藏服務網藏，系統識別碼：BJOC0001862V200）

味道的航線　　　　　　　　　　　　　　　　　　　　　　　　　　170

路做麵線,當時福州人在斗六做麵線有十幾個地方,而且福州人很團結,相處和睦,有空時常聚餐打打衛生麻將,還組成雲林縣麵線公會和福州同鄉會、福州山(公墓)等。[…]。民國三十八年以後兩岸因政治因素斷絕來往四十一年,先父至死未回福州長樂。先父在民國四十五年搬到林內在火車站前,開一間『福州小吃部』,專做福州菜。」[43]

陳南榮先生小名叫「順俤」的父親,名字至今還刻在雲林縣福州十一縣市同鄉會的福州公祠牆上。「當時我父親捐了新台幣五十一元,在那次捐建中已經算是不小的金額了。」陳南榮先生說著,拿出一張雲林縣製麵業職業工會成立大會攝影留念的照片。那是一九五五年,當年的他六歲,還記得那時照相師站在老式蓋黑布的相機內高喊「一~二~三~拍照完成!」的經過,照片中第一排右邊數來第五位,就是他父親。經由同鄉介紹,陳秉清先生在一九四〇年落腳台灣,開始教人製作麵線。製作麵線費工,需要長時間不斷調整身體姿勢以拉長麵線,一左一右晃動。陳南榮說,往年在斗六的福州製麵廠聚集在成功路與公正街口,有福州人黃依兵與父親傳授的第一位台灣人徒弟阿雄等,天天

雲林縣製麵職業工會成立大會紀念（第一排右五為陳秉清先生、左三為黃依兵先生、左四為阿雄，陳南榮先生提供）

在這交叉路口前的空地曬麵。製麵必須先攪和麵粉，在麵缸發酵，再拉成麵線。拉麵時會先拉長一次，再將麵線甩拉至長約七到八公尺。陳秉清先生的故交林文龍師傅曾說，此階段的勁道與手勢很難掌握，「控制不好力道就容易拉斷。」拉完後，掛在兩根小竹棒上，讓麵條垂下發酵一段時間，再將麵條移到室外竿架上，接著拉麵條，細如絲的麵線就成形。」44 據說，日曬可透過紫外線殺菌，而曬過的麵線，麵粉的香味更濃。

但二二八事件，讓陳秉清先生的人生有了插曲。一九四七年，全台各地爆發對台灣行政長官陳儀政權的激烈社會抗爭，並演變成省籍衝突。這些華語不

味道的航線　　　　　　　　　　　　　　　　　　　　172

學生參訪福州麵線師傅林文龍（陳南榮先生提供）

輪轉，不會台語、更不會日語的福州人，在當時民兵首領陳篡地醫生協助下,[45] 回到長樂，才再度來台。這些在台灣人口中「予人倩」（hō͘ lâng tshiànn）的福州製麵師傅，原本還有著離鄉傳授技藝再賺錢回家的打算，二次從福州馬尾渡上開往台北淡水的舢舨，沒想到這一去，無法回頭，再也回不去。

「那張照片就是在斗六的福州人，當時福州人在台灣真的很苦！他們沒有人回去啊，都死在台灣。（問：就後來照片裡面拍的人，大部分都在台灣過世？）都死，沒有一個回去，都死掉。（問：最後都葬在公祠裡？）對⋯⋯那

第三章　佛跳牆

我現在帶你去公祠看看吧。」在講述家族生計時，陳南榮先生激動地在這間屋脊筆直至屋簷兩端才急速卷曲的福州式建築前，提到父親在台灣經營麵線生意的辛酸。

那時陳秉清師傅為了家計，得早上三、四點就起床準備手工麵線的前置作業。先是準備高筋麵粉，加入鹽水和勻，等待麵糰發酵後，歷經甩麵、盤麵等步驟，再拿到露天下曬。當麵條在和煦微風的天氣下曝曬後，才能拉麵。那時就讀國校一年級的陳南榮先生，得在太陽下趕雞，以免雞吃掉快成形的麵線。陳秉清師傅白天做好麵線後，會寄放到簽仔店販賣；然而，一九四九年六月十五日政府宣布舊台幣四萬元換新台幣一元，台灣民生物價飛漲，平民百姓買不起做壽才吃的麵線。曬乾後不能販賣的麵線頭，時常成了自家餐桌上的料理。陳秉清師傅決定除了白天製麵，黃昏時運不濟下，面對這種看天吃飯的行業，陳秉清師傅決定除了白天製麵，黃昏再到斗六西市場販售八寶飯、陽春麵與搦仔麵[46]，以養活四個小孩。陳南榮先生說，油炸過後的福州麵線，就是現在大街小巷賣的雞絲麵，只不過從手工變機器製造。他還回憶，父親的八寶飯很特別，一定會加上圓圓的豌豆仁以及黃黃的醃黃瓜，上桌前撒上一些肉鬆。過去在太平老街的土地公廟前，有同為福

州人的阿水伯麵攤販售著八寶飯，演變為今日斗六知名小吃炊仔飯。[47]

一九五五年，隨著西市場改建，陳秉清師傅決定舉家遷至林內。在林內火車站前，透過關係引介，開設「福州小吃部」。夫妻倆努力奮鬥在生計困難中，發揚福州包子、[48]福州魚丸、小籠包、燒賣、酥餅、刈包、[49]豬腳飯、排骨飯等小吃，以及必用蝦油提味的佛跳牆、紅燒鰻魚、糖醋排骨等大菜。這時陳秉清師傅的用人原則是只要會講福州話，從退伍老兵到台北江山樓、嘉義黑美人大酒家等知名酒樓掌廚的福州師傅，福州小吃部一律收留，延攬到餐廳包吃包住，給予一個月新台幣三百到五百元的零用錢。當時的台灣人喜愛辦桌請客，在粟仔會[50]、生日宴與婚宴等重要時日，福州小吃部的宴席外燴生意極佳，最高紀錄可席開一百桌。「小時候很辛苦，十桌就是［要準備］一百套餐具！那［程度的筷子都要自己包，沒有衛生筷，要搬桌子、洗碗，看碗看到怕。以前辦桌［tshik-a-hue 要請師傅來幫忙，小朋友就搬桌子、椅子、端菜。（問：那你也有幫忙端菜嗎？）要啊！倪囝[nié-iāng]（小孩子）要幫忙啊！以前我爸爸脾氣又不好，人家在玩就我不能去玩，天天都要端菜。」那時海產沒有冰箱可放，負責打下手的陳南榮，每天下課就要幫父親拿兩塊冰角[ping-kak]，在其上鋪白布擺魚、蝦等海鮮。他

還記得當時福州小吃部時常有幾十桌的酒席包桌,很多來台的福州鄉親會來支援,因為客人四面八方紛至沓來,甚至也包括馬祖人。

過去,當馬祖人要來台灣買漁事使用的麻竹時,坐軍艦至基隆後,一定會先經過林內火車站,馬祖人會從林內前進竹山,才能到竹子的產區:南投竹山。作為轉運站,搭火車運到基隆,最後轉軍艦或民貨輪載回馬祖。無論上下山,經過林內的馬祖人會抓緊時間,來這家老鄉開的餐廳吃飯。陳南榮先生還記得,有兩、三位投宿在林內旅社的馬祖人,總身著涼汗衫,腳上交替輪穿著體面皮鞋與通風涼鞋。他們在福州小吃部飽餐一頓後,才前往下一個行程。祖籍和大部分馬祖人相同的陳秉清師傅,也樂於接待這些最喜歡吃鰻魚的同鄉,就近探聽關於老家的情報,讓小吃部成了講福州話的聚會所。

交友廣闊的陳秉清師傅,就因大量福州師傅的進駐,藉此學習到佛跳牆等經典閩菜的料理精髓。除了像講求使用豬油脂的網紗,還有福州人必備、從嘉義東市場買酒廠做的酒糟,以及包進豆薯與肉丁的三絲卷手路菜。其他菜餚陳

斗六小吃炊仔飯

味道的航線　　　　　　　　　　　　　　　　　　　　　　　　176

秉清師傅也有獨門秘方：做肉包時，要採用蔥薑蒜調味的豬後腿肉，並放入紅蔥頭而非隔日容易發臭的筍片；滷豬腳時，一定要放高粱酒與冰糖，如果錯用成米酒與砂糖，就提不了味；如果是燉蹄膀，得用士林刀去骨再塞肉與蔥蒜，包起來後綁製，先蒸再切，才能保留風味；一層層表皮拌油、口味半甜鹹的酥餅，少不了加入冬瓜糖；至於燒賣與八寶飯相同，起鍋前都得灑上肉鬆提味。這些料理手法，再再體現福州飲食重糖重鮮的文化特色。

陳秉清師傅是一九一一年出生，正與須文蔚筆下曾回憶的外公差不多同世代。這些因生計來台的福州人，因為不會台語鬧出許多笑話，其中一則就是來自台語和福州話的差異：當福州人談到包子口味，是甜包子內餡放糖(thoung)、鹹包子內餡放菜的時候，陳南榮記得台灣鄰居們最喜歡開他爸爸口音的玩笑，把福州腔華語聽成甜包子裡放的是「蟲」(thâng)，鹹包子裡放的是「屎」(sái)。

但並不是每一位日治時代就遷居在台的福州人，都有這般融洽的鄰里關係。相比於陳秉清面對的是較為輕鬆的口音玩笑，在新竹的東華興洋服店，商號歷史悠久、名氣響亮，早在一九二〇年代末期就曾登載於地方報。看見日本人統治下的台灣現代性，發現台灣人追求洋服移民來台的店主林先生，不只是商業

眼光精準的福州人，街坊鄰居也認為他待人客氣。但是作為彼時新竹規模最大的洋服店，又設址在新竹最熱鬧的城隍廟旁東門街，林老闆在二戰結束不久就將店名從「東華興」更動為「中華興」的舉動，並頻繁地與戰後來台多擔任法官通譯或司法財稅員的外省福州人接觸，引起稱呼他為「福州仔」的新竹人不滿。台北二二八事件過後，新竹爆發「旭橋事件」，中華興百貨店的店面、銀票與衣料都付之一炬，見證台灣社會重大歷史轉折；任職於此的陳彬銓，因剛好帶妻子返鄉人在福州，才幸運躲過一劫。51

從新竹西裝師傅、福州永和魚丸到雲林麵線師傅，他們的故事說明過去福州人在台灣與福州之間遷居移動是常態。即便有國界藩籬，衡量哪邊薪資多、能賺更多錢的思考模式，才是這些福州男子考量家計的落腳關鍵。

二〇一五年，陳南榮先生將父親的遺骨送回故鄉長樂鶴上。長樂鶴上人以姓陳為主，也是馬祖人的原鄉之一。他們也因為討生活，選擇遷居馬祖，其中一支來到馬祖的北竿島捕魚，這個村落，就是現在知名的景點芹壁村。

福州人與麵食的關係深厚，來自相同原鄉的馬祖人，同樣也會製麵。就像台灣知名的傻瓜乾麵，最初就因為在台北小南門延平南路擺攤的老闆是福州人

得名，所以除了以調料稱之豬油拌麵，還有福州乾拌麵或福州麵的稱呼。[52]

關於福州乾拌麵，知名歷史學者和飲食家逯耀東在其經典文章〈餓與福州乾拌麵〉就曾寫下一段深刻體悟，剖析福州人和麵體本身的關係：

三十八年逃難到福州，在那裡住了快半年，並且還混了個初中畢業文憑。當時兵荒馬亂，幣值一日數貶，後來不用紙幣改用袁大頭，或以物易物。拉黃包車的早晨出門帶把秤，車價以米計，拉到天黑就回家，車上堆了大包小包的米。我當時住校，返校時母親就給我一枚金戒指，作為一週的食用。我記得當時一斤肉七厘金，一碗麵是三厘，有各種不同澆頭的福州麵，有鴨、蚵仔（蚵仔是現剝的）、黃（瓜）魚、螃蟹等等，麵用意麵，下蝦油與麵湯共煮，味極鮮美。

[⋯]

台灣流行的乾麵，除福州乾拌麵外，還有鹽水的乾拌意麵、切仔乾拌麵及炸醬麵。這三種拌麵用的麵料各有不同，意麵來自福州，[53] 切仔麵的油麵，傳自泉、漳與廈門的閩南地區，炸醬麵用的是機製的山東拉麵，很少用手擀的切

麵。我曾在廈門一個市場，吃過下水切仔拌麵，用的就是油麵，味極佳，麵中也以韭菜綠豆芽相拌。福州乾拌麵用的是細麵，現在稱陽春麵，陽春麵名傳自江南，取陽春白雪之意，即所謂的光麵。——逯耀東，〈餓與福州乾拌麵〉，《中國時報‧人間副刊》，二〇〇二年十月廿日

在馬祖，在地麵店販售的麵條是讓觀光客好記的「狗麵」，也就是聲音類似同字華語發音的福州話 kǒung-miéng。kǒung-miéng 就是家常麵，其中的 kǒung 指的是棍子，kǒung-miéng 的意思是用擀出來的「棍麵」。這些手工製出的麵條，Q彈有勁，不輸麵線，過去的馬祖家家戶戶以賣給阿兵哥後回收的空酒瓶當作擀麵棍，更有戰地特色。至於福州話稱為索麵、近似壽麵的麵線製作複雜，需要扭腰擺臀不斷拉細麵條，目前馬祖沒有專門的製麵廠，販賣特產老酒麵線的店家，多半改為直接引進諸如台北木柵麵店[54]等，由在台灣的福州人流傳下來、使用相同製麵技藝的麵線。

在台灣，有各式各樣的福州麵店和馬祖麵店，各店擅長料理乾麵的手法不一。據稱是傻瓜乾麵原型發祥地的小南門福州乾麵店第二代老闆邱石蓮，受訪

時指出關鍵在使用北部麵食店常見的東洋牌烏醋以及自製醬油,並讓和著豬油、味精與鹽的白麵拌入辣渣。[55]不過,另有店家的乾拌麵是混了些許蝦油、[56]有些是沙茶、有些則是單純鹹味;在乾麵外,無論是蛋包湯、魚丸還是滷味,各家也都另外有擅長專項。[57]

在嘉義市,至今有三家福州人開的麵館,仍以福州意麵之名服務老顧客。位在民生北路上的福州麵食,賣著嘉義版以純豬油為底的乾麵:與台北有些店家的麵先預拌好些烏醋的做法不同,簡單的福州意麵或油麵麵食,餐桌上備有烏醋罐,由客人自助調配醋味的多寡。當乾麵加入一點油蔥、豆芽菜、麵體上再添些肉片,配一碗肉燕或魚丸湯,切點經典的海帶、滷蛋等滷味,就是一套完美的福州意麵套餐。第二代陳老闆說,肉燕就是福州的傳統,他會固定向市場叫來餛飩皮般的燕皮,再包進經過不斷調整,才吻合嘉義人偏甜口味的豬絞肉與紅蘿蔔絲內餡。至於這間據說從父親開業就再也沒添新菜單的麵店,為什麼意麵要冠上福州兩字?陳老闆表示,其實意麵在他小時候就這樣子賣了,加肉片跟油蔥是「以前肉便宜啊!」長大後,他在菜單上加上「福州」兩個字,比

馬祖人現在會透過小三通自福州的賣店(左)帶回福州線麵(右)

181　第三章　佛跳牆

較醒目，不然很多顧客以為他賣的是肉臊乾麵。陳老闆和我分享，要看他們這些麵攤是否老字號，就看老闆煮麵的底子是否深厚，是用濾勺煮麵，還是單用一雙長筷就能撈熟湯中的麵條。唯有能用長筷煮麵的師傅，才擁有真功夫。

來自福建林森、也就是現在台江區的陳老闆父親，早年來往福州與台灣間做生意，直到一九四九年躲避國共內戰來台，後來定居嘉義。同樣是二代，在東門圓環上，有一間每天下午四點才開業，跟早市煎粿店共址經營的福州意麵店。這家麵店，據說第一代老闆十幾歲來到台灣後，在一九五四年開店，至今已傳承三代，賣意麵、切仔麵、餛飩麵等麵食，與米粉湯、餛飩湯及丸仔湯等湯類。與民生北路的福州麵食不同，東門福州意麵的意麵並未加上肉片，外表清爽的麵體基底也是以豬絞肉為主。相對地，滷味則是從腱子肉、鴨胗、鴨腸、豬腸、豬血到豆皮應有盡有。無獨有偶，也以米血、鴨腸、豆干為招牌的嘉義市中山路知名老店福州滷味，老家也和民生北路的陳老闆一樣來自林森縣，第一代老闆原先做福州衫貿易，後來有感戰爭即將爆發，就移民來台，才改作餐飲。滷味店老老闆過世後，雖然子孫較少參與在地福州社群，但福州滷味之名，從嘉義醫院舊址附近的北榮街，延

味道的航線 182

續到一九八六年開始二代接手後的中山路至今。

無論是馳名嘉義、始於一九三三年的福州滷味，還是傳承二代的福州麵食、東門意麵，同時是嘉義市福州十一縣市同鄉會理事的福州麵食陳老闆說，當年有不少福州人在嘉義，都於過去稱作大通的中山路上開設鐘錶店、西裝店等。隨著產業變遷，這些店舖的二代都有不同的際遇發展，他口中的「團結的福州人」第一代則在過世後，多數人選擇葬在通往嘉義大學路上的山仔頂。此處有由福州同鄉會維護的「崇善堂」，人們稱這福州先民最後的家為「福州山」：嘉義福州山應可追溯至日治時期的歷史，慷慨的福州人當時在官方協調下，同時協助維護因為嘉中建校而遷葬的無主墓，今日每年的清明前一天與農曆十月十六日，仍固定在福州山舉辦緬懷先民的春秋祭祀大典。

回到台北，如同逯耀東記憶中的福州麵，配上澆頭本身該如嘉義採用意麵當麵體，乾拌麵到台北卻多是用陽春麵了。比如以魚丸見長的佳興魚丸，其第二代次子經營的北市和平東路分店，將麵類特別區分成乾意麵、越香乾麵與福州乾麵三種。從菜單上就可知，佳興魚丸反而強調福州乾麵與意麵的麵體不同，採用白麵的福州乾麵著重在調料的簡單性。除了烏醋，乾意麵和越香乾麵會在

上：剛撈完麵的嘉義福州麵食陳老闆，長筷還留在其右方
下：嘉義福州麵食的乾麵與綜合湯中的肉燕

雞蛋意麵與油麵上澆著老闆自炒的油蔥，福州乾麵的調料則只有淋上味醂。倒是台中的第二市場內有家福州三代意麵，實際上已經營至少五代，還與嘉義的福州乾麵共同堅持逯耀東口中的意麵傳統。[58]

在台北，福州乾拌麵大多於城南一帶販售。其中華光社區[59]位於金華街、杭州南路與金山南路之間，過去是台北監獄，約一半土地後續由中華郵政與中華電信使用外，另

味道的航線　　184

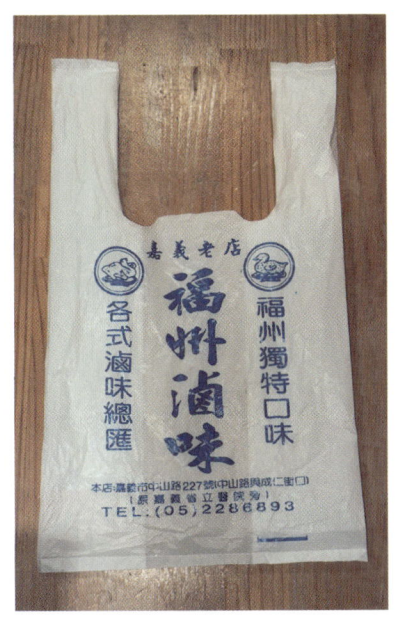

上三：嘉義福州滷味以滷蛋、滷雞翅等品項聞名
下二：嘉義東門福州意麵的乾麵、滷味、丸仔湯及滷肉飯

一半土地是台北刑務所宿舍，在戰後由法務部職官後代、退伍老兵與城鄉移民三大群體居住。過去這裡曾有數台雕刻著精細彩繪的福州攤車，在街上叫賣著乾拌麵與魚丸。60 裡頭曾有一間自今日台北大安森林公園遷來的臨水宮，是福州人信仰的婦幼保護神，見證此處聚居福州籍司法相關公務員與游擊隊的歷史。從金華街一路邐迤向北往延平南路、長沙街再到中華商場，台北城南因為緊鄰軍營與公家機關，大批福州老兵退伍後在弟兄互相傳授拉抬下，一家家乾拌麵應運而生。61 無論是樺林乾麵、中原乾麵、美星乾麵、林家乾麵、小南門傻瓜乾麵還是金華麵店，他們使用的麵條，都是外省陽春麵；其中的重心，還在於必拌上豬油、撒上蔥花，再配上一碗有蝦熬、豬骨熬等各家風味不同的蛋包魚丸湯。

「Hui mô-ngai thaik la!
許其無能耐貼啦！」
「A-paik.
會扒。」

這裡是張吳記店舖，一間位於台北金華街，以上海燒餅知名的麵餅舖，62

也是台北城南福州麵店的見證。話語剛落，聲線透露豪爽氣息的老闆，已經在招呼下一位客人。「你要什麼，先生？（轉頭）啊你［麵糰］會不會用太多啊？」下午店家猶有餘裕，她一邊問客人要什麼，一邊和我說話，還能同時注意自己的外孫有沒有按照老配方做餅。只見顧客三兩成群前來，短短不到半小時，就有兩批吃了又回頭再補買招牌鹹味蟹殼黃的客人，「實在太好吃了。」他們不約而同這樣說。店面剛好外頭沒人行道又靠近路口，許多是買了就走的騎士，因為不方便停等太久，所以多買黃橋燒餅。

「我這間店特色就是福州人賣上海燒餅！」老闆吳妙齡看我好奇笑著說。麵餅舖原本店址在五百公尺外的一棟建築外圍牆下，今天外牆還留下一些鐵皮支架，是過去店名為「張小發」的老攤車所在。後來在早餐時段賣豆漿兼賣麵的第一代福州老闆娘，因為定期叫貨的燒餅舖師傅在兩岸開放後常回鄉，自己就根據長期觀察的心得研發了燒餅與蟹殼黃，麵店開始以麵餅舖聞名。

張吳記的店員都是自家人，雖然賣的是上海燒餅，福州話還是這家麵餅舖的工作語言。談起過去在大台北一帶的福州人，老闆一邊推著油酥的麵

上：台北佳興魚丸的福州、越香乾麵綜合丸湯組合（右）與其乾麵的調料（左）
右：台中第二市場的三代福州意麵
下：現今福州（左）和台北（右）的乾拌麵

糍,一邊分享見聞。她說自己是出生台北的閩侯人,父親隨國軍撤退來台,母親則在光復就跟著外公奉命到台灣接收,兩人是在台灣福州人相互介紹下才認識。以前福州有馬尾水師,她姑丈加入隨海軍到基隆,所以小時候常常去基隆玩。「基隆好多船啊,都是在軍艦上面,好像應該在我六、七歲時。之後他們過世,我就沒有再去。那時很多後來在台灣的福州人住那邊,有的是跑船啊做船員,成家立業了就在基隆。」在台北,福州人安葬的福州山也有她的記憶。「六張犁那裡就福州山,以前是墓仔埔,叫亂葬崗也不過分,我們家的人都擺那裡。以前我小的時候那邊就叫福州山,我們都搭公車到和平東路,從和平東路走路走進來。哇!那個都是泥巴地,下雨的時候很討厭,小的時候雨鞋穿了這樣子來啊,從和平東路一路走進來,那現在全部遷到富德靈骨樓。」

「所以,為什麼台北這塊這麼多福州人在這?」我好奇地問。

「華光那一塊你看到的那兩棟大樓沒有?以前是台北監獄_{Tēi-boȧk Kang-uȯh},拆了以後蓋中華電信、中華郵政。那過去住在那裡都是監獄宿舍_{syk-siā}、法官的宿舍,裡面也有福州人祠堂_{sṳ̂-tn̂g}(此處指臨水宮),就是違章建築群聚。故咧都咧拍魚丸_{Kū le tū le phah ngṳ̂-oân}(過去都在

打魚丸）！那種魚丸店你從小也沒有看過吧？那是沿街叫賣賣魚丸的車，上面弄了冬粉啊這一路地賣。」

「然後都住這裡？」

「對，因為裡面那個老闆他會打魚丸，就是在旁邊。然後［華光社區］裡面還有一個號『臨水奶』的一個宮，就會『做功德』啊，道教那種。」
Ling-tsuí-nē
tsò kong-tik

「就是臨水夫人嗎？」這時邊盯著揉麵機，也邊津津有味靜靜聽著母親講古的老闆兒子說話了。

「對啊，『臨水奶』就是臨水夫人啊！」

和張吳記熟識的南門市場福州商店趙老闆則說，連同南門市場一帶，一直延續到廈門街同安街，都是福州人，很多都是戰後來台，開皮鞋，做裁縫，幫人家理髮。迄今，張吳記店內除了講求水、老麵、沙拉油簡單原料揉麵後烤成的燒餅，從餛飩麵、炸醬麵到乾拌麵應有盡有的麵食，還有主打的紅糟雞湯麵，清楚說明這間店的福州源流。可惜今年（二○二四）因為人力吃緊，紅糟雞湯麵連同其他麵類停售。「否則每年冬天會做紅糟，也會賣麵。但去年冬天就沒賣，

味道的航線　　190

看看今年年底吧。」老闆說。

至於在張吳記燒餅一個街區外，已搬遷至潮州街上的金華麵店，店主王大哥的父母，正是遷台福州人第二代。王大哥表示，華光社區過去的臨水宮，是由他父母、正宗福州人帶進聚落的信仰神。父母從福州閩侯來台後，先是在中正紀念堂還是軍營時開設剃頭店，後來做魚丸供人批發叫賣，再到中華郵政大樓內賣包子，最後才從金山南路、金華街賣麵一路賣到今天的潮州街。「我們賣麵六十幾年了，搬家五次。因為金華街開最久，本來就叫福州麵店，後來人家就說是金華麵店，變成我們店名。」王大哥還說，早年所說的魚丸賣不限於福州人，但是他們會推著一台二輪小板車，一天會有七、八十人沿街推車叫賣煮熟的魚丸，供顧客回家烹飪。後來開設麵店後，逐漸為計程車司機熟知，盛況時曾廿四小時營業。在金華街時期，分兩班店員的麵店，每天從十點半開始到半夜十二點總會擠滿十幾台、併成三排的計程車。「我記得那時就在夏天，下雨的季節啊，就會有那種飛蟻來，電燈就要趕快關掉，不然整個店面都是啊！」現在變成停著Uber的金華麵店門口，聽著王大哥說著社區與家族歷史，同又說著沙茶加豬油對味，無論炸醬、麻醬還豬油麵都適合加上烏醋的吃法，

191　第三章　佛跳牆

時聆聽著不只是飲食口味的變遷,還有一碗麵中的家族與社區歷史印跡。

「我們是後來跟著在台灣的爸媽搬到這裡的,爸爸過去就是住在那兒房子被拆掉的【華光社區】老兵。」在金華麵店順著杭州南路走的轉角,另一間小魯玉山東大餅店的老闆娘黃玉仙這麼說。福州商店趙老闆推薦這裡的水煎包與山東大餅,但引人矚目的是店門口冬季熱銷的紅糟與店內傳出老闆的ㄢ、ㄤ不分口音,讓這家山東餅店充滿獨特的濃厚福州氣息。曾經也在金華麵店打

上一:知名的福州乾拌麵店金華麵店是計程車司機愛店
上二:搬遷前是知名提神飲料廣告的取景地
上三:搬遷後 Uber 照常停靠
下:在家鄉風景裝飾中販售滷肉飯、福州魚丸與外省餛飩撈麵的馬祖麵館

味道的航線　　　　　　　　　　　　　　　192

福州依強牛肉採用切麵為麵體的豬油醬油乾拌麵

工半年的老闆娘,說當年這裡老兵多,所以祖籍在福州近郊連江縣城的父母,向一位山東老兵學習做餅技巧後,就近擺攤開店。在這開店三十年的山東餅店,即如金華麵店幾經搬遷店址,但是從沒搬離這偏居中正紀念堂一側的角落,老店家們彼此都熟識。聽到我在追尋這裡福州人飲食的黃老闆,馬上推薦我有機會再去搬至杭州南路頭的美星麵食館,「我這裡才三十多年,那裡〔麵店〕從他們的外婆就開始在做了!味道非常好!」因為同姓、稱我為兄弟哥的老闆娘笑著說。

福州人與馬祖人雖然母語相同,但在台發展幾乎平行。在台北,有家親戚連鎖的馬祖麵館,麵食品項以撈麵、意麵和陽春麵為主。這間連鎖餐飲業是在台灣街頭打拚的馬祖人代表,其中於安和店掌廚的老闆娘陳姐姐說,馬祖麵館是他們蜀厝儂一家人合力撐起來的連鎖麵店網絡。他們家是南竿人,因為來台時經濟不佳,用麵當作他們來台灣開枝散葉的落腳基礎。陳家人的煮麵技藝是來台才學成:馬祖常見的棍麵和意麵一樣製麵時都加了雞蛋,呈現黃色;湯頭則有貢丸、餛飩、豬肝與少許雞肉絲,並搭配一戳就滿流蛋黃的蛋包等配料,一起融合出好味道。比較細的撈麵

193　　第三章　佛跳牆

還加了一點鹼，吃起來會比較鹹。另外，馬祖麵館有名的滷味則是切嘴邊肉、滷蛋等街頭常見小吃，雖然常見，卻不平凡。嘴邊肉十分鮮甜，加上滷汁剛剛好。依照區位來看，馬祖麵館主攻講求ＣＰ值的大學學生族群，料理單價不高。不過，這卻不代表品質馬虎。

何謂代表福州人的麵食，在台灣已有融合與變化，福州也是如此。今天在福州的拌麵可以分為傳統拌麵、沙縣拌麵與尚幹拌麵三派；如果在福州點碗拌麵，除了老牌餐廳如依強牛肉的乾拌麵麵體，仍採用台灣少見，如油麵般圓滑但鹼相對少許的切麵，其餘店家的拌麵麵體與醬料多半是源自風行中國的沙縣小吃，以白麵搭上台灣人難以想像的花生醬吃法。切麵是一種加了鹼水的麵體，相對於陽春麵，切麵咬下有如油麵般彈滑，又不至於有濃重鹼味。記得母親曾和我分享，幼時外婆最愛在基隆買的，就是這種曬乾成圓餅狀，大概和一只普通十五公分直尺同樣寬，福州話一片一片稱之為蜀餅蜀餅的切麵「麵乾」。因為上頭有些鹼，在下鍋煮之前，得先用清水稍微清洗一下。一九六〇年代的基隆，有許多剛遷來台灣的第一代外省福州人，所以福州製麵購買容易，這種加上鹼水而略呈鵝黃色，再經陽光烘烤過捲成Ｓ狀的切麵麵乾，就是一人一片就

<small>tshieng-miêng</small>
<small>soh-phiang soh-phiang</small>
<small>miēng-ngang</small>

味道的航線　　194

能溫飽的麵食記憶。當代福州雜貨店雖然依然販售黃麵製成的切麵麵乾，但麵條粗細更似日本拉麵，已經和台灣福州人記憶中的形體有所差異。

「依弟，想要了解馬祖人，應該要去找我爸，他還住在大沛，每天他們在大沛市場都有聚會呢。」馬祖麵館安和店的老闆娘告知，經過他們幾位兄弟姊妹合作下，馬祖麵館才有今天在台北市位於台大、成功國宅、瑞安街、錦州街、安和路等多家分店的榮景。但是馬祖麵館並不是個案，在台北還有八德路上的王家麵食館、遼寧街中的四鄉五島麵館，他們都選擇走出在台馬祖人群聚的桃園大沛，靠著麵食闖蕩台北。不過，安和店的老闆告訴我，他們在台北的萬華老人會館也認識了說福州話的福州人，他們一年會去參加這些台灣福州人組織了的閩劇團聚會一次，今天在馬祖麵館總店中，還掛著一幅閩劇團贈送的區額。

閩劇是福州代表性地方戲曲，採用福州話演出，許多資深長輩還多少能唱上一段小調。在麵館中看見文化的交融，或許也代表麵本身，不管是麵線、細麵、還是意麵的乾拌麵，不斷變化的料理方式，重點是麵與佐料本身，代表福州料理的意涵不斷在變化。

詩巫的乾盤麵

> 詩巫，多係飲咖啡茶和麵包，所有咖啡店都有，此外更有肉包，餛飩，清湯麵，以及馬克街與海唇街巴刹上的麵點並粥等。──黃耀明，〈食、住在沙羅越〉，《沙羅越風土誌》，頁二一一。

不只是在台灣的福州人和乾拌麵緊密相連，在距離台灣遙遠的馬來西亞，一座福州人占近八成的城市詩巫，如同當地記者所說「詩巫最容易吃到，也仍然廣受歡迎的，就是福州人的『乾盤麵』。」整座城市以福州人的美食而聞名。

早在一九六一年，詩巫總商會秘書黃耀明在他的著作《沙羅越風土誌》，就提及詩巫人的晨食為麵包、肉包、餛飩與湯麵等麵點。至今在這以福州人為主的華人城鎮，只要走進任一間遍布在街巷中的咖啡店（kopitiam），裡頭就販賣無數福州人的美食，尤其是乾盤麵為最。

咖啡店又稱茶室，也有新設的店舖自稱美食中心。各家茶室的乾盤麵都有

各自的愛好者。以詩巫知名的乾盤麵店家新興閣為例，老闆吳益新是福建詔安人，從小在別間麵館當學徒，學得七年後自行創業，先在詩巫巴士總站美食中心租小檔口十年，才搬到現在的地址。新興閣的主打其實是牛肚麵，可是為了滿足不同客群需求，也推出包含乾盤麵在內的叨沙麵、滷麵等麵食，以及豬肝湯等湯品。「我們每天麵最起碼可以做到四十斤，在特別的農曆新年和清明節，很多遊子返鄉，都會到我這裡來吃麵，這兩個節日是生意最好的時候，可以做到六十公斤的麵。」新興閣十多年來如一日的獨特老滋味，是讓顧客一再回流的原因。如果點了另一道招牌料理滷麵，老闆會給一碟自家特製的攪辣椒。如果將這種攪辣椒加在滷麵甚至乾盤麵中，能讓濃重八角味的滷麵或豬油底的乾盤麵味道更有層次。新

上：詩巫的咖啡店
下：新興閣

197　　　　　　　　　　第三章　佛跳牆

興閣的乾盤麵，體現了無論是否為福州人，已經成為跨越族群的地方料理。

若到新興的美食中心，有些詩巫麵攤會同時賣類似乾盤麵的哥羅麵。一家開業四年的美食中心乾盤麵攤老闆，便一邊在攤前邊擺滿八個鋼杯的佐料：味素、叉燒油、老抽（台灣人稱醬油）、醬青（又稱生抽）、蔥油、豬油、炸蔥（近似油蔥酥）、叉燒肉，一邊告訴我，乾盤麵有直麵、捲麵、扁麵三種麵類供消費者選擇，但一般以直麵為大宗，捲麵大多屬於另一種哥羅麵才會使用的麵體。在煮麵起鍋前，雖然兩者都會先在盛麵的碗盤底澆滿蔥油與豬油，但除了麵體的差異，用盤盛裝的乾盤麵與用碗盛裝的哥羅麵配料也不相同。乾盤麵分為加料、不加料與清湯麵三種，每當點餐，如果是加料的乾盤麵，口味方面顧客可以要求老闆拌豆油加老抽，還有拌辣加辣椒醬後，將麵倒在盤中再鋪上叉燒肉與炸蔥。如果想要不加料放叉燒肉的乾盤麵，想吃清淡口味的消費者還能說繪囥蔥、繪拌豆油，也就是不要炸蔥與不加醬油（部分店家則可以要求改加醬青）。至於哥羅麵，一般要求店家加料時，麵會淋上叉燒油與鋪上叉燒肉和肉臊。採用白麵的乾盤麵因為比較會吸醬汁，麵如其名，相對較乾；採用捲麵的哥羅麵因為加入雞蛋，較有嚼勁，加上叉燒油與肉臊後，整碗麵會顏色偏

紅，相對較濕潤。

現在，詩巫的乾盤麵發展出紅糟等創意口味，但對乾盤麵有所執著的詩巫人來說，愛好者會強調其與上述來自砂拉越第一大城古晉的哥羅麵不同之處。一位曾擔任過報社英文記者的當地旅宿業界聞人曾說，詩巫人應堅持本地麵該稱為乾拌麵，且要廣為宣傳乾拌麵是用直麵，捲麵是哥羅麵的差異。也有一位子女在經營餐飲業的詩巫婦女，在一場有關乾盤麵的研討會上對講者表示，應該要強調「哥羅麵是福建人的產物，才能和福州人的乾盤麵區分清楚，特別要強調乾盤麵是用盤盛裝的命名理由。」

當地文史工作者黃孟禮在二〇一〇年的作品中，以為在福州只找得到來自連鎖沙縣小吃的花生醬拌麵，便提出乾盤麵是詩巫人的發明說法。不過，當他自己二〇一六年再次去到福州，在原鄉閩清吃撈化時，於隔壁攤上發現類似詩巫的乾拌麵後，修正了自己的說法。[66] 一般認為，乾盤麵起源於過去在馬來西亞的福州人務農人口多，豬油拌麵是最容易又便宜取得熱量的方法。詩巫文史工作者蔡增聰老師分享，一九七〇年代末他初到詩巫，乾盤麵已經是著名小吃，不僅詩巫每家咖啡店都會賣乾盤麵，還有些人在街道旁的空地或自家範圍裡搭

199　　第三章　佛跳牆

聯友茶室

棚賣麵,「後來市議會因城市美化,這些路旁及住家的麵攤被禁止營業。」蔡增聰說,現在詩巫馳名的中央市場二樓熟食店家,有一些售賣乾盤麵的檔舖就是在馬路上起家,其中一家原來隱身在銀行後巷的排檔,就是詩巫人過去看完電影必去的宵夜所在,散戲就會去吃碗乾盤麵再回家。

乾盤麵的歷史,就是詩巫城市發展的歷史。在詩巫老城區幹道上的聯友茶室,便是街角上的老店。早在清晨五點半店門口就會煙霧裊裊,出現幾位穿著對街衛理小學制服的學生,趕著七點上課前,在六點左右吃完早餐到校。聯友茶室內分兩個空間,前攤賣麵、後攤賣水(也就是賣咖啡、茶或果汁飲料),是典型詩巫常見的

味道的航線　　200

咖啡店中的乾盤麵（左）與哥羅麵（右），一般咖啡店店家會附上一碗豬骨清湯供顧客享用，此時賣水的也會來問是否點杯茶或咖啡。至於鋼杯，則是用來洗餐具的

咖啡店運營型態。根據店主李聖華介紹，主打的乾盤麵原是他雙親在一九四八年先開始隔壁街屋販售，後來到一九八〇年和兩個哥哥於現址一同打拚，直到現在和他老婆共同打理店面，準備邁入第四十四個年頭。除了清湯麵，這間茶室提供原味、蒜醋與醬油三種不同調味的乾盤麵，屬於詩巫人的古早味。當麵放入蔥枸燙過，倒入蔥豬油為底的瓷盤，再鋪上幾片醃過紅酒的豬肉片、撒上炸蔥，店家會隨乾盤麵附上一碗豬骨熬成的清湯給顧客，再配上一碟甜口的辣椒醬，按個人喜好添加。衛理神學院的黃敬勝牧師是道地詩巫人，他總會不時到聯友回味老味道：「以前我記得外公，都會把蒜剁碎以後泡白醋，再拌麵。我本來小時候很討厭蒜的味道，但慢慢就習慣了，特別再加上醬油，味道很特別。一定要記得提醒老闆添加。」其中，獨特的蒜醋口味能以酸逼出豬油與蔥油的香氣，是聯友最能吸引老顧客的主因。在聯友對面的衛理小學，即為這座華人基督徒占主要人口比例的衛理公會總部。高聳的總

201　　　　　　　第三章　佛跳牆

部大樓旁有一塊廣場，聳立著一尊中英雙語的紀念碑。碑文中文題為富雅各廣場，英文則是 Hoover Square，記載著：「富雅各牧師於一九〇三年三月蒞巫，曾負開墾拉讓江流域福州人墾場之責任，一九〇四年砂拉越第二國王查理安東尼布律爵士冊封富公為砂拉越福州人墾場之首領，為福州人對於政府表達下情之代表，至一九零三年至一九三五年二月十一日歸天為止，鞠躬盡瘁，弗隕厥職。」

在詩巫，乾盤麵又稱為乾拌麵，後者應為原稱，前者代表多數居民來自福州市區以北的古田、閩清的口音。[67] 在閩清籍先賢黃乃裳 (Wong Nai Siong) 帶領下，近七成信仰基督教的福州人來到東馬這一片江河氾濫的土地開墾，也帶來了許多家鄉飲食生活習慣。以黃乃裳為首的福州人一開始居住在詩巫市郊的墾場，試圖發展稻米耕作，但初期的開墾並不順利，不僅糧食作物產量不如預期，傳染疾病威脅移民生命，又因為拒絕配合當地華人稱之為拉者的國王命令，黃乃裳本人被驅逐回國。[68] 幸好在美國籍牧師富雅各接替領導墾場工作後，繼續號召福州人墾拓。他在市中心今日的衛理公會總部旁

kang-muang-miêng

味道的航線　　202

建立福源堂宣教，引進橡膠業成功，與不遠處由潮州人與漳泉人帶來的民間信仰標誌永安亭大伯公廟（Eng Ann Teng Tua Peh Kong Temple），共構詩巫老街區的格局。

原先在詩巫的老市區，華人以做生意的潮州與漳泉商人為主，當時在鬧區的福州人主要多為碼頭工友。直到一九六〇年代砂拉越共產黨興起，鄉郊動蕩不安，福州人才開始移往城區，成為現在的主流族群，更多福州小吃店也在此時開張。相對麵線在當地已經習慣英文翻譯潮州話或福建話的 Mee Sua（詩巫福州裔慣稱麵線為 soh-miĕng），乾盤麵的英文 Kam Pua 與光餅 Kom Piang 則留下鮮明的福州族群印記。在馬克街（Jalan Market）繁簡字體交融的招牌中，有許多知名餅家，並且有些具備家族淵源。[69] 其中，升記是詩巫最知名的餅家之一，第一代陳盟升跟著福州師父學習後，一九六三年從外地來詩巫開分店，經營至今。原名森記，後改名為升記的老店舖，[70] 出產諸多光餅外，還有征東餅、迷你禮餅等等福州糕點。據說過去最早一令吉可以買十二片光餅，現在則約莫五片。光餅，也可見證物價和飲食習慣的變化。

203　　第三章　佛跳牆

在市場街另一頭，還有一間到（二〇二四）年尾就屆滿十五年的芳香餅家。芳香餅家中西合併，有售賣傳統的福州光餅、禮餅與爹餅，也有西式的餅乾、麻花、甜甜圈，還有出名的雞蛋糕等傳統小零食。一如其他知名餅家，如果不在中午前到現場採購，往往光餅皆已售罄，只能買到禮餅與爹餅。另外這些餅店也只做素食料理，無論禮餅與爹餅都和福州、馬祖或者台灣的不同：外表同樣是圓餅狀貼上白芝麻，詩巫禮餅卻是包花生與葡萄乾或者紅棗餡，屬於閩清版本，另外還有形狀比較小、不貼芝麻的方餅，屬於古田版本。芳香餅家的老闆娘表示，自己是因為顧客群馬來朋友多，所以生產的餅都不包肉，就連原意應為蠣餅的爹餅內餡都是「kosong」，也就是馬來語空、無的意思，裡頭黃豆粉漿裹著簡單的韭菜段。在斜對角由他兒子經營的新店，則賣夾著雞肉或者奶油、咖椰餡的光餅。無論是空餡的蠣餅，還是包上馬來西亞特有班蘭葉的咖椰光餅，都反映在餅類南傳後的福州飲食轉變。

芳香餅家

味道的航線　　204

「你知道嗎，跟你聊天我剛剛想起，我剛去台灣到師大林口的僑大先修班時，一位李教官就是福州人，我印象很深。」一位曾在台灣就學的詩巫人思任這樣和我說。作為一位在詩巫到處都有光餅店，甚至夜市攤上也會搭著台灣人稱之的雙胞胎、豆乾包還有燒賣等福州特色食物賣光餅，許多事物使得思任過去即便人在台灣，還是能與家鄉有所連結。一間在台北通化街上福州人開的胡椒餅，就讓他想起家鄉光餅的味道，發現這間租屋處附近賣的胡椒餅，跟家鄉的光餅製程很像。在馬祖宣傳為漢堡的光餅，詩巫人則別稱為福州貝果，思任分享光餅食用的方法，除了會在餅對半剖開加上碎肉後，連肉帶餅浸泡滷鍋，有時餅也會進炸鍋，使餅與肉不只有吸飽滷味的香氣，還擁有酥炸的脆感。

從一九六〇年代開始沿街叫賣現

上：詩巫夜市攤
下：現由邱昌蕊兒子所經營的田寶鼎邊糊

205　　　　　　　　　　第三章　佛跳牆

包肉餡，到現在發展出專門售賣加滷豬肉塊、甚至泡滷汁，光餅夾肉在詩巫已經是茶室與夜市經常可見的小吃。[73] 除了光餅，在台灣、馬祖與福州都常見的料理鼎邊趖，詩巫福州系移民也食用，稱為 tiang-pieng-ngû，時下年輕人又稱扁扁糊。除了共同點是黑木耳、蝦米、紫菜或香菇，食材上詩巫人會加入墨魚乾、金針（今日因為物價改為魷魚和魚丸）。歇業前在馬克街附近經營興園店舖的邱昌蕊先生，經營店舖四十餘年來如一日，保留傳統的石磨。每日早上現磨米漿前，先將米和水以一浸泡約四十五分鐘到一小時。磨好米漿後，先在炒菜鍋刷上一層米漿並蓋上鍋蓋燜約一分鐘，掀蓋將成片的米漿片鏟入魷魚高湯，再盛碗後放入魚丸跟木耳上桌。邱先生師承移民詩巫的游中鑒先生，他在來到別稱天鵝城的詩巫前就有好廚藝，剛好順著在一九五〇年代福州人開始往市區聚居的潮流，和開設酒樓的族親游中秋一起成為城內有名的福州廚師。[74]

思任還告訴我，對詩巫人來說，能代表福州特色的，還有裡面招待遠方親友時準備的紅酒麵線、粉乾卵、魷魚炡豬骹及八珍湯。粉乾卵和魷魚炡豬骹，是詩巫人同時用以招待遠方親友的招牌料理；尤其是魷魚炡豬骹，其中「炡」，

piāng-piāng-ngû
hung-kang-liāng
iû-nyu-koung-tü-khâ
peik-tsing-thoung

就是福州話煲的意思。「因為這道菜會加上特殊中藥材臭積柴的菜餚，加上詩巫不靠海，魷魚貴，現在比較少人做。」現在，外頭有售賣魷魚炕豬骹的茶室，多半與八珍湯輪著隔天販售。由當歸、川芎、白芍藥、熟地黃、黨參、白朮、茯苓、炙甘草等八種中藥材熬煮的八珍湯，相傳來自閩清當地飲食習俗。

每天店家從凌晨開始包起這些中藥材，在深鍋中與豬肉熬煮，是需持續浸滷一上午才能將豬肉燉入味的珍貴藥膳，[75] 和魷魚炕豬骹都屬於當地常見的福州系食療料理，是具有詩巫特色的補品。

除了因為工作而身體虛弱得進補，過去婦女生產時，在詩巫也會以紅糟釀製成酒入菜，最出名的就是紅糟雞湯麵線，屬於喜慶或者孕婦生產後食用。思任和我分享，「紅酒麵線一般我們就

在一九五一年出版的福州同鄉會刊物上，就可見到游氏族人開設的酒樓廣告（出自陳立訓、劉賢任、謝元箴、黃仁瓊、陳光宇、劉子欽、陳立均、姚峭嶔、張大綱、陸頌聖（編）（一九五一）。詩巫福州墾場五十週年紀念刊。詩巫：詩巫福州公會）

第三章 佛跳牆

紅酒雞湯麵線

只稱為雞湯索麵 kiè-thoung soh-miêng，當我們說『索麵蜀碗 soh-miêng soh uang』，除非你是『外省人』，所有人都知道是伴隨著雞湯和許多人自釀的紅酒了。」這裡的外省人，指的是其他客家等馬來西亞華人可能會加紹興或者黃酒入菜。但詩巫的紅酒麵線，裡頭的紅酒意近福州人說的青紅酒或馬祖人說的老酒，雞湯則顧名思義加了雞腿肉之外，詩巫人在麵線中加入大量紅酒而去掉紅糟，讓湯鍋中的雞肉和整個湯底都充滿了紅酒的純淨。「這是我們家人做壽、結婚喜慶時必定會有的一道菜人做壽、結婚喜慶時必定會有的一道菜。」與馬祖人或福州人的做法不同，詩巫人的紅酒雞湯麵線沒有在湯中加入兩顆雞蛋的「有餘」寓意，多半一碗一顆。此外，詩巫人因為居住地靠近熱帶，不像福州、馬祖或台灣福州人一樣家家戶戶做紅酒，紅酒多由專門戶在特定的時節與地區生產，消費者再透過管道購買。

無論是炸光餅、滷光餅、鼎邊扠和八珍湯，這些從福州市區、馬祖到台灣的福州系菜色，上述料理食材或技藝都比較少見，一如詩巫腔的福州話，帶有自成一格的濃厚特色。

在詩巫，出名的酒家中，非新首都莫屬。由海南人胡量安承繼父母與兄弟一同打拚的餐廳，作為第二代移民，他不只鑽研海南雞，無論是廣東人的棋盤鴨，還是福州人的紅糟鴨、福州魚片、豆腐蠣，胡量安都有一套心法，連大眾小吃乾盤麵都有與眾不同秘方，可謂集詩巫美食之大成。

從海南來到新加坡的胡量安父親，當年跟著弟弟闖南洋後，帶著太太再坐一個月的船隻來到婆羅洲的詩巫開闢事業。一開始，胡量安父親受聘於一位印度醫生，「給他做工啦，在那邊每次煮咖哩、chicken pie 啊，有弄給他吃啦。那是我們這邊最出名的，他的咖哩是用醬磨的，現在已經失傳了，那個磨的東西很多喔。因為爸爸以前多半是做熱的東西比較多：排骨、羊扒、牛扒啊，多半做烘的，好像是做那個 hot plate，做烘的東西，因為他喜歡吃這個，特別擅長。」後來自行開店後，從當地知名的皇宮戲院旁數度易址，到兒子胡量安跟兄弟們接手時，在一九七八年花費六十五萬令吉，買下一棟四層樓房。胡家將

209　第三章　佛跳牆

四樓做廚房,其餘三樓成為餐廳,至今未變的餐廳名稱「新首都冷氣大酒家」,見證四十餘年來對於詩巫人來說,在現代化設備餐廳吃飯所代表的奢華想像。

在新首都,最知名的料理是棋盤鴨,「全馬來西亞只有我們這間有,你可以去到新加坡與西馬看,沒有的。」鴨必須蒸到骨頭軟爛,然後肉拔成絲,還要再加入炒過的冬筍、香菇還有紅蘿蔔絲。吹風扇將鴨肉冷卻後,加炸薯粉,用人工以一塊白乾板壓平所有配料,再冷油加熱。「這個工很多的,假如我們有時做不好,這個整個壓了放下去,那個冷油要熱,油沒有熱,整個壓下去會全部散開。」最後,才是將鴨絲與筍菇蘿蔔切成格紋棋盤狀。但是,這些好手藝不是來自海南的父母,而是他因為參與餐飲同業所屬的咖啡酒樓商公會,到大馬每間酒樓參訪交流,「我每年一年出一次,所以我們有時候去看啊,他們煮出來的菜,我自己來研究,吃了就看他配料怎麼做。」

除了海南與廣東料理,胡量安的福州菜也拿手。他表示,紅糟鴨有分乾、濕兩種,共同做法是將鴨子汆燙後,再將鴨子放進炒香的紅糟鍋中慢慢燜煮。此時如果是乾式,去掉紅糟後放上炸薯粉入炸鍋;如果是濕式,則是開鍋後直接放金豆粉(即玉米澱粉)勾芡。至於再老一輩詩巫人又稱做酥吊魚的福州魚

味道的航線　　210

片，要先將蒜頭、薑、辣椒全部炒過濾掉水分，加入油以小火煸過後再倒入水、白糖跟醋，最後用金豆粉勾芡，現煮的芡汁澆在炸白鯧或者黑鯧魚片上。另外，福州菜豆腐蠣的關鍵在「薑的味道」：起油鍋後放入薑與蒜頭，視食用人數加適當水量，再將巴剎（即菜市場）買來的豆腐、牡蠣還有豬肉入鍋煮，加一點麻油去腥並以味精提鮮，起鍋前灑上金豆粉勾芡，就可以起鍋。從前豆腐蠣會加入豬肉，但因豬肉太貴，現多半改用雞肉。

遵循傳統做法之餘，關於福州菜胡量安有許多自創小技巧。比如紅糟鴨原本閩清人採用整隻鴨直接入糟，但是胡量安發現如果不將鴨肉切塊入糟，燜大概半個鐘頭再拿起來，根本不會入味。又如福州魚片醬汁中的薑蒜頭辣椒必須攪得脆脆，再放入白醋與糖才會有香氣。就連小吃乾盤麵，新首都也有不同於街坊咖啡店的做法。「因為我們有加蒜頭、棕油那些東西下去。蒜頭、味精、蔥油，蔥油就是最主要了。蔥汕我們多半自己做，以前是用豬油，但在冷氣房裡，放豬油整個餐盤全部會白白的，對人體吃了並不好，所以我們現在用棕油。豬油與棕油的差異在於，豬油是煮過的，棕油是沒有煮過的，所以做棕油一定要煮，將洋蔥放下去慢慢煮，煮到有蔥的味道，多半是這樣。」胡老闆強調，有時拌

211　第三章　佛跳牆

麵因為製麵商的麵水分加太多,當麵煤一下瀝乾,就會黏在一起。所以煮麵要抓住時機,特別是看滾水麵才下鍋,差不多要熟了還要再加水。道理簡單,但是操作都要看時機。

今天,詩巫人的生活飲食與原鄉有許多相同與不同之處:於酒樓用餐多得事先預定的佛跳牆,多側重如胡量安自豪的熱盤與冷盤料理般,主打高貴鮑魚、海參、海蜇,強調高貴珍稀。但詩巫人沒有和福州、馬祖與台灣人一樣,保留豬肉捶過裹麵粉做成燕皮的扁食燕料理,僅在裏上少許肉餡即包起的扁食餛飩麵作法上,遺留著原鄉扁食燕的痕跡。

乾盤麵原初是福州人的食物。它並不是一個得特別去茶餐廳才能吃到的料理,而存在於詩巫人的日常生活中,晚近才推展出東馬,在煮熟就可即食的泡麵包推波助瀾下,風行全馬來西亞。和台灣的福州乾拌麵一樣,詩巫乾盤麵的麵體選擇並不是重點,重要的是佐料選擇上,有不加醬、加醬油以及加辣的選擇。其精華在於配料必定要有炸蔥與豬油,再視情況請老闆或家人加上一兩片叉燒肉。

紅糟鴨

味道的航線　　　　212

文史工作者蔡增聰認為，每個人記憶中好吃的麵都不可能相同，哥羅麵與乾盤麵對他來說就沒有太大差異。他年輕時就曾經吃過是直麵的哥羅麵，另一家過去的愛店則會在乾盤麵淋上叉燒油，「這就是我的記憶。」其實，該稱呼為「乾盤麵」還「乾拌麵」，不同世代的詩巫人有不同的意見。相對於要求恢復正本溯源的乾拌麵，許多年輕人因為從小就稱呼乾盤麵，對於乾拌麵的說法直接予以駁斥，「我記得小時候乾盤麵在詩巫就已是地方

上：在詩巫，乾盤麵因為其知名度，與其他城內小吃一起被畫到了街巷的牆壁上
中、下：搭配醬油、辣豬油包製作成即食麵的詩巫乾拌麵

213　　　　　　　　　　　　　第三章　佛跳牆

福州人最具代表性的食物之一,但隨著時間的推移,它已不再是只有出現在詩巫或福州人開的餐廳才有;遠至他鄉異地,不同籍貫,不同種族的人所開的餐廳亦會看到乾盤麵的蹤影。在名稱上,各地的叫法會稍有不同,如詩巫人普遍稱乾盤麵;而其他地方則會稱乾麵。」對於如思任等新一代詩巫年輕人來說,乾盤麵是來自詩巫的身分證。當乾盤麵之名已經走出詩巫到了新山等西馬來西亞各地,叫乾盤麵才能凸顯詩巫特色。」76

原先供應給勞動者的食物,因為時光流逝,特定材料與技藝,變成了感情跟文化的記憶連結管道。從強調乾拌麵要有蒜醋才能吃到豬油與麵的純粹,到乾盤麵與詩巫人生活的密不可分,一旦特定料理固定下來其特定備料與做法,特定的食材成分與烹調技藝就變成特定記憶的形狀化身,成為一套風格論述。

味道的航線

福州滋味在地化

台北市三山善社於十一月十三日下午五時，在中華路勝利園餐廳二樓，召開理監事聯席會，出席理監事二十餘人，顧問三人。由該社理事長林利錟主持，報告兩個月來社務重要事項。並徵求各理監事對社中工作推展的意見，會中發言均為熱烈中肯。討論事項：係對於北二高路線經過，該社第一、二兩座骨亭，列於拆遷線內，數月前即由市府及高速局主辦單位與該社協商，對二座骨亭內同鄉藏骨計有千數，及第一骨亭……——〈台北三山善社〉，《福州月刊》，四九，一九九一年十一月卅日

戰後，仍然有許多福州人移民來台，三山善社也持續與這些新移民互動。這些外省福州人中，最多的是在台北熱鬧的西門町、中華商場和萬華地區開攤，不僅有胡椒餅攤，還有許多提供福州菜的餐廳。其中，最著名的即有勝利系列餐廳。知名飲食作家梁瓊白就曾寫道這裡的佛跳牆是一大特色，「人多或是酒

席時倒可試試。」

除了佛跳牆,當年的勝利園另一道經典料理是芋泥。梁瓊白在談到佛跳牆時,便話鋒一轉地說到芋泥:「(佛跳牆)平常不是隨時吃得到,也吃不完,其價當然也不便宜,還不如留點胃口吃福州甜芋泥,好極了,看起來還不怎麼的,可是入口的滋味,除非你不愛甜食,否則不著迷才怪,不信去吃吃看。」

不只是戰後來台的外省人喜愛福州芋泥,在日治時代,芋泥也是許多台灣文人喜愛的酒家菜,黃旺成先生曾在日記中記載「又有老曾、阿政來,鬥棋子,晚酌畢,移往傑和室,予和作衡,同時入浴,後戲昇官圖、鬥棋子、品茶、吃芋泥,清談至九時半才解散,回家。」[77] 不僅只黃家,連橫的外孫女林文月也曾記載家廚的芋泥製作方式:「孫廚的名字,已經記不得了,或者我從來就不知道他的名字;不過,難忘記的是他所烹調的道地福州菜,尤其是每當宴席將終時端上桌的甜點『芋泥』。[…]。芋泥的製作材料不算多,僅大芋頭、豬油、砂糖、紅棗,少許桂花醬而已。[…]。芋頭要選用大而形體完好無缺陷者,約可雙手合抱大小為宜。[…]。將去好皮的大芋頭橫切成約兩公分厚度的大片,平排於鋁製蒸鍋上。用大火蒸至每片芋頭都熟透,然後趁熱用乾淨全無葷腥氣味的

味道的航線　　216

刀背,或大型湯匙,將芋頭片碾壓成泥狀。」[78]這和福州人所稱的芋泥(uō-nê)相似,進入了台灣民眾的日常生活。[79]

如今,勝利園餐廳已歇業,但其源頭新利大雅餐廳仍在西門町屹立不搖,包含發跡於峨眉街的勝利,以及陸續矗立於西寧南路上的新利與大雅,還有曾設於和食老舖美觀園旁的味觀園,都是過去西門町著名的福州菜館。祖籍福州鬧市鼓樓區、在台北出生的第二代福州人老闆蔡政見,他將父親曾參股老勝利餐廳的歷史,投注到大雅與新利餐廳上。在一九八四年至一九九〇年間,蔡政見是矗立於著名地標萬年大樓對面的大雅餐廳股東之一,那時占地一到四樓,好不風光。後來憑藉著信任,與追隨他的原經理與廚師班底轉經營新利餐廳十年,二〇〇一年蔡老闆再將兩家老字號合併,成為現在的新利大雅。

過去萬華的福州人很多,除了跟著中華民國政府來台後住在附近的公務員,還有許多日本時代就來台灣的福州人,於貴陽街、長沙街一帶做傢俱、剪頭髮、縫旗袍、裁西裝、開照相館。[80]蔡老闆的姊夫過去就於衡陽路上開設馳名至今的刻印店點石齋,師傅就近從原鄉帶來品質良好的壽山石與雞血石,上至總統府、下到行政院,許多政府官職印都經由他姊夫之手完成,現在還有許多日本

217　第三章　佛跳牆

遊客會特地到這間搬遷至沅陵街的老舖，請他的外甥刻印。「所以，對我的老客人來講，西門町就是他們一輩子只知道的福州菜所在地。」蔡老闆說。

今天，新利大雅餐廳仍如其分支勝利園餐廳，以佛跳牆、海鮮米粉、爆雙脆、鳳凰搗粉、紅糟鰻等菜色出名，不僅店門口就以海鮮米粉為廣告橫幅，那澆上濃稠甜酸醬油勾芡的魷魚腰花爆雙脆，還有滲入干貝、蝦子、蟹肉與粉絲的鳳凰搗粉，據說都是福州菜的經典。蔡政見表示，「搗粉是福州也有的菜，但已經叫做『失傳菜』。那個百年老店安泰樓老闆跟做燕皮同利肉燕的陳老闆來，我就請他們吃這個，他們說，『啊，你這個還有保留喔！』」除了大菜，如深得梁瓊白喜愛，用冰糖豬油與芋頭混成的芋泥，知名飲食作家韓良露提及的好吃煎糍粑「捲煎」，同樣是知名的福州點心。小時候常隨父親來用餐的韓良露，在舊勝利餐廳印象最深刻的是「吃海鮮米粉、爆雙脆、煎糍粑，⋯⋯這些館子充滿了我們全家大小的餐飲記憶。」充分展現閩菜重甜重勾芡的特色。[81]

在台灣經營閩菜不易，從工程界踏入餐飲界三十多年，蔡老闆把自己的心願，寫在當前餐廳新址的牆上：「秉持用正統的福州菜，讓懷舊的人找到安慰，更讓嘗鮮的人看到堅持」，繼續歡迎著所有喜好福州料理的客人。「當

味道的航線　　218

初我〔洽租時〕被〔現在這間店的〕房東趕出去，房東說前一個房客炒菜髒分分，不再租給人家做吃的。我就什麼都沒有說，只留下電話號碼，跟請對方幫忙再轉達講一句『我是西門町的福州店』，房東就打電話來了。」

問起現在生意是否受到西餐牛排館影響，蔡老闆回答反而是麻辣鍋、螺螄粉與新興的酸菜魚，對傳統菜館的衝擊比較大。「不過那個都不長啦，就跟以前的蛋塔一樣，福州菜不是說很有派頭，但是最起碼它還有一些特色。物以稀為貴嘛！」

有時，這些傳統餐廳的店家菜色會因應情勢做出調整：在新利大雅前身的勝利福州菜館，那時的老闆受訪時強調佛跳牆使用材料是鮑茸、筋類、燕窩、鮑魚四主料，與魚翅、海參、雞脯、火腿、羊肉、豬肉、豬肚、淡菜、干貝、紅棗、冬菇、枸杞等配料，加上酒、醬油、鹽等其他調味料。但是如今新利大雅餐廳的佛跳牆，食材主要以炸排骨、豬腳、香菇、魚皮、栗子、筍片為主；[82] 又比如外婆在家常裹麵粉的手法，改採用裹番薯粉炸過後上菜。[83] 如果是老主顧，可能就會有類似逯耀東的感嘆，說著：「後來來台灣一直懷念福州麵的味道，

早年勝利的海鮮米粉尚有幾分餘韻，現在已經沒有了。」

不過，口味是主觀的。所以在地台灣化的福州餐廳，不斷堅持傳統之際，也試圖融合出新風味，迎接新的客人紛至沓來。84 無論從佛跳牆到芋泥，從麵線到棍麵，福州菜持續隨著技術、物候、生活習慣與階級身分的影響推陳出新。

福州因緊鄰台灣且文化相近，常常在微妙的變化中逐漸消逝。回顧新聞中在勝利園餐廳聚會的三山善社，作為以祖籍號召台北福州人的信仰中心，三山善社的組織成員與儀式活動曾盛極一時，然而，因為北二高的興建，福州山上的許多墓地被徵收，四千多位福州人墳墓被集中遷建到遙遠的南港富德靈骨樓，三山善社廟方人員曾說「當時沒入日本籍的福州人，為了購買土地，向入籍者託購地。但沒念書，我們前輩喪失了憑證，只剩現今廟地是祖產。」歷史不斷變遷，三山善社仍會舉辦為期七天七夜的法會，以及其他祭祖儀式；但墓地區域不再與寺廟相連，讓「福州山」成了歷史名詞。這一帶的福州人文化被高速公路的嘈雜聲音掩蓋，但宗教儀式仍不斷透過對外的開班講習，成為台北、高雄等都市地區傳播的信仰文化。85

福州菜仍不斷演化，不論是在馬祖這座島嶼上扎根，還是在另一座島嶼台

味道的航線　　220

新利大雅的福州菜（依序由上至下、由左至右）：佛跳牆、糯米捲煎、芋泥、鳳凰搗粉、炸紅糟鰻、蚵蛋光餅、爆雙脆

灣，它持續融合當地風土，創造出新的風味。飲食文化一直存留在辦桌和日常飲食時刻，不只對內化為台灣街坊的回憶，[86] 甚至成為外國移民在台灣的飲食記憶之一，延續新的地方飲食面貌。[87]

1 將供品共煮,全村分食,有共享喜氣的意涵,又因為供品通常以神明為中心,個別神明信眾匯聚之組織為社,所以有了食福或食社的說法。前者在南北竿使用,後者在莒光、東引使用。

2 原文:「晝食后直ちに徒步歸家 家內の祖母午后歸られたり 轎夫八寶飯・菅炙を持ち來たり」取自:《明治四十五年五月廿三日》,《黃旺成日記》,中央研究院台灣史研究所檔案館數位典藏,數位典藏號:T0765。

3 御泊所の大食堂にて臺灣料理を召上られ供奉高官全部に御陪食(一九二三年四月十六日),臺灣日日新報,第七版。

4 例如在台南的阿美或者阿霞等知名飯店,紅蟳米糕都是道招牌菜,紅蟳過年紅蟳正好。家園,九八。頁九二一九五。謝仕淵(二〇二三)。台榮武林的孤獨求敗——台南知味餐廳阿傑師。坐南朝海:島嶼回味集。台北:允晨。頁十二一十五。

5 事實上,現今的三山善社仍以社會服務慈善團體的名義,列歸社會局管理,而不是民政處的宗教業務。詳見:戴寶村(二〇一五)。附錄二臺北市社會服務慈善團體。社會發展篇。續修臺北市志(社會志)。台北:台北市文獻委員會。

6 三山善社的組織歷經以「老台灣」為主的日治時期移民主導,到戰後由具備地方大員背景的同鄉會系統參與的組織變遷。禪和派在福州主要具備高官聯誼性質,科儀也在戰後的報導中出現,其中是否與組織者的文化背景改變有關,有待進一步確認。詳見:林森縣同鄉會五十七年度會務報告(一九六八)。閩聲,三三一。袁野璐(二〇一五)。台灣道教「禪和派」音樂文化研究(未出版碩士論文)。武漢音樂學院。

7 石衡生(一九三一年十一月廿九日)。偶園小集賦呈嘯霞潤波二君。臺灣日日新報,第六版。

8 林文月(一九九九)。飲膳札記。台北:洪範書店。頁二二五一三二一。

9 曾品滄(二〇一一)。從花廳到酒樓:清末至日治初期臺灣公共空間的形成與擴展(一八九五一一九一一)。七(一),頁八九一一四二。

10 楊裕富(二〇一九)。晚清時期的臺灣設計美學。臺灣設計美學史(卷二):盛清臺灣。台北:元華文創。

11 林嘉澍(二〇二四)。古道仙蹟:尋訪阿公林衡道走讀新鮮事。台北:蓋亞。頁二七八一二八一。

12 林嘉澍（二〇二四）。頁二七八-二八一。

13 陳玠甫（二〇二一）。到老師府辦桌：台北老家族的陳家菜。台北：時報。頁八四-八七。

14 曾品滄（二〇一一）。頁一一〇。

15 白菜滷（peh-tshài-lóo）是傳統家常小菜及婚宴料理必備的菜餚，以大白菜為主，加些香菇、蝦米、雞蛋、紅蘿蔔、黑木耳、金針菇、豆皮、膨皮（炸豬皮）等，燜煮到大白菜軟爛。詳見：教育部臺灣臺語常用詞辭典。

16（二〇〇七年一月卅一日）。為什麼過年都要吃這道菜？百納頂級食材唯有佛跳牆。中國時報。第A5版。胡婉玲（製作人）（二〇一九年二月三日）。台灣演義【電視節目】。台北：民間全民電視股份有限公司。二〇二三年六月五日，取自：https://www.youtube.com/watch?v=QbJlscPBi6s/。

17 福州馬語者（二〇二三年一月一日）福州兩節期間美食指南：星洲外送到家的佛跳牆、冬陰功和椰子雞火鍋套餐。福州馬語美食。二〇二三年二月一日，取自：https://mp.weixin.qq.com/s/9hOFtYoHFwIWhYMIf6k9MQ

18 賴名湯（二〇一七）。賴名湯日記III：民國六十一～六十五年。台北：國史館。

19 網路聲量五八五，占比廿四％。詳見：好恨自己沒有十個胃（二〇一九年六月廿三日）。網路溫度計。二〇二三年六月廿三日，取自：https://dailyview.tw/daily/2019/06/23?page=0；陳俊良（製作人）。（二〇一九年七月廿六日）。全家有智慧【電視節目】第十三集。台北：三鳳製作事業有限公司。二〇二三年六月五日，取自：https://www.facebook.com/TaiwanSmartFamily/videos/756596268456152/。

20 曾代表台灣參與兩岸交涉的前和信集團董事長辜振甫的妻子嚴倬雲即來自福州。

21 前台灣省文獻委員會（今國史館台灣文獻館）主任委員林衡道的母親陳師垣即來自福州。福州上流社會與台灣權貴家族之間的聯姻現象文化，之間大戶人家的通婚頻繁，例如林衡道的姑姑嫁給嚴倬雲的父親，其親妹則嫁給了嚴倬雲的哥哥，可見

22 民初著名學者顧頡剛，也曾提到自己從任教的廈門大學來到福州，在嘗遍福州各大中西菜館後，最後列席與政務委員教育科餐敘的晚宴，就是在聚春園舉行。詳見：台灣總督府外事部（編）（一九四一）。

23 福州事情。台北：台灣總督府外事部。頁三七六。顧頡剛（二〇〇七）。顧頡剛日記第二卷（一九二七—一九三二）。台北：聯經。頁八。

根據《百年聚春園》記載，光緒二年（一八七六），福州官錢局一官員宴請按察使周蓮，命其紹興籍內眷下廚製作了一道「福壽全」，將雞、鴨、豬肉和幾種海鮮一併盛於紹興酒罈內煨製而成。周蓮讚賞不已，後命衙廚鄭春發仿製，創出了這道罈煨菜餚。詳見：福州市文化和旅遊局（二〇二〇）。聚春園佛跳牆製作技藝。人民網。二〇二三年六月卅日，取自：https://fj.people.com.cn/BIG5/n2/2020/0630/c397531-34122880.htm.；更多有關佛跳牆作法，詳見：王瑞瑤（二〇〇六年一月十二日）。福建榮譜（福州）：佛跳牆的終極秘密。中國時報，第E8版。

24 邱祖謙（一九七八年一月一日）。試試看佛跳牆 名菜怪名 · 其來有自。經濟日報，第十一版。

25 Mokki, Hsiang（二〇二一年一月十九日）。今晚想來點鮮美炸彈 · 佛跳牆與盆菜 · 名廚 MINGCHU 掀開佛跳牆。二〇二四年二月十一日，取自：https://mingchu.pse.is/BuddhaJumpWall。

26 羅毓嘉（二〇〇七年十二月八日）。林家乾麵 · 政治粉餅。羅毓嘉。二〇二四年四月十四日，取自：https://yclou.blogspot.com/2007/12/blog-post_07.html。

27 許雪姬（一九九一）。臺灣中華總會館成立前的「臺灣華僑」一八九五—一九二七。中央研究院近代史研究所集刊，二十，頁九九—一二九。

28 福州華僑展墓（一九三一年四月五日）。臺灣日日新報，第四版。

29 中央社（一九三五年四月廿三日）。福州受台灣影響 前晨亦發生地震。中央日報，第二版。

30 藝人連の福州行（一九〇〇年十月廿七日）。臺灣日日新報，第五版。這篇新聞提到了為慶祝天長節（明治天皇的生日），在福州的日本人請了台灣的攝影師、魔術師與舞蹈團前來中國，先在廈門上岸後，依次來到福州，讓兩地人民大開眼界。全文如下：「福州居留民は本年の天長節を盛んにせんこ夫れ夫れ準備中なるが其餘興をして臺北より活動寫眞、手品、手踊等の藝人を麗きに入れるとをし既に右の藝人連は去る二十三日の舞鶴丸にて廈門に着し本日頃出帆の明石丸にて福州に向ふ由なるが兎に角同地居留民の少數なるにも拘らす協力一致して天長節の盛典を行ふは感すべき事なり又右藝人の一から而を廈門の居留民等は珍らしき事に思ひ歸途には是非滯在して一興行すべし抔申込むもの多しを同地藝人連に準備中なるが」

31 台北縣即今日的新北市。「りの通信に見たり」。

32 台中州即今日的台中市、彰化縣與南投縣。轉引自：許世融（二〇一三）。台灣最早的漢人祖籍與族群分布：一九〇一年「關於本島發達之沿革調查」統計資料的圖像化。地理研究，五九，頁九一-一二六。

33 台中州即今日的台中市、彰化縣與南投縣。詳見：康詩瑀（二〇〇七）。台灣臨水夫人信仰之研究——以白河臨水宮、台南臨水夫人媽廟為例。國立中央大學歷史研究所碩士論文，頁五六。

34 根據研究，日治時代製茶工是泉州人，人力車夫是興化人占六成以上，而福州人占據了大部分廚師、理髮及豆腐師傅、木材工人的職位，裁縫工也多為福建人。請見：陳小冲（二〇〇〇）日據時期的大陸赴台勞工。台灣研究集刊，二〇〇〇（一），五七-六四。至於最早的有關福州的明文記載，戰時可見：野上英一（一九三九）。福州：福州東瀛學校。頁一三九。林光忱（一九五六年十二月十一日）。福州三把刀。公論報，七版。

35 潘國正（一九九九年十月十四日）。老店的故事歐美細訴洋服福州師奮鬥史。中國時報，第十九版。

36 實際上，佛粧產業中，除了刺繡，木雕神像也因為有大量福州師傅來台，形成福州派與泉州派兩大系統。相對泉州派，福州派匠師重視人體原本材比例，例如北港朝天宮的文昌帝君與三官大帝即符合此型態。馬祖南竿金板境天后宮的媽祖像也是福州派神像，而福州派匠師在台灣最有名的，當屬台南由福州人林亨琛在一九二七年創立的人樂軒。詳見：李莉文（一九八二年四月六日）。拿針繡花一甲子～福州佬林榕官。自立晚報，第十版。

37 謝奇峰（二〇一六）。人樂軒。臺南研究資料庫。二〇二三年六月五日，取自：https://trd.culture.tw/home/zh-tw/Oldshop/298113。

38 劉家國（二〇一四年一月廿二日）。馬祖姓氏源流：第一大姓—陳姓【線上論壇第6則留言】。馬祖資訊網。也就是福州城外近郊十個同樣說著福州話的城鄉總稱，今天仍存在以此地理區域凝聚情感的同鄉會組織，例如：台北福州十邑同鄉會與世界福州十邑同鄉總會。

關心民食（一八九八年十二月十一日）。臺灣日日新報，第二版。

網。二〇二三年七月廿二日，取自：https://www.matsu.idv.tw/topicdetail.php?f=206&t=120079。

39 日治時代的永和庄並非指涉新北市永和區，應在靠近今天中和原里、捷運橋和站與中原站一帶。

40 永和（無日期）。老字號數字博物館。中華人民共和國商務部。二〇二三年四月十一日，取自：http://lzhbwg.mofcom.gov.cn/edi_ecms_web_front/thb/detail/d438fa7ddf7e447b8d49d18482b34e68/。

41 例如，有關民國初年的福州洪災，中央日報一九三五年六月十一日的第二版第二版曾報導〈福州洪水為患〉：「於五月三十日，沿江奔流而下，卅一日侵入福州西南兩隅，低窪地點，均遭淹沒，益以本地連日亦大雨如注，水勢亦大，至二日，全市五分之三，皆成澤國。而西南郊外，汪洋一片，奔騰澎湃，狀如大海，其未被浸者，僅東北一角最高地帶耳，而水勢最深處，則為閩江沿岸之三縣，外洲、幫洲、山邊、南潤、后洲一帶，均高一丈五尺以上。」同年九月十六日第一張第三版，長樂對岸的馬尾則發生海嘯〈馬尾港發生海嘯〉：「十三日午馬尾潮漲上岸，十四日晨，復發生海嘯，風濤洶湧，全鎮交通斷絕，省垣連日江間電話不通，閩江沿岸快安遠洋等運水，亦登岸，田禾盡淹，幸無續漲，至晚已退盡。」另有一篇同年十一月五日的第三張第四版讀者投書〈海嘯那一夕〉，回憶一九三〇年代他在福州遇到的海嘯實況，「很分明地記得在那次海嘯的前幾日，發現許多黃螞蟻爬上了我的牀舖。」其他報導散見《中央日報》天津版的〈福建長樂縣建議建新堤〉，一九二〇年五月廿一日，七版；〈福建洪水為災〉還有《大公報》天津版的〈福建長樂縣建議建新堤〉，一九二〇年七月廿七日，六版。

42 有許多福州師傅落腳雲林北港、斗六或者台南一帶，今天有許多福州麵線的手藝也源自於此。詳見：蔡宗明（一九九五年三月廿六日）。傳承使者之一洪清吉福州麵線縷縷情。聯合晚報，第五版。

43 陳南榮（二〇一五年十二月廿六日）。老爸回福州長樂的感言。臺灣雅石文史工作室。二〇二三年六月五日，取自：https://folkmit.pixnet.net/blog/post/31516449。

44 魯永明（二〇〇五年十月十九日）。福州麵線斗六林文龍絕活。聯合報。第C1雲林・文教版。

45 有關雲林的二二八事件經過與陳醫師的角色，可以參考：陳儀深（計畫主持）、楊振隆（總編輯）（二〇〇九）。濁水溪畔二二八：口述歷史訪談錄。台北：草根。

46 彰化一帶的乾麵吃法，會事先煮好油麵後放在蒸籠內，待客人下單後，從蒸籠抓出一把麵到盤中，再點綴些豆芽菜並淋上肉臊。

47 以上內容根據陳南榮先生口述與相關文章記載。關於炊仔飯，其中一間有名的番薯仔炊飯第四代老闆表示，他們的炊仔飯是因為農業社會務體力消耗大，為了講求吃飽，在農忙無暇煮飯下，想出簡單配料的快速加熱料理。至於雞絲麵，另有一說則表示首先出現於一九五一年的員林。由此可確定的是，雞絲麵至少在一九五〇年代的台灣，已經快速在中台灣一帶流行。詳見：呂妍庭（二〇一一）。雲林美食誌。雲林縣：雲林縣政府文化處，頁十四一十七。陳靜宜（二〇一八）。二十元的美味！炊仔飯超爽口。華視新聞。二〇二三年六月十一日，取自：https://news.cts.com.tw/cts/life/201006/201006020486516.html。

48 福州包子在台灣各地小吃相當出名，例如台南祿記同時以肉包與水晶餃聞名，老闆石德祿約一八八五年間來到台南後，以其包上豬肉、蛋黃與香菇的肉包，與內含豬肉、蝦米與筍段的「水餃」水晶餃知名。至於台東的「電力包」台電包子，是七十年前隨國軍來台的福州老兵，跟一位福州師傅學習後，成為知名的台東特產，許多人津津樂道加了點豬頭皮塊的肉餡與麵皮的筋道，配上一碗乾麵與餛飩湯，滋味剛好。其他還有高雄橋頭的太城肉包等，都有些福州源流。詳見：曹婷婷（二〇一五）。老店，老滋味：八十家台南老店舖的傳家故事。頁二五一二七。台南：台南市政府文化局。吳思瑩、曹馥蘭、蔣孟岑（二〇一一）。嚴選正港台灣味小吃一七三家：北東部與離島篇。台北：幸福文化。頁一一六一一一七。

49 在台南，「阿松割包」也是另一項傳承自福州拜師學藝的小吃。第三代老闆表示爺爺是福州人，學會了夾上一塊用紅糟和中藥滷過的大塊豬肉片，再加上酸菜丁的典型福州做法。只不過一開始饅頭比較硬，是把湯淋上去，類似泡餅的吃法。但在他小時候，已經改成割包的形式。在台北傳承三代的石家割包，老闆娘也說記得聽從前來自福州的長輩是先做饅頭起家，後來才賣割包，可見割包或許源自福州人的饅頭製作技藝，透過家族傳承，成為台灣的代表性小吃。

50 粟仔（tshik-a）就是稻穀。在經濟起飛之前，大多數通常是以五石或十石為單位，每個會腳十到二十人，探每年標會二次的形式，在割稻季節會到會頭家裡的標會。因為會頭免利息，通常這時會辦桌請客，就是粟仔會。詳見：大雅老仙ㄟ（二〇一六年九月五日）。【追蹤臺語】粟仔會 1050905。醫聲論壇。二〇二三年十一月廿一日，取自：https://forum.doctorvoice.org/viewtopic.php?p=1960246。

51 有關新竹二二八後續經過與福州人存在著關係，在此感謝陳世偉先生於作者自行資料檢索前給予的關係提示。另詳見：楊碧川（二〇一七年二月二十三日）。桃園、新竹的二二八故事：終身的疼痛與傷殘，求不得公道。報導者。二〇二四年二月廿九日，取自：https://www.twreporter.org/a/photos-228-taoyuan-hsinchu/；「台灣暴動經過情報撮要」，〈二二八事件綏靖執行及處理報告之一〉，《軍管區司令部》，檔號：A305550000C/0036/9999/4/5/014，新竹：新竹市文化局。

52 有關其他在新竹的福州人西裝、鐘錶師傅故事，詳見：江天健、陳鑾鳳、張瑋琦（二〇一四）。發現竹塹在地產業耆老訪談口述歷史。新竹市：新竹市文化局。

53 有關傻瓜乾麵的報導，密集見諸於一九九七年始。詳見：牛慶福（一九九七年五月十四日）。台北民俗小吃「福州傻瓜麵」打出知名度。聯合報，第十六版。劉蓓蓓（一九九八年三月廿九日）。前進小麵攤福州拌麵吃數十年也不厭倦。聯合報，第四五版。洪茗馨（一九九八年八月十六日）。白煮麵調味料品味獨特邱石蓮讓陽春麵傳口碑。聯合報，第十九版。陳靜宜（二〇二一）。喔！臺味原來如此：潤餅裡包什麼，透露你的身世！20種常民小吃的跨境尋跡與風味探索。台北：麥浩斯資訊。頁一二〇—一二九。

作家魚夫會引用逯耀東的〈餓與福州乾拌麵〉提出質疑，認為是福州人在台灣後先到了台南鹽水做出意麵，這個麵才被叫做福州意麵，反而到現在的福州是看不到的。但逯耀東在文章確實有提到福州乾拌麵為台灣本地發展出來的小吃，不過沒否認福州意麵本身不存在，反而指出自己不到台灣前，就會在福州吃過意麵。關於福州意麵，在大稻埕開水蛙園的福州菜館第二代老闆黃炳森先生也會表示：「福州意麵、台南意麵以及廣東炒麵的麵質非常相似，都是將麵條裹蛋衣油炸，讓它膨脹發酵，歷乾之後可以存放較久，料理之後會有香脆的口感與風味。」推估魚夫會有這般想法，本身就很難找到意麵的可能性。當代福州晚報則調查指出，老福州拌麵以圓形鹼麵為主，調料就是鹽、豬油、醬油等，和台灣要感謝中國伊麵體不同、但調料是相近的。詳見：逯耀東（二〇〇二）。肚大能容：中國飲食文化散記。台北：天下文化。頁一九〇—一九五；魚夫（二〇一五）。一碗香入魂！好吃的福州乾麵麵報告書：樂暢人生報告書：魚夫全台趴趴走。榮民文化網。二〇二三年六月五日，取自：https://lovvac.gov.tw/zh-tw/oralhistory_c_4_38.htm?5；王楊林、叶誠（二〇一九）。一碗香入魂！好吃的（二〇一九）。費時厚工福州本色。

229　第三章　佛跳牆

54 福州拌面在哪里？光看招牌找不到！福州晚報。二〇二三年十一月十一日，取自：https://mp.weixin.qq.com/s/G0FSedlg66r11AXxQ1sMTA

此為馬祖鄉親提供之說法，而根據台北實踐國小的研究，確實北市製麵商業同業公會理事長的張港明先生受訪時，說明起源應該是一位蔡老師傅，蔡老師傅來自福州，當初為了謀生在木柵製麵線，大約在現在文山行政中心後方。詳見：台北市實踐國小（二〇〇八）木柵麵線的古往今來。二〇二三年六月五日，取自：http://library.taiwanschoolnet.org/cyberfair2008/zjps0000/cht/index.htm

55 洪茗馨（一九九八年八月十六日）。白煮麵調味料品味獨特 邱石蓮讓陽春麵傳口碑：傻瓜乾麵 聰明人吃出美味。中國時報，第十九版。

56 在邊耀東的《餓與福州乾拌麵》記憶中，「福州乾拌麵就得加上蝦油：『福州乾拌麵的好與否，就在麵出鍋時的一甩，將麵湯甩盡，然後以豬油、蔥花、蝦油拌之，臨上桌時滴烏醋數滴，然後和拌之，烏醋更能提味。現在的傻瓜麵探現代化經營，雖然麵也是臨吃下鍋，鍋內的湯混濁如漿，鍋旁的麵碗堆得像金字塔，麵出鍋那裡還有工夫不黏連，條條入味，軟硬恰到好處，入又爽滑香膩，且有蝦油鮮味，我在灶上看過，也在堂裡吃過，眞的是恨不見替人了。』」台北建國中學附近知名的林家乾麵店第二代老闆娘王淑雲受訪時，表示自家乾拌麵也曾在醬料中加上蝦油，不過因為配合台灣人的飲食習慣，近期已無添加。詳見：非凡電視台新聞部專題組（製作人）。台北建國中學附近的林家乾麵店第二代老闆娘王淑雲受訪時。非凡大探索【電視節目】。台北：飛凡傳播股份有限公司。二〇二一年六月廿九日，取自：https://www.youtube.com/watch?v=rAIF5F_iwls/。

57 在近年台北最具爭議的華光社區土地徵收判居民敗訴後，從金華街遷出潮州街的金華麵店，便以炸醬與麻醬與混合的雙醬麵知名，另外偏甜的魚丸肉餡飽滿，適合喜歡甜口的顧客。至於小南門附近有樺林與中原兩間福州乾麵店，兩家的乾麵都是細陽春麵。

樺林乾麵的特色是麵本身歷非常乾，幾乎快成麵塊，但麵條之間並不會相黏，攪和一下就能拌開墊在碗內做基底的綜合豬油與黑醋。而他們的綜合湯中，有一顆蛋包、兩顆魚丸、加上幾顆餛飩，簡單撒上蔥段的清淡湯頭中，白色的是魚漿配豬肉餡，大小接近馬祖魚丸。簡單撒上蔥段的清淡湯頭中，白色的是魚漿配豬肉餡，在有限形體中肉餡飽兩種，大小接近馬祖魚丸不同；黑色的魚丸更特別，是魚漿與肉漿混合的丸子，一咬就隨著魚漿之間緊密貼合，與一般福州魚丸不同；黑色的魚丸更特別，是魚漿與肉漿混合的丸子，一咬就隨著鬆散內餡散開，油脂香氣加倍。

至於中原乾麵，乾拌麵的麵體比較濕潤，以豬油為基底的陽春麵十分有嚼勁。在現場內用的乾麵會直接淋上豬油，相對容易拌開，還沒入口，整碗麵就會隨著拌匀之際，不到兩三下就撲來陣陣豬油的鹹香味。店家著重調味醬罐，每張餐桌上都有一大罐高粱酒瓶盛裝的辣油，醬油和辣渣，供應這家店消費占比也不小的餛飩的滷味所需。而可以加上餛飩或魚丸的湯頭，其以豬骨熬製出的湯頭較為混濁，油脂稍多，可無論是餛飩的肉餡還是魚丸的大小，餡料都比較大顆實惠。

另外，位於泉州街的林家乾麵，則是深受鄰牆建中學生與老饕所愛。一碗福州乾麵就上桌，依照喜好再自助添加烏醋、辣油與辣渣，湯搭配上魚丸與數量限定的半熟蛋包，再切些滷味，就能滿足許多人的一天早餐或午餐所需。

事實上，在台中、嘉義等地仍有福州乾拌意麵販售，其中台中第二市場的三代福州意麵還被日本BRUTUS雜誌評為來台必做的101件事之一。另一方面，在基隆被稱為廣東麵的乾麵店，不僅也如意麵加入鴨蛋，多數也搭配著扁肉一同販售，成為提供碼頭工傳承下來的福州式早餐。詳見：西田善太（編集長）（二〇二二）。Rays 瑞式（二〇一七）。基隆．早餐—乾麵與豬腳，長腳麵食的基隆風土味。時刻旅行。東京：マガジンハウス。

58 二〇二三年六月五日，取自：https://tripmoment.com/Trip/18267.html。

59 關於華光社區的拆遷始末及臨水宮後續在抗爭中扮演的角色，詳見：林雨佑、余志偉（二〇二二年十一月三日）。沒有我們辛苦抗爭，後人也沒景點打卡——在華光社區和榕錦園區之間，那些被空白的聲音。報導者。二〇二四年三月十八日，取自：https://www.twreporter.org/a/huakuang-community-become-rongjin-gorgeous-time/。楊宜靜（二〇一五）。國家與社會關係的司法中介角色與權力折衡：公有地上非正式住區拆遷的治理與抵抗（未出版碩士論文）。國立台灣大學建築與城鄉研究所。

60 這是自小在華光社區長大的居民王大哥親自書寫。二〇二三年六月十七日，取自：https://www.facebook.com/HuaKuang.our.home/photos/a.1514532199415019340635241285/?type=3&rdid=nv3khLH5NZ6QArno。華光社區．金磚上的遺民【臉書粉絲專頁】。二〇二三年四月七日。

61 熊洒康（一九九六年九月一日）。愛麵族享口福 炒麵、湯麵、涼麵——非常麵 早餐吃⋯福州拌麵。聯合報，第二十版。王瑞瑤（二〇一二年八月十八日）。中華商場的榨菜肉絲乾拌麵。中國時報，第十五版。

62 吳宇舒（製作人）（二〇二一年十月十日）。海峽拼經濟【電視節目】。台北：東森電視事業股份有限

63 本篇採訪詩巫當地福州腔標註。此為當地記者林禮長所言。詳見：蔣黷芳（二〇一四）。另一個福州。家園，一〇九。頁四十四。

64 強棒麵的說法，後來進一步影響韓國。當日本人來到韓國，發現了一種同樣由外國人傳來的雜菜麵，轉成韓文後即為炒碼麵（짬뽕，jjamppong）的韓語由來。詳見：劉蓓蓓（一九九八年三月廿九日）。前進小麵攤 福州拌麵吃數十年也不厭倦。聯合報，第四五版。四樓蓓蓓（無日期）。ちゃんぽんの由来。二〇二四年一月廿四日，取自：https://shikairou.com/origin-of-champon/。Rob Gilhooly（二〇一七年十月）。拉麵冠軍。Highlighting Japan。Pulblic Relations Office, Government of Japan。二〇二四年一月廿四日，取自：https://www.gov-online.go.jp/eng/publicity/book/hlj/html/201710/201710_12_ch.html。

65 此篇舊作可能知名度高，至今仍然被大量引用。例如，詩巫廚師唐丁強二〇二〇年出版的《福州菜》一書中提到「乾盤麵並不是福州傳統食物，據說是早期在詩巫落腳的勞動者的便利麵食，由當地福州人發揚光大。」詳見：黃孟禮（二〇一〇）。福州鄉味尋源。詩巫：世界福州十邑文物館。頁一〇八─一一一。黃孟禮（二〇一六）。舌尖上的福州十邑。詩巫：詩巫福州公會。頁一四七─一四八。唐丁強（二〇二〇）。福州菜。吉隆坡：海濱。頁九。

66 公司。二〇二三年六月三日，取自：https://www.youtube.com/watch?v=LmVzLGoppgI。；詹怡宜（製作人）（二〇一九年八月四日）。一步一腳印發現新台灣【電視節目】。台北：聯意製作股份有限公司。二〇二三年六月三日，取自：https://www.youtube.com/watch?v=WcSYnp_O3u4。

一位宜蘭福州人也有和母親完全相同的記憶，他說：「拌麵是有講究的，用的是『切麵』，是在麵糰裡加適量的鹼，揉妥切成類似切仔麵的扁平麵條，然後疊成約巴掌大的麵餅，曬成一片片麵乾；要吃之前得先汆燙麵條，去掉鹼味後，再進行料理。因為加了鹼，切麵容易保存，而且吃起來會Q；美中不足的是層層加工後，麵條很容易熟，等燙過再炒再煮，往往變得柔腸寸斷，但製成乾拌麵就很討好。可惜福州廚藝漸失，現在賣福州麵的攤子，只有折衷取Q度夠強的在地細麵條代替。」

另外，這種加入鹼水的製麵手法，還經由福州人陳平順在一八九九年於外商雲集的長崎創設的四海樓傳入日本。一種被稱為強棒麵（ちゃんぽん，Champon）的麵食料理，官方記載正是來自福州話食飯（siêh-puóng）。不過，第四代店主陳優繼受訪時，也認為這可能受到閩南語食飯（tsiah-pīng）的影響。強棒麵呼稱這種麵為ちゃんぽん，後來進一步影響韓國。

67 閩清的福州話與福州城區的福州話不太相同，比如閩清人則說水果爲 kuí-jí，馬祖人則說水果爲 tsuí-uó，閩清人說參加爲 tshăng-ká，與馬祖話的 tshăng-nga 亦不相同。其他不同發音的詞彙還有 ngŏung-iăng 與 ngŏung-iĕng，國字爲憨囝，意思是傻子；siah 與 sieh，國字爲食，閩清人則說風蚊（hŭng-muóng），與馬祖人的說法較相近（同樣爲風蚊（hung-muóng），只是音調不同。

68 有關黃乃裳的歸國理由衆說紛紜，作爲辛亥革命的支持者，也有學者指出他是爲了回去聲援孫中山革命而返鄉。詳見：劉子政（一九九一）。黃乃裳與詩巫。北京：中國華僑出版社。

69 楊詒釩（二〇〇七年十一月十五日）。炭烤光餅美滋味。詩華日報，C8版。

70 楊詒釩（二〇〇七年十一月二十二日）。老餅家·鹹光餅·甜征東。詩華日報，C8版。

71 詩巫禮餅與福州禮餅相同，爲了順應馬來人和原住民族群伊班人的口味，擺脫華人婚禮束縛禮餅擄獲土著心。傳統上有嫁娶時以豬肉通知將有喜事之意，需要給親朋好友「嘗餅」，親戚送總重五斤的五寶、鄰友送總重三斤的三寶。在當代，婚娶習俗簡化，並且除了顧及族群飲食差異，福州禮餅材料的豬肉與豬膘因爲過於油膩，也是詩巫的傳統餅店逐漸揚棄改爲素食的原因。詳見：楊詒釩（二〇〇七年十一月九日）。香甜福州禮餅喜滋滋。詩華日報，C8版。

72 確實多方記載，爲了順應馬來人和原住民族群伊班人的口味，禮餅多已經不放原鄉會採用的豬肥油。詳見：岳凌（二〇〇一年四月十二日）。禮餅。福州鄉味尋源。詩巫：詩巫福州公會。頁八二一八三。

73 楊詒釩（二〇〇七年十一月十五日）。炭烤光餅美滋味。詩華日報，C8版。

74 詳見：岳凌（二〇〇一年五月二十三日）。老字號鼎邊糊 聞名小福州。詩華日報，C1版。另也參考自黃敬勝先生於二〇二四年七月二十七日在二〇二四年馬來西亞福州文化與文學國際學術研討會發表之〈從巷間老店說起鄉味：詩巫鼎邊糊考〉宣讀文稿，在此謹向黃先生致謝。

75 詳見：楊善（二〇一六）。傳承：詩巫名小吃。詩巫：詩巫省華人社團聯合會。

76 乾盤麵之所以能推波助瀾影響到全馬來西亞，首推原籍詩巫的廚藝食品創辦人洪意人。留學國外的他因爲出國經驗激發他想要打包乾盤麵到異鄉的動機，他自行研發麵條以及醬油料包，推出了包含哥羅麵、叨沙麵和炸醬麵在內的煮泡麵商品。詳見：洪意人 Eric Hung 廚藝食品創辦人（The Kitchen Food）（二〇二四）。GoSibu，十三，頁三一六。

77 〈昭和三年一月卅日〉,《黃旺成日記》,中央研究院台灣史研究所檔案館數位典藏,數位典藏號：T0765。

78 林文月(一九九九)。飲膳札記。台北：洪範書店。頁三三一—四〇。

79「於市場購買檳榔芋一個或兩個……皮削掉後切成小塊,放入鍋中加水煮至酥爛時止,然後以棒槌(擀麵棍即可)搗碎,最好能搗至糊狀,沒有一顆硬粒存在時再加糖攪勻(糖之多寡是個人喜好之甜度而隨意增減),最後在於炒菜鍋內燒熱數湯匙的豬油,趁熱澆在泥上,再攪拌均勻。吃食最好放入電鍋內蒸一遍則味道更佳。」詳見：張雨澍(一九七五年四月十二日)。福州芋泥。中央日報,第十二版。

80 也就是盛名一時的白光攝影社。詳見：weitsy(二〇一五年八月十五日)【網路論壇第十五則留言】。攝影手札 Forum。二〇二四年二月十八日,取自：http://www.photosharp.com.tw/Forum/ArticleList.aspx?TopicId=125423&ForumId=19。另外,一九九一年七月卅一日之第四十五期《福州月刊》第一版也記載了：「白光攝影公司遷移台北市博愛路九八號二樓,正式營業。該公司係郭欽昌、郭斥資裝修、更新設備、增闢婚紗廣場,擬於八月六日在新址舉行茶會,正式營業。該公司係郭欽昌、郭惟中父子經營,創業四十五年,技術超群,信譽卓著,國家隆典,黨政軍首長肖像多委其拍攝,允稱攝影權威。」

81 韓良露(二〇〇一)。西門町飲食記憶。美味之戀。台北：方智。頁五六。韓良露(二〇〇四)。父親三味。雙唇的旅行：韓良露食藝文札。台北：麥田。頁二四。

82 邱祖謙(一九七八年一月一日)。試試看佛跳牆 名菜怪名 其來有自。經濟日報,第十一版。

83 在台灣,諸如台北新利大雅和已經歇業的新利小館、高雄的隨豐餐廳等,多家標榜閩菜的老餐廳皆採裹麵粉在鰻魚炸鰻魚。形塑一代台灣料理面貌的料理節目《傅培梅時間》中所教導的炸紅糟鰻作法,也鼓勵著觀眾在鰻魚表層裹上麵粉糊。但同一時間,過去販售福州官府菜的翰林筵,與在台灣受到紅糟料理影響發展的紅糟鰻羹,其中的紅糟鰻都是裹番薯粉,和馬祖與福州餐桌上看到的紅糟鰻料理方式比較相似；亦即,紅糟鰻的做法在台灣已經分出兩派。詳見：傅培梅(製作人)(二〇一七年三月廿三日)。傅培梅時間【電視節目】。台北：台灣電視事業股份有限公司。二〇二三年六月五日,取自：https://www.youtube.com/watch?v=u0jarrLkGCY；陳靜宜(二〇二一年四月九日)。再見官府菜 沈葆楨、翰林筵、福州官菜 全民開動。聯合報,第 G08 版。

84 「後來來台灣一直懷念福州麵的味道,早年勝利的海鮮米粉尚有幾分餘韻,現在已經沒有了。不僅台北,我曾兩下福州,也沒有吃到那種風味的福州麵。不過,在福州卻沒有吃過福州味的乾拌麵。不知台灣的福州乾拌麵,是否像川味牛肉麵一樣,是在地經過融合以後,出現的一種福州味的乾拌麵。台灣是個移民社會,當年從唐山過台灣的福州移民並不多,但福州的三把刀,裁縫的剪刀、理髮的剃刀、廚師的菜刀對當年台灣社會生活影響很大。現在三把刀已失去其原有的社會功能,只剩下乾拌麵和魚丸湯,融於人民的日常生活之中。」詳見:逯耀東(二○○二)。

85 袁野璐(二○一五)。

86 例如馬家並非福州人,但在福州商家林立的台北南方,也成為了他對故鄉成長的記憶。詳見:馬世芳(二○二一)。序::用一碗魚丸湯來換。老派少女購物路線。台北:遠流。頁十六─二二。

87 例如撰寫多本書籍的在台港人,便以胡椒餅與福州乾麵成為自己的台灣記憶。黑老闆胡椒餅、樺林乾麵。台北小吃。港式情書:尋訪台北38+巷弄美食,重溫香港舊日人情味。台北:墨刻。頁五八─六二、一○八─一一二。

第四章 瓜白

雲馬飛，清明暴，
Hung-ma pui, Tshing-mìng pǒ,

鮮魚無內倒，
Tshieng-ngŷ mò noêy tǒ,

送乞長官剛剛好。
Soěyng khoéyk tuǒng-nguang kǎng-ngàng hō.

馬祖的山海大餐

真鳥仔，啄門楹，六點啊天光，就著起床。務其呀去討海，也務做生意，鐲唇梨幫忙呀，依也依喲嘿。——楊文炳，〈戰地政務在白犬〉，《另一種目光的回望——馬祖一九四九》，頁廿五。

台北知名的福州菜餐廳新利大雅，也曾出過馬祖師傅。在餐廳還沒合併成新利大雅的年代，有一位福州士兵跟著部隊，在海軍重鎮的福州馬尾食堂學習走堂（跑堂）後，跟著游擊隊來到馬祖的西莒島。島上的生活就如同政工隊楊文炳先生所記載，來自福州沿海的游擊隊員們平時任務是開船伺機截取共軍物資，同時得自力更生與當地人一起出海捕魚，「討海」這

馬祖小三通對口黃岐的市場海鮮攤在八月售賣的鯧魚

味道的航線　　　　　　　　　　　　　　　　238

個詞對他們來說，同時兼具出海突擊與下網捕魚兩種意義。

在西莒島，這位福州士兵服務著游擊隊隊員，和隨同駐紮的美國中情局所屬大雅等西方公司的人員伙食，[1]又曾在馬祖南竿島開設小吃舖。他在流轉大雅等西方公司的人員伙食後，決定接受馬祖人的召聘，一九七九年回到馬祖擔任嘉賓餐廳的主廚，並在這裡終老，替北竿帶來正統的福州閩菜菜館料理。

他就是北竿知名主廚，倪興官先生。

馬祖和福州人的飲食習慣相近，海鮮上少吃全魚，多將軀體切成一段段等長物、以「軀」為量詞單位的紅糟鰻、煎帶魚等海魚為菜餚。馬祖過去的小吃之一白鯧滑湯，也是福州人的最愛，因為閩江口海域盛產俗稱小白鯧的鎌鯧（Pampus echinogaster）與白鯧（Pampus argenteus），[2]不用等過年，天天吃得到，特別是近夏季產卵期，魚群靠近閩江沿岸淺海，更是馬祖人餐餐必備的海鮮代表。倪興官擅長的料理之一，就是把鯧魚切塊後裹上太白粉，備好蒜薑末，再放進蒸籠蒸熟後放涼。同時，將氽燙過的魚骨跟魚丸一起煮成高湯，放入鯧

無論在福州大餐廳（左）或小餐館（右），魚丸經常與肉燕一起煮湯，並搭配白醋

239　　第四章　瓜白

魚塊，放進醋跟胡椒粉調味料醒味，煮到有那種酸辣味出來，一道正宗的白鯧滑湯就完成了。

不過，因為曾受台灣餐廳洗禮，倪與官擅長的料理不僅白鯧滑湯、醋溜黃魚、大小魚丸、繼光餅夾蠣蛋、糖醋排骨、八寶飯、芋泥等閩菜系的大宴小食；無論加上老酒的酒蒸排骨淡水鰻，還是紅燒牛蛙、紅燒鱉等改良的台菜菜系也難不倒他，都是他的拿手料理。

閩菜除了佛跳牆，出名的就是魚丸與肉燕。魚丸在台灣的吃法經常是搭著福州乾麵，逯耀東在描寫乾麵時，曾感慨說道：「福州乾拌麵雖平常之物，但真正可口的卻難覓。後來在寧波西街、南昌路橫巷中尋得一檔，是對中年福州夫婦經營的麵攤，由婦人當爐，別看她是個婦道人家，臂力甚強，麵出鍋一甩，麵湯盡消，清爽，十分可口。男的蹲在地上攪拌魚丸漿，是新鮮海鰻身上刮下來的，然後填餡浮於水中，他家的魚丸完全手工打成，爽嫩，餡鮮而有汁，吃福州乾拌麵應配福州魚丸湯，但好的福州魚丸也難尋。我在這家麵攤吃了多年，從老闆的孩子圍著攤子轉跑，到孩子長大娶妻生子，後來老闆得病，攤子也收了。」[3]

也在魚丸與肉燕中體現。馬祖與福州之間的飲食差異，

現今台灣市場常見標榜福州魚丸的，馬祖稱為大丸$_{tuā-uân}$。福州魚丸是他稱、不是自稱，媽媽也是到台北，才知道台灣有種麵叫「福州乾拌麵」。外婆從小只說「煮魚丸」，沒說過「煮福州魚丸」。對老福州人來說，魚丸本應該包肉，還配著麵香。六十年前的基隆市信二路，有一對年過半百的夫婦就會推著攤車到空地擺攤，賣的是滷味、福州魚丸湯，還有白切肉湯麵。戰後的面的日式官舍外空地賣著福州魚丸湯。每到傍晚，這對福州夫婦在稅捐處對基隆遷來大量外省人，位居信義路的日式官舍分給了六戶在公家單位任職的公務員小家庭，住在那裡的媽媽，還記得每當傍晚下班放學，大家陸續從公車處、港務局、衛生院回家時，麵攤夫妻就會不時來借用廚房，要一桶乾淨的水來洗菜、擦桌子跟刷碗盤。「那時的依伯依姆就會順口用福州話說：『腹佬會空儂$_{se-nēi}$?來來來，蜀儂蜀粒魚丸。』給正玩得開心，剛好肚子餓的我們$_{Pak-lóo\ ē\ khoeyng\ mā?\ Li\ li,\ Soh-nōeyng\ soh-sah\ ngy-uôŋ}$小孩子一人一顆小魚丸。」媽媽回憶，老闆總是上身穿著白衣汗衫、下著黑褲，老闆娘則因彎背帶著護腰，套著上下兩件式的唐裝，常常拉起袖子洗碗擦桌。他們注重攤位清潔、做事真細膩$_{sè-nèi}$（做事小心謹慎），攤車營業到深夜，基隆人只要肚子餓了，午夜前都在信二路來上一碗麵加上魚丸湯，再切上一點滷菜，

241　　第四章　瓜白

基隆惠隆市場內的黃小妹福州魚丸

對小孩來說，就算只用聞的，那加上兩片白切肉片的切麵香氣，搭配上魚丸湯都是難忘的美味。

今天，在基隆惠隆市場內，有一家黃小妹純手工福州魚丸，還販賣著皮薄餡多的福州魚丸。黃小妹來自福州閩侯，今日以大學城聞名的城市郊外；福州火車站前知名桂花魚丸老闆的她，從事魚丸製作已三十七年，曾在福州最熱鬧的台江區賣魚丸，一生可以說都和魚丸緊緊相繫。「我舅舅阿姨都在做魚丸，十三歲就沒讀書了，後來才落地〔基隆〕。」她說福州魚丸可以分三類，福州、長樂與連江魚丸各有不同風味，福州的皮薄肉餡多，口感扎實，會浮在湯上；長樂的魚肉粉較多，吃起有嚼勁，會沉在湯中。除了魚丸，多角經營的黃小妹也賣福州肉丸年糕、肉燕、蝦滑等，還包括自製基隆名產豆乾包，並批發給幾家基隆的小吃店。豆乾包並非當代在福州常見的料理，

味道的航線　　242

但黃小妹會製作這些小吃，是因為來到台灣後，早年曾有老闆教過她，並告訴她這是基隆人過去吃不慣福州人帶來的魚丸，用豆乾包覆增加口感所改造的地方特色。

其實，黃小妹小時，外公與親弟弟們就跟隨中華民國政府到台灣，當回福州探親時，外公與表叔公會帶回腳踏車、金戒指還有刷毛的衣服給黃小妹，讓她對台灣曾有很多想像。但真的到了人生地不熟的台灣，黃小妹只能以泡麵度日，飯都吃不飽、感冒也沒錢看病。後來，黃小妹在台灣的魚丸人生，倒是先從福州乾拌麵開始。那時候她去移民署辦簽證，沒想到出來就看到小南門傻瓜乾麵。「我走進店面說自己會包魚丸，對方就叫我坐下來，看

左上：台北佳興魚丸
右上：福州永和魚丸
左下：馬祖人用東引鯷魚做出的福州魚丸
右下：秀英姐使用麵糊攪拌機製作魚漿

243　　　　　　　　　　　　　　　第四章　瓜白

看我會不會捏,對方就叫我明天來上班。」後來做了幾個月後,才決定自己開攤,先到台北虎林街的白天和黃昏市場租位置,再來到基隆的信義市場擺攤,最終在惠隆市場開店面,靠魚丸站穩腳步。

在台北大稻埕知名的佳興魚丸店,第一代創辦人鄭依凱先生也是十三歲拜師學習後,二十歲跟著中華民國政府來台,退伍後靠魚丸謀生。他製作這種魚包肉的料理推著攤車叫賣,從大稻埕發跡,在大台北闖出一番名號。這種煮在湯裡的福州魚丸,通常內餡也飽含湯汁,一咬肉汁混合湯汁一起噴出,總吃得人燙傷嘴唇但又停不下來,也衍生出一句「講話囥餡,會熱燴流汗」的俗語,<small>Koung-uā khǹg-ānn, ē-ieh mè lau kǎng.</small>形容一個人話中帶刺,話中有話。

關於魚丸,魚種的選擇是關鍵。一九三四年創立於福州三坊七巷的永和魚丸,早年與佳興魚丸同樣使用鰻魚漿,「我們都是用本地的青鰻魚,食材的選擇面比較小。」[但]到了我接手,就是有很多女孩子,或是小孩老人不喜歡重口味,所以我們開始製作鯊魚丸。」[4] 從祖父、父親、母親手中接下第四棒重擔的老闆劉景舒,受訪時強調魚丸的彈牙取決於挑選魚肉時,要目覷、<small>meih-tshoéy</small>手搓、<small>tshiu-tshô</small>再鼻,<small>ke-pēi</small>也就是遵循眼看、手抓、手揉,再用鼻聞的步驟。

味道的航線

至於在馬祖，以台灣號稱「有錢食鮸，無錢免食」的鮸魚是第一首選，相對於虱目魚、鱈魚、旗魚肉，鮸魚的嫩度與色澤都略勝一籌。馬祖人稱鮸魚為 méing，發音很像華語的「命」，過去馬祖列島周遭海域盛產鮸魚時，常常市場阿姨津津樂道一則笑話：阿兵哥到島上市場集中採買，但被老闆娘一聲「你要不要命啊？」的吆喝聲嚇到，以為生命即將受到威脅，魚還沒買就被馬祖女性的強悍嚇得逃之夭夭。鮸魚製的魚丸顏色較白，而比較容易直接去骨的馬鮫，製成的魚丸顏色較黑，但今天的「命魚」在馬祖已經不易取得，所以也用馬鮫。以馬鮫魚為例，一隻一斤[5]價格入秋後從八十至一百二不等，製作魚丸店家會趁漁市有新鮮馬鮫魚時整批下訂，在過年前趕製魚丸，好於年節時以一斤魚丸一百五十到兩百五十二元不等的價格出售，服務老饕。

「台灣人才用鯊魚做魚丸，鮸魚和馬鮫才是最好的！」這一天，我在秀英姐的家裡，看著她趕製要分包大量出貨的魚丸，邊聽她分享關於魚丸的見聞。秀英姐來自西莒島的坤垟，一處以美麗的沙灘，還有夏天時保育級燕鷗會在外海不遠的顯礁上棲息而聞名的村莊。她是我在當替代役時期認識的辦公組員，總很照顧我們晚輩；她喜歡跟人聊天，空閒時也會下田，充分利用各種零碎時

間，開發廚藝。

每年冬天，是馬祖人家家戶戶打魚丸的季節，早在一個月前，秀英姐就從約定好的船家那兒，運回兩百斤的魚並削下肉，為今天做足準備：當魚肉攪動約十分鐘徹底變成肉泥後，依序混入鹽、太白粉，與一定比例的蛋白、冰塊，避免因為化學反應的高溫讓魚肉失去鮮度。等到攪動約莫一小時，肉身搗爛變漿後，魚丸的原料就算完成。

「我的習慣是慢慢做啦，所以中間還會炒幾盤菜。」雖然做工繁複，秀英姐製作魚丸的當晚，不疾不徐趁著攪魚漿的空檔，吃著碗裡的紅糟魚與炒高麗菜。相對十分鐘料理好兩道晚餐的隨性，秀英姐對待魚丸很仔細。當冰箱上的計時器響起，正滑著手機休息的秀英姐，立刻回到廚房一邊檢查攪拌機中的魚漿，一邊在自家後院燒起大鼎。破壞了魚肉筋與粗纖維後，傳統製作魚丸的方法是以快刀進一步剁碎斬亂肌理。有機器輔助後，除了委請他人將片好的魚肉送至絞肉機絞碎，平時也做饅頭的秀英姐，再啟動馬達強勁的麵糰攪拌機，依靠轉速的快慢調整魚漿綿密的程度，省卻了人工的辛苦。不過魚漿成形後，捏魚丸時仍得倚賴人

捏魚丸　　　　　　　　　　放涼後分裝

味道的航線　　　　　　　　　　　　　246

工不斷拍打魚漿，打出筋性。「也沒有人教，看看就會啦！」過去馬祖幾乎家家婦女都會製作魚丸，但問秀英姐怎麼學會的，她霸氣地回答，就跟其他馬祖媽媽一樣，舉重若輕。但事實上她得花上一小時捏魚丸，緊接著讓魚丸在大鼎中煮開，不停撈掉浮起的肉沫，才得以拿到客廳秤量分裝。當整間廚房充滿魚丸香的蒸氣時，距離下午六點啟動攪拌機，已經過了五個小時。做魚丸的功夫，一點也不容易。

在一馬斤魚肉配鹽廿克（通常鹽每鍋還會少五十克）、四馬斤魚肉配粉六克的黃金比例下，咬下一口秀英姐剛起鍋的馬鮫魚丸，只能用在台語與馬祖話中，都形容有彈性的糗糗一詞來概括。糗糗就是台灣美食節目在華語受台語影響下，喜歡使用的 QQ 之詞源，而語言學上與台語享有親鄰關係的馬祖話，也是使用相同的詞彙。

有關魚丸，各家的秘訣不一，有些人會加入全蛋，有些人喜好用冰水來取代冰塊，有些家戶直接豪邁使用水泥攪拌機來打。共同點在於做魚丸的關鍵動作：捏；捏好的魚丸得倒入冷水，避免相互沾黏。此時如果是包大丸，中間挖空填入肉餡後再包起來，肉餡是醃過醬油與少許白糖的蔥肉，與福州煎包、胡

247　　　　　　　　　　　　　　　第四章　瓜白

椒餅的調料基本相同（煎包、胡椒餅內不含荸薺）；如果是包馬祖常見的魚丸，則直接將裹粉後的魚泥捏出，大拇指繞過食指，其餘四指再以小指往前推送的方式合攏掌心，同時捏握出一圓形，一顆魚丸就出爐。

接獲大量親友訂單的秀英姐主要是用手人工捏出一顆顆沒有餡料的小顆魚丸，稱為嫩丸（noung-uóng），比較容易在馬祖婚宴等正式場合中看見。在馬祖，傳統的結婚喜宴分三天辦桌，這三天的喜酒料理、宴客對象不盡相同，分別是邀請婚禮工作人員、一家之主和女眷同歡，依次稱為伴角、佳期暝與姿儂酒。這三場喜酒比較講究，又統稱為食大酒（sieh-tuēi-jiǔ），其餘在婚宴期間之外的便餐，則稱為食飯囝（sieh puong-iāng）。食大酒時，小孩會在村中沿著街巷邊邊敲鑼，同時高喊著：「拍鑼食酒，菜凍囉！」（Phah lô sieh tsiú, tshái toéyng lou.）所謂「上桌」，也就是指在臨時從各家各戶借出來的木桌邊上圍桌敬酒，就地在村莊馬路邊慶祝。北竿的嘉賓餐廳過去主打婚宴菜，經典菜色自然也少不了魚丸湯。倪興官的兒子克強大哥表示，因為馬祖在戰地政務時期沒有容納大量賓客的宴會空間，而他從小就是幫著父親天天街頭巷尾端著包含湯品的各式菜餚打下手，為了把菜擺到每一桌囍酒宴上，最遠得走到距離餐廳五百公尺之遙的大街盡頭。雖然

味道的航線　　248

父親不曾主動教過他料理訣竅,但他就這樣穿梭在廚房與外場之間的童年中,學會了如何做出經典閩菜,並在父親八十五歲退休後,繼續承接家業二十年。

馬祖人深愛魚丸,當婚宴菜中的「大小魚丸湯」的料理上桌,有著大顆福州魚丸每桌每人只能吃一到兩粒,小魚丸則愛吃幾顆隨意的飲食文化。物資不豐的年代,在肉類稀缺的島嶼還會將大魚丸用手帕包回去以醬油滷後配飯。不只人們愛吃,重要節日的祭祀上,魚丸也是獻給祖先或神明必不可少的十碗供品之一。「白力、黃瓜、鮸,鰳刺、馬鮫、鯧」是一句講述馬祖常見幾類魚種
<small>Pak-li uong-ngua měng si-tshiē mä-kha tshuong</small>
的諺語,其中鮸魚與馬鮫魚都位居前位,引申為人人各有所好的意思。即便遷居台灣,馬祖人仍然心念鮸魚丸;如果沒有鮸魚,也買不到馬鮫魚,馬祖人則會用類似台灣白腹仔等魚種代替,代表馬祖飲食文化中的海洋風味。
<small>peh-pak-á</small>

第四章 瓜白

南門市場的太平燕

除了魚丸，馬祖與福州料理的另一項飲食差異在於肉燕。肉燕在傳統婚宴中，與魚丸湯一樣是必備菜餚，通常會接著上，並且在肉燕湯中加上油炸過的虎皮蛋，稱之為「太平燕」：太平指的是鴨蛋、燕指的就是肉燕。在福州，肉燕的名字叫 piěng-nṳ̆k-iĕng，也就是扁肉燕，但相對於扁肉的滑口，扁肉燕外層經過碾壓成透薄的燕胚，吃的是帶有豬肉組織的脆勁。相傳早在明朝嘉靖年間，福建浦城縣有位退休的御史大夫返回山區居住，吃慣了山產，有一天，廚師取來豬腿的瘦肉，用木棒打成肉泥，摻上適量的番薯粉，擀成紙片般薄，包上肉餡，做成扁肉，煮熟配湯吃。這位御史大夫咬下口感滑脆的扁肉，連忙問說是什麼點心，廚師因其形如飛燕，隨口說出「扁肉燕」，就是肉燕名稱的由來。

肉燕就是以搥打豬肉成漿，再擀成的燕胚包絞肉餡，這種製程可以被形容為「肉包肉」。肉燕的燕胚皮是採用脂肪和筋都要挑乾淨，瘦肉比例高的新鮮豬後腿肉，傳統店家以一公斤重的木槌敲打豬肉至少半小時以上，當豬肉筋打

味道的航線　　　　　　　　　　250

斷成黏稠狀後，加上番薯粉、晾乾後，就叫做「燕胚」。記得有一年我的表舅公從福州帶來燕胚送給外婆，外婆在冰箱放到忘記，拿出來的燕胚滿是臭味，「會臭的餛飩皮」就是我對這種「肉做成的水餃皮」的最初印象。

至今在福州的三坊七巷，還有店家在賣肉燕，成為觀光主幹道上南後街店舖到福州必吃的小吃之一。至於在台灣，要吃到各式以燕丸、燕圓、扁食燕等不同命名的肉燕成品並不困難，[6] 提到肉燕，甚至大多數民眾應該會先聯想到的是火鍋料中的燕餃。根據桂冠公司調查，台灣人最喜歡的火鍋料，前三名依序是：魚餃、蛋餃和燕餃，分別源於潮汕、上海與福州，他們甚至以和坊間不同，採用純豬肉做餃皮的工業化產品為榮。[7] 至於當年我外婆那整

上：福州黃岐市場中的扁肉燕（左）與馬祖店家（右）相似擁有長薄外皮
下：南門市場所販售的肉丸

251　　　　　　　　　　　　　　　　第四章　瓜白

批成磚塊般綑綁販售的肉燕胚，過去在台北還有大稻埕永樂市場中的興化等傳統老舖售賣，可惜客源減少後很多店家停產，今天恐怕只能到南門市場。[8]

整修後再開幕的南門市場人潮洶湧，過年前我帶著爸媽還有親戚一起走進來，難以想像人潮到了只能側肩行走的地步。每家商店都有從天花板垂下四十五度角的碩大看板，大多介於紫色、黃色、紅色之間，串起來一片喜氣。紅色系招牌中，我們走經一間「福泰和商店」，轉角邊上擺著幾盒圓形的年糕，仔細一瞧咖啡色糕面上外包裝寫著「福壽年糕」四字。年輕的店員表示，這是肉丸，也是福州人的年糕。「這過年才賣喔！要大的還小的？」他一邊說著，一邊開始打包，但求好心切的媽媽，追問著保存期限多久、料理方式，具體成分有什麼。「這裡面是芋頭、豬肉、白糖，回家年糕先切，切完以後冷凍！要吃的話，再拿出來退冰煎一煎。」櫃檯後，突然傳出聲線青澀但幹練的應答聲，另一位年輕店員從被烏魚子禮盒疊到看不見身影的玻璃櫃後方探出頭來，回答了我們連珠砲般的提問。除了醒目的年糕，這位應該已經是陳太太第三代陳家人經營的福泰和，以賣烏魚子等乾貨為主。不過，來自福州第三代陳家人經營的福泰和，有認為店舖少了任何福州味。「我們家除了限定的年糕外，紅糟、魚丸、燕丸、

燕皮、麵線，都是福州人會買的。」好奇問她是不是這家店主的後代，「我是嫁來福州人家！」姐姐在招呼人流不停的顧客時，還不忘微笑地回答，並提醒我福州年糕就過年這一檔在賣，「福州人都會吃的。這已經蒸熟了，只是口感問題，回家保存後，退冰才好吃。」

「開洋，這裡有 sòh-miêng 耶？」離開福泰和商店，在攤檔間過幾個彎，媽媽突然興致高昂地往另一間攤位走去。「Sòh-miêng，我們這裡有啊。」一位老闆模樣的中年先生，聽到我們的對話，從攤後接了福州話。原來我們到了「協盛商店」，代表麵線。麵線以束為單位，用橡皮筋綁好在塑膠袋內論斤賣。從前聽聞馬祖人麵線是從木柵進口，就教老闆，他說他們的麵線並非來自木柵，「木柵的比較粗。」媽媽抓了兩綑麵線，又看到麵線前面的肉丸，再問老闆詳情。

原來，協盛和福泰興相同，從三重的民星蝦油工廠進福州年糕，而這種年糕只在年前的尾牙後生產，所以每間店此時都會趕緊批貨。看我和媽媽對著攤位不斷嘀嘀咕咕指著，老闆再熱心介紹了肉丸和擺在它面前的魚丸和燕丸，又問起

第四章 瓜白

福泰和與協盛是台北南門市場兩家主賣福州貨的南北行

我們福州哪裡人？我們回答在福州，「福州哪？」老闆追問，我和媽媽卻開始一陣雞同鴨講，才發現原來媽媽在談外公老家，我在談外婆老家，顯然我們母子關係有著不同的聯想。老闆自我介紹說他姓趙，來自閩侯，爺爺是一九四七年來台，父親則是一九四九年抵達；到他，已經是第三代了。我好奇地請教他「趙」的福州話怎麼念，「tiù！」他回答。「哇，那不是跟『朝廷』的『朝』差不多嗎？」

「不一樣啦。」媽媽說。「不會啦，確實，朝跟趙差不多。」老闆笑說。

和老闆聊了一會兒天，我把注意力重新拉回到店家的特產。看到魚丸跟燕丸，特別請教他身後冰箱白板上，黑筆寫下大大的「燕皮售完」是什麼意思。燕皮就是燕胚，聽到我這個問題，趙老闆帶了些神秘微笑與專注眼神看著我，拿起一張他的名片，不疾不徐地要我加入 LINE 群組，「這個月都已經賣完囉！要預約就要及早講，加我們官方的

台北南門市場售賣的肉燕與燕胚

LINE，裡面丟訊息給我，最快也要下個月。」我好奇他們怎麼做燕胚的，在馬祖都買不到。「馬祖當然沒有啊，台灣都沒有多少人做了。」老闆很有自信地回答，因為他的母親趙媽媽，正是在戰亂中家庭從福州先到馬祖，後來才來台灣，對馬祖也有一定程度了解。「馬祖因為豬肉比較貴，他們包的那是叫上海魚丸，我們都是賣有包餡的！」老闆說。

關於燕胚，今天南門市場店家各有通路，協盛趙老闆是和一家新竹業者合作，有商家則是從迪化街批貨。不過燕丸，大家就異口同聲表示是自家包餡，也因為產量不多，訂購要及時；趙老闆更表示過年前一個月就要下訂，如果過年時才採買，往往連同燕丸早就售罄。我們決定先買一袋燕丸，話聲才剛落，馬上就有一批客人來問有沒有賣燕胚。老闆說賣完了，這兩位看來年紀四十左右的姊妹，發現向隅激動了起來，和老闆的對話自動轉成福州話，「哎呀新年卜邁了，卜等二月。」老闆說要到二月才有。

_{Sing-nieng puh kaṳ lo̤u, puh ting ni-nguoh.}

255　　　　　　　　　　　　　　　　第四章　瓜白

「Tī má uong lou 都賣完了。」「賣完啦?你們過年前就應該多進一點啊!」「Mē lei a, nguai puh tsi-a me phui, āng tsi-a pou 繪使啊,我卜自家買胚,餡自家包。」協盛商店的福州老闆說還有燕丸。

燕丸內餡,是醇厚胡椒味的肉漿餡著芋薺,貌似姊妹的客人聽我跟老闆也在用福州話談燕胚,轉頭跟我說,「每一家人做法都不一樣的,扁肉燕那絞肉要加蝦油、醬油,各家有各家的秘方啊!」她們也看到了燕胚告示牌後的肉丸年糕,「這些是三重做的。」我分享著所知的一切,同時又和店家再聊一陣,說到了一間沒有再賣繼光餅的餅店。「他們家是一半的福州人,現在餅店還在,只是沒再做福州的東西了。」老闆帶點落寞地回答,可見這一帶店家之間的好感情。

兩家福州商店隨時代變化,不約而同轉型南北貨,福泰和偏重干貝與香菇等乾貨,協盛商店則更重視五穀雜糧。另一方面,來自浙江的南園食品與常興南北雜貨,同樣賣著民星的福州年糕、自製紅糟,也少不了魚丸、燕丸與燕胚,各方飲食在南門市場交融。隨著時代潮流,這些福州商店改賣南北貨同時,都還在繼續服務每一位福州老客人。「那你們這邊來買的人,是不是都年紀很大了?」「沒有啊,也有像你這樣的年輕人。老人家走不動了,來替爸爸跑腿的也有啊。」趙老闆帶著笑容看著我,看來福州味道傳承的關鍵,就在燕皮;誰

單買燕皮，誰就是福州人。我無法忘記那對姊妹探問有沒有燕胚時，在我不經意搭話下，立刻轉頭回答「我是福州人」的眼神。隱形的身分，卻透過飲食傳遞出福州人的聲音，將文化的DNA烙印在味蕾上，讓人難以忽視。

在外婆過世前，我和父母憑著她曾經口述的老家記憶，逡行走進她那離開福州後就再也沒能回來的村子。在這改建為小區的社區，唯一留下線索的只有和外婆同姓的「徐家村巷」路牌，確認這裡就是外婆所提的徐家村所在。當我們意外地靠著母親不輪轉的福州話，隨口問著在路邊休憩的老嫗們，就找到了認識外婆、並且住在她大哥——也就是我的大舅公家社區內的鄰居。隨著一群婆婆媽媽的簇擁，那年除夕我們走進了從小到大不曾聽過名字的表舅家，進門不到三句，表舅媽就默默跑進廚房，不久便端上一人一碗的福州麵線。因為表舅媽來自福建省另一縣市、著名詩人余光中的家鄉永春，所以她用了永春人的習慣加入肉羹，再融合福州風俗，配上水波蛋和福州麵線，歡迎我們的到來。

在福州，蛋就要與扁肉燕配著吃，加上細麵線，就是一碗傳統的太平麵，無論出外或歸返家門，都要吃上一碗這帶有平安寓意的祝福，可以說是福州版的豬腳麵線。

第四章 瓜白

因非洲豬瘟政府嚴格管控肉製品攜入後，在台灣福州人如果要包肉燕，就得到市場買燕胚，馬祖的海關還會在每班小三通抵達時，不斷以大聲公強調「禁止攜帶肉製品、福州燕皮……」要在台灣吃到福州人製作，加入熱湯後皮面會變得晶瑩剔透的肉燕，得先將一張攤開像經書的燕胚裁成適當長度，包料前再拿水沾胚潤濕；裁剩的燕胚也不浪費，福州人會另外做成傳培梅口中的「龍鬚燕丸湯」[10]，也就是將加入香菇、蝦米、蛋白與鹽、胡椒粉，甚至一些魚漿、番薯粉的絞肉餡裹上切絲燕胚，[11] 或者直接將舍肉的燕絲加入高湯，就有鮮美滋味。

在馬祖地區，由於豬肉稀缺，閩菜在海島上經歷變化。原本由豬肉做的燕胚，馬祖人改以魚肉製作，稱為魚燕包的魚餃取而代之。魚燕包的外皮製程類似馬祖特產魚麵，魚麵則可以湯麵、乾麵、炸麵或者炒麵的手法料理，最特別的是先用滾水汆燙約三分鐘，再撈起沖冷水的炒麵料理方式，這樣配合香菇與肉絲、白菜等快炒，能品味到魚麵的筋道，不需要烹煮一條魚，也能在吃魚麵時享受海洋的滋味。

在福州市區，魚麵並不流行，但在靠近海洋的馬祖，居民會將去皮

台北南門市場將魚丸與扁肉燕和其他外省食物一起售賣的非福州系店家

上：平安蛋麵線（左）蒸魚燕包（右）
下：煮魚麵（左）與炸魚麵（右）

去骨的魚肉剁碎，混入鹽巴。魚肉泥再加入番薯粉或太白粉水使勁揉並捏餡，成形的是魚丸；魚肉泥不加水直接均勻裹上些微蛋白與番薯粉（視魚肉吃粉的狀況而定，以免烹煮時湯汁稠糊），擀平再放入平底鍋略烘烤過成薄皮，冷卻後捲起切成條狀並曬乾，就變成魚麵；如果不烘烤、不切成條狀，包入肉餡的，就是魚燕包。

魚燕包的家常製作方法是先擀平裹粉的魚肉皮，再用碗倒扣在皮上，「扣」的一聲，當聲音一落，就壓出一圈完美工整的魚餃皮。「魚餃做好之後，要先蒸熟才可以，要不然乾掉會裂開來……」在南竿熱心公務的秀珠姐，在一場《馬祖心情記事》居民劇場演出時，因為一段劇本福州話台詞提到這道料理，就和我分享了製作這道料理的關鍵。馬祖人手工的魚燕包會比肉燕大些，

259　　　　　　　　　　　　　第四章　瓜白

但內餡和肉燕一樣是包豬絞肉，蒸熟後才能放入冰箱保存，避免肉做的外皮於冷凍後乾裂。一般而言，無論是肉燕或者魚燕包，傳統吃法不管馬祖人或福州人都是配湯吃再加上白醋，但近期也常見直接用蒸籠炊熟後，將魚燕包當蒸餃吃的吃法，滋味一樣獨特美味，亦都是馬祖的在地記憶。

新竹貢丸的身世之謎

> 夏日裏，烹調「湯」的作法，也是不同其他季節，應以清淡為主，雞汁燕圓是閩省的一種名菜，其湯清淡如水，最適於盛暑之用。──〈雞汁燕丸〉，《中央日報》，民國六十九年（一九八〇）七月十三日

台灣的廟口往往是匯聚人潮的集散地，無論是基隆奠濟宮外的廟口、松山慈祐宮外的饒河街、新莊地藏庵外的廟街，大抵北台灣的夜市，都因廟形成商圈。新竹城隍廟的夜市則像台北艋舺的清水祖師廟，店家就開在歷史建築的東西廂房兩側。走在新竹城隍廟，看不見廟身，各家「貢丸」、「摃丸」的招牌搶先招攬眾人眼球。走進通道內，一個以廟埕為核心、呈現半個回字型的店家在兩側吆喝，其中一攤鄭家魚丸燕圓，從名稱就格外醒目。那到底是什麼？「燕圓就是魚漿裡面加了紅糟、荸薺。」順著老闆的手勢，一顆顆像染色過的魚丸，引人注目躺在攤位。「要全白、全紅，還是綜合的？」店家用顏色來分類魚丸

第四章 瓜白

新竹城隍廟內的鄭家魚丸燕圓

與燕圓,快速直白,客人可以選擇全魚丸、全燕圓,或者綜合。「那大部分的客人喜歡吃紅色的還是白色的呢?」老闆說不一定,畢竟都是老主顧,口味都已習慣成固定。注意到燕圓和魚丸相比,除了內餡多了荸薺的脆爽清涼和紅糟的香氣,表皮還裹了一層粉,這種罕見的做法引起我好奇,點了一碗綜合的魚丸燕圓湯後,忍不住和掌櫃的第五代老闆從料理作法談起這間店的歷史。

在一九八〇年的一篇《中央日報》報導中,提到了前國民黨文工會主任吳俊才的浙江籍妻子,即主持多個老三台烹飪節目的料理專家馬均權。在分享有關燕丸的料理方法中,馬均權內文又寫到了「雞汁

味道的航線　　　　　　　　　　　　　　　　　262

燕圓」。燕丸與新竹燕圓之間有什麼關係呢？鄭家魚丸燕圓的第五代老闆鍾先生回答，其實燕圓就源自福州肉燕，後來技藝失傳，改用裹粉來代替肉燕外的燕胚，內餡則由魚漿代替且創意地加入紅糟。我注意到，除了鄭家的紅糟燕圓，許多城隍廟的小吃店都在價目表上列著「燕丸」，同樣是指這種將肉打散為漿作基底（採用豬肉），內餡再加入荸薺的「改良肉燕」，無論與傅培梅的龍鬚燕丸還是馬均權的雞汁燕丸相比，做法都與肉餡裹上燕絲的傳統燕丸不太相同。

▲歸清廟宇　新竹城隍廟廣庭中。向有排列果子食物。或編竹屋。開飲食店者。其廟門之左右。則又有剃頭擔十餘處。在此營理髮業。星羅碁布。居然一小市場也。參詣者之往來。殊為之擁擠不開。近已由警官解散。不許在此排列。其朽穢之竹屋。亦令其撤去。遊其地者。殊覺幽閑靜肅。清光大來云。

上：魚丸燕圓湯
下：日治早期報紙留下的官方驅逐新竹城隍廟設攤民眾紀錄[12]

「這城隍廟附近這麼多賣燕丸的店家，是新竹來自福州的移民特別多嗎？」

聽著老闆說完故事，不禁產生更多的困惑。「應該是說，聽說我太祖從福州就是帶來兩個手藝：福州的貢丸跟魚丸。」他說。「所以，你的意思是說貢丸也是你太祖帶來的?!」他說沒錯，早期肉燕就是先在湯中煮內餡，事先不斷於湯中滾沸，等要上桌時再把燕胚裹上芡燙一下。現在的燕圓上桌前則是退冰後倒進滾湯，起鍋之際再切些芹菜段入湯，用以襯托荸薺的脆感和紅糟的香氣，吃法與魚丸、貢丸如出一轍。

肉漿中加入荸薺，也是貢丸內餡的必要製程。老闆說，這間店聽他媽媽講，最早是挑扁擔在整座新竹城賣，有誰買就到那裡去。「一開始日本人抓很凶！」最早城隍廟內部不能開店，是大概在七、八十年前廟前開放擺攤，才開店到現在。

在新竹，貢丸的傳統寫法是摃丸，相傳是過去平民百姓生活窮苦，要到過年才能有錢買肉回家做菜。有位福州媳婦為了孝敬沒辦法大口咬肉的公婆，有一年過節時，突發奇想將生肉剁成肉泥、捏成丸。這種丸子因為容易咬又有香

味道的航線　　264

氣，大受歡迎，從此流傳。摃丸製作時必須加入太白粉、鹽等不斷拍甩，發出「摃─摃─摃」的巨大聲響，因此得名。[13] 後來，新竹發明了摃丸機，工業化自動生產，讓新竹摃丸開始名聲鵲起。

如今聽完第五代老闆的說明，我才恍然大悟，原來摃丸就是與魚丸系出同門，結合肉燕技術的福州手藝?![14] 確實，摃丸和肉燕胚都需要不停捶打豬後腿肉，並且在內餡加入荸薺；而結合荸薺、魚漿與裹粉的燕圓，的做法更像結合摃丸、魚丸及肉燕的三合一產物，在追求那化肉筋於無形口感的同時，更能找到傳承的痕跡；不禁令人好奇，旁邊有許多加入了紅糟的新竹肉圓攤位，他們賣的，是不是也有脫胎自福州飲食的影子呢？畢竟紅糟，正是福州料理的核心啊![15]

鹿港丸子學

如果有一門丸子系譜學,那麼鹿港第一市場應該是代表。

談到鹿港第一市場,就必須從老一輩鹿港人人盡皆知的福州食堂:漢玉,開始說起。老闆翁漢玉是福州人,雖然名為食堂,但專賣有錢鹿港人吃來體面的高級菜;這是一間至少在一九六〇年代,第一市場沒起建前,就已開業的老餐廳,跟現在市場及其周遭知名的麵線糊、水晶餃等攤店並駕齊驅的老店。

當地知名攝影師龔顯森回憶,他自己就有跟著中華民國政府來台的福州姨丈,擔任過鹿港的警察局分局長。當時鹿港與中國仍往來密切,姨丈就曾拜託開漁船的父親,出海時帶一些米救濟他在福州的家人,結果被告密成走私。說到漁業,龔先生表示,今日鹿港郵局所在地以前就是烏魚寮,有很多泉州、漳州與福州人會來此抓烏魚。當烏魚洄游到鹿港時,形體還沒大到成熟,肉的肥度剛好。至於大多來鹿港的福州人,都是在街上賣鐘錶、剃頭髮與開旅社,「我爸爸因為以前做打鐵,所以跟一些福州人熟識結拜,他們都很團結!」龔先生語

氣激動地說。二十幾年前，漢玉隨著老闆過世而歇業，老闆的其中一位徒弟傳承了師傅的排骨飯，隱身在市場前知名的生炒五味小吃店菜單中。龔顯森的夫人、知名春仔花藝師施麗梅回憶，排骨飯就是當年漢玉其中一道名菜，因為摻粉先炸後滷的厚工作法，受到鹿港人歡迎。

但在鹿港，還有許多店殘留福州痕跡。第一市場內知名商舖蔡澤記與弟弟後來另設立的漢彬，售賣的扁食燕就是見證鹿港福州人的活化石。實際點一碗

上：鹿港福州人留下的排骨飯技藝
中：第一市場外漢彬的招牌水晶餃、蒸丸、水丸與扁食燕
下：第一市場內蔡澤記留下的傳統招牌上仍寫著「扁食燕」

267　　　　　　　　　　　　第四章　瓜白

綜合湯，蔡澤記與漢彬的扁食燕、水晶餃與丸類大小有所差異，不過都仍採古法，特別是扁食燕以「肉包肉」形式，將肉搥打後摻粉製成燕皮、再包肉餡。

漢彬第四代經營者蔡老闆說，這是他們泉州人在阿祖時代向一位福州師傅請教後，設攤一直賣到今天。早期還賣炸磅皮及豬皮煮湯等，因為過於油膩，不符合現代人飲食習慣，才剩下蒸丸、水丸、扁食燕跟水晶餃。

不同於一般福州的扁肉燕，包完就需要先蒸熟才不會於入鍋滾煮之際散開，蔡老闆表示他們的皮打製時就有加入比較多粉，相對乾燥下入庫冰凍保存即可。至於蒸丸與水丸都是肉絞碎摻粉打製的肉漿，兩者的差異在於做法不同，兼有胡椒香氣的蒸丸濃縮肉汁精華，採用比較有嚼勁的豬後腿肉；加入荸薺的水丸則相對有滑脆口感，口味近似貢丸。店家特別建議，如果購買回家以水再加熱，不會浮起的蒸丸可以添加醬油滷成鹹丸子，更有風味。

水丸除了不用魚漿，製程與新竹燕圓類似，也一樣採用水煮；蒸丸則在肉餡中加入油蔥後蒸熟，保留傳統燕丸裹燕絲後蒸熟食用的作法；至於扁食燕，採用自家凌晨起敲製溫體豬肉再裹粉的燕胚，再包上肉餡直接入湯，則是改良

後的肉燕原型。

三者差異，除了口感，也凸顯台灣、馬祖與福州的肉燕漸變：水丸與蒸丸雖然製程不同，但與新竹燕圓一樣，店家將更多心力投注在打成魚漿或肉漿的內餡上。台北南門市場與鹿港第一市場等販售的燕丸或扁食燕還有燕胚、採蒸製，但皮大多摻入較多粉，肉餡飽滿而扎實，更貼近肉漿加入芋薺打成的貢丸，在台北與新竹，燕丸、扁食燕甚至已與肉燕是同義詞。相對地，在桃園八德、馬祖或者福州境內買到的肉燕，是包著荸薺甚至帶點蔥段的絞肉餡，裹上長如飛燕的燕胚，必須先蒸熟後入湯鍋，外皮才不會過於生乾。

總合來說，相比於福州或馬祖，台灣福州人把搥肉成漿的功夫，更多用在餡料中了。

基隆鼎邊「趖」與馬祖鼎邊「𰑗」

馬祖因為種地少，肉類相對海鮮並不容易取得。

有天在北竿，我和一對開民宿的姊妹閒聊時，她們的手機群組傳來一張張螃蟹的照片。在東引，鄉公所會以廣播在村內通知「漁船碼頭，○○○的船上有魚、螃蟹賣」告訴人口集中在南澳的村民，特定船主的漁船已經靠岸；北竿許多在地消息則更加倚賴LINE群組傳遞。民宿姊妹檔中的姊姊告訴我，這些照片是當天北竿漁船新鮮捕獲的螃蟹。看著團購群組上的照片，她興奮地說：「早上九點、十二點已經兩波，這是第三場了！」此時的她，堆著滿臉笑容。「還要再衝嗎？」「你要不要跟，一起！」準備去第三場！「你知道嗎？這邊螃蟹一斤大概是兩百五十元。」從小在都市長大的我聽完，腎上腺素不免也些微開始飆升。「你知道嗎？這邊螃蟹一斤大概是兩百五十元。」「像我上次買六隻螃蟹，大概是八百四十元，一隻一百出頭。如果到南竿賣，就變成一斤三百五十元啦！」姊姊繼續連珠砲地說完當季螃蟹的市場分析後，我心動不已，決定跟著一同前往。但妹妹經過早上兩波採買，不想再去碼頭，只

味道的航線　　270

問我會不會開車。於是我拿著鑰匙,跳上陌生的駕駛車座發動引擎,載著不會開車的姊姊,在豔陽下快樂地開向北竿的白沙港。

彎進港邊,裡面早有三兩成群的饕客。坐副駕的姊姊一下車,直衝載貨的得利卡旁。車廂上所剩螃蟹無幾,而且蟹鉗不再揮舞。此刻船主又從漁船端上一整個臉盆大的螃蟹到堤岸樓梯下,牠們活蹦亂跳的身軀,再次吸引人潮萬頭攢動。這時,又有更多村民停車加入採買,一人拿塑膠袋、一人過秤,幾個人圍在車旁挑選、挪動位置,平時安靜的碼頭突然熱鬧無比。船主陸續秤出不同的漁獲,有一籠蝦蛄、一籠鯰魚;倒下蝦蛄時,幾隻蝦蛄捲成一球,又試圖撐開身體行走;其中一隻掌握了訣竅,正快撐到堤邊離開眾人視線時,被挑選獲的一位海巡弟兄給「拎」了回來。

這時姊姊已秤完螃蟹,開心地往車上走。我跟前幾步,決定喊住姊姊,請她也幫我挑幾隻。「挑螃蟹的原則就是中間殼要有肉、但殼不能軟。」我們挑了四隻,老闆秤完又塞給我一隻螃蟹,五百三算五百元。回到芹壁,我私訊在地朋友買了螃蟹,她以為是我要吃,「那你可以到我家處理啊!」我不好意思地說,是我要請她家人幫忙。身為都市小孩,我這輩子連魚都不會殺,更別說處

271　　第四章　瓜白

理螃蟹。待我送了五隻活跳跳的螃蟹到塘岐，朋友媽媽跟我討論後，決定兩隻炒蛋、三隻清蒸。清蒸比較簡單，三隻堆疊在鼎內，加上少許薑片、不會淹過蟹殼的水量後，就蓋上鍋蓋、開大火等待。至於炒蛋，得先剝開蟹殼，切下蟹腳、再刮除殼內的呼吸腔膜。「我最近發現剪刀很好用，一把就能處理很多東西。」處理蟹腳時，朋友媽媽邊剪著螃蟹，邊高興地說著新發現。爆香後，加入螃蟹大火拌炒約莫五分鐘，加入一點鹽巴跟味素以及雞蛋數顆，吸滿蟹膏味的炒蛋就能盛盤。餐桌上，朋友媽媽直接幫我裝了晚飯，叮嚀我要多吃點飯，淡菜、青菜、滷蛋與五花肉都要吃掉。這些菜色必有滷味與季節性海產。吃著滷蛋時，朋友人家餐桌上，可見馬祖的家常菜色曾出現在其他場合碰巧坐進馬祖的媽媽又倒了一杯自製的薺菜涼茶，是她在春天採集曬乾後，保留到秋季的私房飲品。

十一月秋季來臨，就是螃蟹與俗稱瀨尿蝦的蝦蛄（ha-u）之季節。如今每當漁船滿載入港，會引起一陣島嶼騷動，居民、遊客到駐島海巡人員都隨著口耳相傳，爭先到碼頭邊挑選滿地張牙舞爪的螃蟹與蝦蛄，樂此不疲；過去的馬祖漁港邊，則是漁夫們對著漁網上的節肢動物發愁。當時螃蟹價格低廉，想到事後整理漁

味道的航線　　272

網的麻煩,漁夫們都十分苦惱,於是他們不情願地請小孩幫忙拿著臉盆,將這些螃蟹一一取下裝進盆中,多到還將公蟹放回海裡,只留下那些比較肥美、有著蟹黃的母蟹,蒸好後只取蟹肉做蟹鬆。不過對於阿兵哥來說,一九七〇年代的馬祖滿山螃蟹,是他們在苦悶戍守生活之餘,記得最快樂的生活休閒記憶。

「我記得很清楚,那時候馬祖當兵去買那個海邊賣的螃蟹,好像一百塊,拿了一鍋子,便宜啊!」我在馬祖北竿當兵,回想馬祖總是充滿海鮮的記憶。那時在營部當兵的他擔任收發,有一次就坐著軍用大卡車,從塘岐翻過山頭遠赴橋仔港,特地去買新鮮的螃蟹。「那時候是十一月,我們用酒精放在鍋子裡煮……,其實那也稱不上鍋子,就是軍中常見的洗臉盆,下面用酒精來燒嘛!後來有一個軍官幫我們去買,他也不會挑,才換我去。那種小小的螃蟹,都是不很大,但裡面卻可能有蟹黃!」

談到海鮮,馬祖人是幾家歡樂幾家愁;而在島上要取得豬肉,無論軍民都公認沒有這麼容易。過去馬祖的豬肉除了島上養殖,有時也要從台灣進口。各種馬祖沒有生產的物資除了仰賴軍艦運送,卸貨時軍方還會針對部分進口物資另行抽稅,島上豬肉也有限,價格不便宜。該怎麼辦?老廚師的方法是,肉就

273　第四章　瓜白

用軍方的豬肉罐頭與其他食材拌炒，吃習慣的馬祖人也覺得味道不差，賓主盡歡。

「山珍」不只有動物，還有稻穀雜糧，馬祖的平原雖然稀少，水源也缺乏，可是適合種番薯[16]、蠶豆、高麗菜。過去常見的家庭分工便是爸爸打魚時，媽媽就負責種菜，所以馬祖也不乏農耕活動；而這方面的馬祖農業文化代表，最具有特色的濱海農家飲食，就非鼎邊扛莫屬。

相傳鼎邊扛和繼光餅一樣，都得從明朝將軍戚繼光開始說起。在戚繼光掃平東南沿海的盜寇後，打完勝仗的戚家軍，正要返回福州城，沒想到路途中接獲通知，部隊臨時徵召去消滅另一批盜匪。當他們再度班師回朝走進福州城時，原本老百姓為迎接勝利之師所準備的米飯菜食都已涼掉。為了代表接受百姓心意，部隊將這些飯食重新加熱後食用，沒想到灑上豐富配料的米飯菜食滋味意外不錯，一種新的料理：鼎邊扛就誕生了。另一種關於鼎邊扛的說法，則是在五月五日進入宣告春天結束的立夏後，此時就進入「南風懦懦，Nang-hung no-no, oy-sieh ing-oy tso.愛食怀愛做。」的悶熱南風天，為增進體力，在農忙夏日來碗滿是豆類海鮮的鼎邊扛，正好能給炎夏裡的勞動者當作補充體力的佳餚。這一天，福州話便將過立夏吃鼎邊扛

味道的航線　　274

這件事，稱為「做夏」。[17]

大稻埕知名閩菜館水蛙園老闆黃炳森曾分享，當年父親進台北城前，一九三一年就隻身來到基隆一家福州遠親所開設名為「太子飯店」的菜館當學徒，學了一段時間後再回到福州。[18] 基隆因為是福州人到台灣最近的港口，兩地交流密切，早在清朝時對應台灣島內河流湍急，就有先從台南開往福州、再通往基隆的「繞福州赴台北」航路紀錄，[19] 在基隆的料理中也留下許多福州味道，其中一道經典料理，就是稱為鼎邊趖的廟口小吃。無論是邢家或是吳家，他們的鼎邊趖湯淡黃清澈，帶有滋補的中藥味。

在馬祖與福州，這道料理用福州話來說，則稱為 tiang-mieng-ûng，其中最後一個音 ûng（寫成福州字為扐）與 ngú（寫成福州字為糊）很類似，所以常常也翻譯寫成「鼎邊糊」。但是按照福州和馬祖的語言學者考究，採用 ûng 應該更有寓意。馬祖人形容一個人性格隨和親善，會說像鼎邊扐一樣 soh ûng tsiu syh!──意思是一扐就熟。在米漿用泡水過後的石磨磨好後，先起鍋炒香蔥白與蒜頭，再將木耳、蝦皮、花蛤一起下鍋，加水燒至七分熟。之後，最重要的步驟就是在鍋邊刷上一層花生油，用碗盛裝米漿分三至四次沿著鼎邊緩慢、不停

滯地澆上一圈,一碗鼎邊趖/鼎邊𥻵就完成了。馬祖的福州話使用「𥻵」,代表正在沿鼎邊邊緣倒下米漿還沒鏟入鍋前,米漿從鼎邊流下來的動作,基隆的台語使用「趖」,則指稱米漿還沒鏟入鍋前,米漿從鼎邊流下來的動作。[20]雖然無論福州、基隆或馬祖都有鼎邊趖/鼎邊𥻵這道食物,兩邊料理乍聽之下相似度高,從名字就能了解兩者強調的細節處,正好在程序上有著一前一後的差異。實際到店家點上一碗,就能發現鼎邊趖與鼎邊𥻵所重視的料理工序不同,賣相也差異頗大。

現今基隆的鼎邊趖做法是提前一晚備好米漿,並事先澆下鍋、再鏟下曬乾之後,隔天現場客人點餐前,直接將鼎邊皮加入其他食材調製的高湯。這種將傳統鼎邊𥻵現煮現澆米漿變成預先製作半成品的作法,福州已有工廠開發出以鍋邊為名,販售一袋袋經過空氣密封分裝的鼎邊𥻵麵皮小包裝,讓上班族回家後,拆封下鍋就能即時烹煮鼎邊𥻵。

在馬祖,今天仍保留現點現煮的鼎邊𥻵傳統,如果到店面點菜,店家煮食鼎邊𥻵的鍋子一次所能容納麵皮的起鍋量,就是當下能服務客人的量能,所以每當早餐時間總是大排長龍。馬祖人說,「熱糖凍粽,隔暝芋卵,烳烳鼎邊𥻵」[Jeh-si tòyng-tsòyng, káh-màng uó-lǎung, thoung-thoung tiāng mieng ngu],代表不同食物要講求不同的食用時機:有麻糬口感的黃豆粉糯米米食要趁熱吃,

而包有花生粒的鹼水粽放涼才味道好,[21]買回家隔夜的小芋頭比較香甜。至於鼎邊趖,要剛澆下米漿端上桌才最好吃。所以,如果在馬祖想要吃碗鼎邊趖,不幸到店的時間晚了,別無他法,就只能排隊再等幾分鐘,靜待下一鍋鼎邊趖起鍋。

除了基隆,在台北、台南與斗六等地也有鼎邊趖的小吃店,不過相對台灣的鼎邊趖加入滿滿的肉羹、蝦羹、金針、香菇,有時甚至還有魷魚、筍絲等配料,稱得上小吃大集合;在馬祖,鼎邊趖倒入米漿前,會先將蔥、蒜、蝦米、紫菜與香菇略炒爆香後,加水熬煮十分鐘形成高湯,加鹽後放入其他佐料。馬祖的鼎邊趖會加入的食材之一是 káh(thi-iāng kang),也就是蛤蜊,因為缺少海味的鼎邊趖,不算合格。除了蛤蜊,對馬祖人來說,更重要的海味是要再加上鰻魚乾,以及和海味特別對味的蠶豆。這些都是馬祖福州一帶山海賦予的當令食材,在夏天鯧魚與鰻魚[22]的季節,等到約莫八、九月烈日稍歇,捕回鰻魚後,傳統上會將一條條鰻魚整齊地擺放在竹籃上層,先剖肚取出腸,頭尾相交。另一名工人拿著竹籃的吊繩,把竹籃下層浸入熱滾滾的鹹滷中,蒸煮至八分熟後迅速撈出。至於當代福州家庭料理的方式,是清洗、加點鹽巴再入鍋煮熟,最後一條條瀝乾、曝曬,

277　　第四章 瓜白

一間福州鼎邊扶店家正在澆淋米漿，也就是扶(ùng)的動作

在太陽下曬約一兩小時到半乾，再破肚剝開魚肉清除內臟，這樣晾乾後製成的就是鯷囝乾。來自連江定海的孫穎與長樂梅花的芝華姐告訴我，統稱鯷囝的魚品種還有區分諸如正日(tsiang-nik)等不同顏色，每種魚的名字代表曬出來重量有所不同，捕獲季節不同，一些可能比較多肉，單價也就不一樣。[23]

至於蠶豆，前一年在番薯尚未收成的十一月左右下種，在後一年的初夏前夕正好可以收成，立夏剛好是蠶豆收成的季節。當令時，鼎邊扶中加入蠶豆必不可少。馬祖人有句俗諺說：「食蠶豆，獪相爭。」吃蠶豆分贈隔壁厝邊，有著敦親睦鄰的意味。過去夏天，炒蠶豆是馬祖常見的習俗，一位在地依伯談起蠶豆，說起個順口溜「伲囝攑豆，有食復啼，無食復啼。」(Niè-jiang ma tàu ö liéh pou thiê, mó liéh pou thiê)生動地描述貪吃的小孩看到父母在炒蠶豆，就急著想從鍋中拿一顆來吃，結果被燙到哇哇叫，又因為沒吃到，再餓得哇哇叫的情景。

在馬祖人的記憶中，加了蠶豆的鼎邊扶同時是在七夕獻給(Sieh tshiēng nāu, mē suong jiang)

味道的航線　　　　　　　　　　　　　　　　　　　　　　　　　278

左上：台北店家的鼎邊趖
右上：福州推出方便現代人烹調的鼎邊拉即食包裝
左下：香林小館的鼎邊拉
右下：三角型的馬祖粽

七星奶、也就是七娘媽的最好禮物，代表夏季馬祖的風土特色。在地青年朋友經常分享，有機會一定要去馬港的香林小館嘗嘗他們從上一輩傳下的鼎邊拉，那種濃厚米漿在湯中與洋蔥、韭菜、豬小腸、還有自家種植的蠶豆融為一體的口感，是在炸蠶豆盛行的台灣本島很難體會的飲食滋味。

tshih-ling-nē

279　　　　　　　　　　第四章　瓜白

討橫山：漁民共同的黃魚記憶

無論美食評論家或福州菜餐廳，都標榜「紅糟」、「糖醋」及「海鮮」是福州菜三大特色。[24] 在馬祖的閩東菜特別著重海味，其中已歇業的嘉賓餐廳無疑最有代表性：過去嘉賓餐廳的招牌料理，就是所有遊客都會指名的 kua-pah，譯寫福州話成「瓜白」兩字的大菜，這個菜名就是黃瓜魚和白菜的簡稱，亦即這道菜的兩大主角。

「瓜白菜要有螃蟹和瘦肉，先汆燙後與大白菜一起熬煮。」螃蟹和肉能加速大白菜的軟化，而白菜軟化的程度，決定了熬煮時間的長短。」嘉賓餐廳老闆的兒子林克強在父親過世後，仍深深記得這道料理的做法。雖然餐廳歇業，但如果受邀傳承飲食文化，他還是會不吝分享自己的心目中閩菜在馬祖曾擁有過的面貌，令人聽得津津有味。

馬祖過去各島隔絕，在人員流通限制下，雖然島嶼總和面積不大、距離也不遠，每座島嶼之間的文化其實還是有著細微的差異，瓜白唯北竿人獨有。它

的製作流程複雜，有著與體現閩菜代表的佛跳牆一樣的羹湯精神：有味道卻不入菜，入了菜卻不獨占一味的食材料理特色。一次克強大哥示範這道料理時，展現出大廚掌握料理時間的方式不是計時，而是看火候憑感覺。雖然講台與廚台之間是有道牆阻隔，但克強大哥仍在話說一半，兀自走進廚台，隔空就聞出和「聽出」料理的第一道工序：熬白菜，已經好了。

「好了，可以起鍋了。」克強大哥突然叫了一聲，匆匆從這場活動設定好的講堂，走到火爐旁，雖然計時的一小時還沒到，但似乎確實白菜已「kho」好了。他說的 kho 就是炆，福州話動詞熬煮的意思。一道瓜白料理要完成前，重點就在炆白菜。切好絲的大白菜需要先至少熬煮一小時以上，加入汆燙過的瘦肉、螃蟹和白菜軟化。三者在鑼盆 lô-buânn（大鋼盆）中炆，並憑著爐火與氣味的經驗判斷是否需提前起鍋。

一個半小時過去，大家又跟著大廚腳步，從講桌走回廚房。就在鍋蓋掀起來瞬間，滿滿白菜、瘦肉與螃蟹的香氣撲鼻，但整道料理的重點才正要開始。克強大哥先將瘦肉與螃蟹撈起，螃蟹剔出蟹肉後重新下入白菜；接著再另起一鍋，將他剛剛表演完片起刀功 phèng-khí，並苞當裹粉過蛋白、米酒和太白粉的黃魚片 pó-loung，

281　　第四章　瓜白

一間福州鼎邊扶店家正在澆淋米漿，也就是扶(ŭng)的動作

一塊塊過油。當麵粉加入事先煸炒出的豬油微炸，半鍋烟白菜倒入攪拌形成芡(khieng-nging)粉勾芡，再倒回原鍋煮沸，並將過油後的黃魚片丟入芡粉後，一道海鮮與白菜融合、有豬肉香卻不見豬肉的瓜白，就在眾人的驚呼中完成。

簡單地說，瓜白這道料理是將黃魚去皮去骨切片，加上手工挑出的螃蟹肉、瘦肉絲、白菜一起熬煮，最終以一盅白淨濃稠的魚肉白菜湯上桌，看似平實，卻是滿滿的鮮味與甘甜，順口卻又富層次感。但由於手續繁雜費工，如今極為罕見。

在福州，黃魚又代稱 Huang-nang，如果把這兩字的福州話寫成國字，指的就是在馬祖境內亮島過去的地名「橫山」。瓜白不只在馬祖，也

味道的航線　　282

是今日台灣福州菜館都不一定能見到的大菜料理。雖然如此，因為福州菜一定少不了黃魚，至今各式的福州菜餐廳無論清蒸黃魚、紅燒黃魚，還是紅糟黃魚，總之晚宴中一定不會漏了能讓餐桌氣氛達到高潮的黃魚料理，是不可少的閩菜海鮮擔當。[25]福州有句諺語說道：「三月三，當被單，食橫山。」寧可春天時沒被子蓋，也要吃上一頓黃魚餐，說明福州人生活在黃魚季節的農曆三月，家家戶戶準備開始買黃魚、吃黃魚。

Sing nguoh sang, toung phui lang, sieh Huang nang

黃魚與福州的海鮮文化息息相關，在福州還有許多有關黃魚的俗諺：「黃瓜拍倒豆腐店。」說的是黃魚盛產季節，價格比豆腐還便宜；「東引黃瓜乞嘴害。」

Uong ngua phaih tó tóu u láng

Toeyng-ing uong ngua khih tshuī hai

則在說盛產黃魚的東引與亮島一帶，黃魚產卵發出的呱呱聲，是漁民能發現、捕獲黃魚的關鍵，黃魚的叫聲害了自己；「半斤黃瓜四兩嘴。」帶了一點引申意義，要人不要像黃魚，身體重量一半都在嘴

Puang ying uong ngua si luòng jui

上：今日馬祖宴席桌上常見的老酒黃魚
中：在南竿獅子市場中售賣的烏魚
下：東引泰利食堂的黑毛

馬祖一帶算是今日國境的極北邊，對漁夫來說倒是良好漁場的極南緣。有句馬祖諺語說「春鱸冬鮸」，就是在描繪馬祖漁場受季節性洋流影響。馬祖一年四季有不同的魚種，十一月至四月釣客常常祈願能釣上一尾黑鯛、台語俗稱烏格仔的paht-iek，或者瓜子鱲、台語俗稱烏毛的ù-pêng魚丸的鮸魚上岸，以及在春天的鱸魚出沒。今天，熟門熟路的釣客就會在各島沿海突出岸邊的廢棄據點上，甩下釣竿，等待魚群在浪多的多向性洋流交會之處，追逐隨著洋流而來的浮游生物在此捕食。比如擁有大海一般藍色雙眼、喜食藻類的烏板，會隨著東北季風吹拂，浪花打落礁岸的紫菜而靠近岸邊，這時釣客只要再放一些假餌下去與魚鬥智，這邊匯聚的魚群就會上鉤。對於台灣漁船來說，則可以搶收最新鮮一批上岸的烏魚子，特別是國境之北的東引島，讓原本只吃烏魚肉的馬祖人，也開始製作烏魚子：將其經東湧陳高泡製去掉外層的膜，再把高粱點火炙燒，就是最簡單而美味的烏魚子料理方式。

台灣的漁船喜歡來馬祖，因為這裡位處福建偏北，所在海域正好也與出產黃魚的聖地之一浙江舟山漁場一帶擦邊。野生魚類中價格居高不下的黃魚，性

巴，別說大話。[26]

喜沿著大陸遷徙，範圍大概是從江蘇到廣東的東南沿海；每年黃魚迴游分兩次經過馬祖，按季節稱呼為春瓜和秋瓜 tshung-ngua tshiu-ngua，所以主要捕撈季節以春季為主。當黃魚大發的漁汛到了，海上總會擠滿從各地漁村到來的木殼大型漁貨兩用船錨纜，在夜晚等待將潛離水底的黃魚群，聽力最好的木殼著牠們水下的聲音，敲著竹筒讓其浮起，再用稱之為黃瓜繚 uông-ngua-lieng，網目專屬黃魚的流刺網捕撈。因為漁場興盛，在一九六〇年代冷凍船出現後，不僅鄰近島嶼的南北竿、東西莒有漁夫兩三百人每逢漁汛將東引島主要港口南澳擠得水洩不通，甚至有遠從台南前來打黃魚的漁船，直到一九七〇年代東引的黃魚產量達到最高峰，最多時船與船之間可以靠著浮起的黃魚相互走動，[27] 可以說稱得上「海上西門町」。[28] 沿海駐守的阿兵哥也常回憶，如果同樣來到東引漁場的中國漁夫以炸魚手法捕撈黃魚，隔天早上每個沿海據點分隊都會興奮地發現海邊漂來好多黃魚，特別是當這些漁民距離岸邊過近，軍方在傍晚從東引島山頭上的高地開過山砲驅逐後，隔天諸如小紫澳等澳口就有魚可撿，每次都至少撿兩竹簍，如果死掉的黃魚群剛好落在軍方管制的灣澳，便成為特定分隊專屬的佳餚。

馬祖守備區指揮官田樹樟多次代表馬祖軍民呈獻黃魚給時任總統蔣中正[29]

對馬祖人來說，黃魚不只是一種食物，更是一種貨幣，部隊士兵當撿黃魚為生活小確幸，部隊長官則拿黃魚當作犒賞部屬的最高佳餚，也是呈獻給總統的地方代表特產。根據檔案記載，在一九五八年十二月一日至一九六一年十二月卅一日擔任馬祖守備區第三任指揮官的田樹樟將軍，曾三次在蔣中正生日及其巡視馬祖後，以及中秋節贈送黃魚數十尾代表馬祖軍民的決心。信中寫道「馬祖防務遵照訓示已有萬全準備」、「中秋瞬屆謹奉馬祖海產鮮黃魚二十尾祈察納」、「率馬祖全體軍民呈蔣中正恭介華誕，謹奉黃魚百尾聊申獻曝敬掬賀忱」。東引長輩說到，有次蔣經國走下街看到一甕甕的糟魚，翻開聞了下直說好香想購買，一問一斤五十塊，便請他包好送到住處，指揮

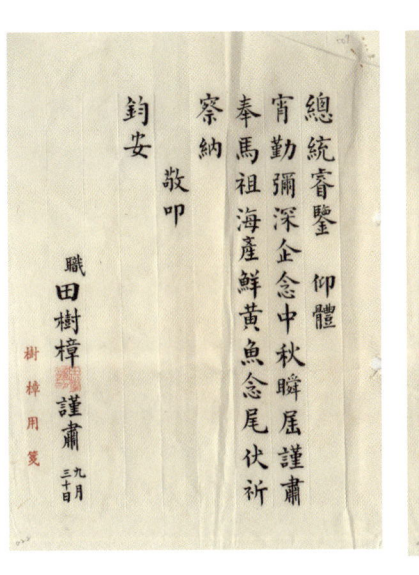

> 總統睿鑒：前此
> 鈞座蒞馬巡視　備蒙
> 訓誨，三軍激越，同深感奮！馬祖防務
> 邊照
> 鈞座訓示，已有萬全之備，祈釋
> 懸懷。肅奉黃魚念尾，伏祈
> 賜納肅叩
> 鈞安！
> 　　　　　職　田樹樟　謹肅　三月三日

> 總統睿鑒　仰體
> 宵勤彌深企念中秋瞬屆謹肅
> 奉馬祖海產鮮黃魚念尾伏祈
> 察納　敬叩
> 鈞安
> 　　　職　田樹樟　謹肅　九月三十日

官聽到蔣經國的需求，便掏出錢讓老闆把糟魚給他。「通常阿兵哥都不知道這東西的好，[他們是搭著]台灣船開過來[的台灣人當然]水土不服，但蔣經國懂得吃，浙江人懂得這東西的好。」在地作家劉宏文老師也提到漁家將黃魚當作最高謝意。由於偶然地也曾親身聽聞一位在地長輩分享小時體弱多病，為了感謝一位在他高燒不退幾個月後拯救他的醫官，他父親親自背了三四十斤新鮮黃魚到醫院，把所有醫生嚇了一跳，以為他父親是要去市場賣魚迷了路。可見對於當時不富裕的馬祖人來說，送黃魚或者蝦皮這種馬祖著名海產，代表了最大的心意。[30]

過去馬祖的餐廳生意以阿兵哥為主，消費人口大，消費能力強，因為軍人當兵一年才

第四章　瓜白

會回去一次，消費主力都還是在馬祖。今天，野生黃魚一馬斤七百元起跳，台灣養殖黃魚則是一台斤一百四。到十一月份以後，野生黃魚一馬斤一千五；如果是兩斤重的黃魚，一馬斤還可賣到兩千元以上。在地東引人都知道，野生與養殖黃魚的肉質差很多，所以「養殖黃魚能不吃就不吃」，如果想念黃魚的味道，以一夜干等方式料理養殖黃魚，還是能以平價享受黃魚滋味。現在中國的連江縣各澳口適合養殖黃魚的港灣，就跟台灣魚塭一樣，都在幾十公頃中分框，圈養幾十萬隻、價值高達一百萬的黃魚。由於養殖黃魚空間單位的密度從五百隻到一千五百隻不等，所以病害風險也不均等，如果剛好碰上投藥較多的養殖黃魚，殘留體內的抗生素也多，所以慎選進口業者就十分重要。

中生代島民想起過去黃魚盛產的日子，往往會記起的是那瘦長黃魚閃著的漂亮黃金色。當魚群浮到水面上，太陽一曬，整座島嶼海岸下起金光閃閃如雨般的光亮波點，數量多到不止賣到台灣、甚至香港。在今天，黃魚產業跟著魚群一起消失，而過去烹調黃魚料理、主打宮廷式宴會菜的菜館，因為料理方式在價錢上難以符合主流團客快速便宜的消費需求；在分量上又難針對二至四人、卅一至四十歲、朋友同遊為主的[31]個別自由行旅客定製餐點，這些自由行旅客

味道的航線　288

以親友口耳相傳或者網路社群搜尋到的小吃店營業時間、價位與分量等資訊決定用餐地點。當忽略馬祖合菜料理精髓的觀光客成為消費主力客群，專精菜的老餐廳也只能紛紛轉型或歇業。從三位阿兵哥養活一位馬祖人仰賴一位阿兵哥，撤軍後的北竿老牌餐廳嘉賓飯店，便在近年改轉租給超商當房東，鬧區塘岐村街上能常態性提供宴會料理的餐廳，僅剩下不到兩家，合菜餐飲快速萎縮。不過，即便那些主打醋溜、煨功等傳統中菜烹飪技巧的老餐館歇業，這些在老馬人口中不直接稱呼全名，而是在他們的名字後面因為音變的關係（有無鼻音韻尾），用著福州話喊一聲「na」或者「la」[32]的餅舖或者菜館師傅，都是身懷絕技的大師級人物，見證過無數料理黃魚瓜白的老餅舖或餐館的掌門人。如果說在台灣帶有「阿」字的小吃都是經典美食，[33]那麼這些被稱呼為師字輩的老闆們，都是看盡馬祖人聲鼎沸歲月，走過歷史大風大浪的飲食老字號。

289　　第四章　瓜白

淡水孔雀蛤不是馬祖淡菜

馬祖的國境之北特性,不僅止於黃魚,還在於淡菜,因為淡菜超過一定緯度的海水溫度,就不適合生長,而這種生長條件,約莫最南止於平潭,一處緯度已約略比新北石門更偏北的地方;也因為馬祖的水域靠近閩江三角洲,海水在河流沖入下鹹淡適中,所以不僅是野生淡菜,與鄰近其他福州沿岸島嶼海洋環境相比,這裡也是最適合「種植」淡菜的養殖地,沒有在其他中國沿岸島嶼生長淡菜會有的土味。

淡菜,產浙閩海岩上。殼口圓長而尾尖。肉狀類婦人隱物,且有茸(茸)毛,故號海夫人。鮮者,煮羹汁清白如乳泉。肉欠脆嫩,乾之可以寄遠。肉止痢予嘗食,得細珠,知亦蚌屬也。夫蚌屬介名而曰淡菜,意何居乎?客閩,市上偶購得鮮者,其毛多彼此聯絡,盆奇之。因詢之探此者,曰:凡蚶屬,在水在泥多遷徙無常,獨淡菜之毛黏系石上甚堅,且各以其毛大小相附,五七枚不止。

味道的航線 290

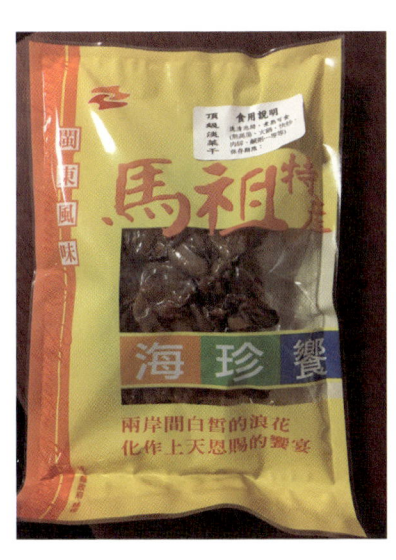

大約淡菜精液溢於外則生毛,而毛結成小淡菜,遂爾生生不絕。潮汐雖往來於其間,其性必嗜淡水於泉石間,故戀戀不遷。此淡菜之所由以得名也,故圖而肖之。且更有異者:大淡菜,殼上間有觸奶生於其間,所生不單,必兩殼各峙為奇,甚有生四枚、六枚,亦皆比比相對。不能盡圖,姑繪其一以見寄生之奇。而寄生之必成雙之尤奇也,是必有一牝一牡存乎其間,不然何以不單而必雙也?凡觸奶亂生石上,難辨(辨)牝牡,今自殼上顯肰(然)得之,益足以驗蠣之亦有牝牡矣。又考閩人以淡菜稱烏角,及詢海人,曰烏角、淡菜是兩種,其形彷彿。淡菜尾尖有毛,烏角尾平而無毛;淡菜生得低,烏角生得高。市井比而同之,誤矣。

〈海夫人讚〉:許多夫人,都沒丈夫。海山誰伴?只有尼姑。——聶璜,〈海夫人〉,《海錯圖第三冊》,北京故宮博物院藏

左:淡菜乾是馬祖特產
右:馬祖冬季創意美食蘿蔔夾海苔

第四章 瓜白

淡菜在馬祖叫做「殼菜」(khoyk-tshài)，生毛的原因，是因為要固定自己不被流水沖走，這樣才容易靠潮汐流水，過濾食用浮游生物與有機質（牠們同時是在春夏之交璀璨的藍眼淚來源）。在一本清朝康熙年間成書、收錄於故宮典藏的《海錯圖》，記載淡菜為海夫人。作者聶璜是杭州人，他對清朝時期東南沿海的海產感興趣，便花了一生走遍浙江、福建與廣東沿海各地訪問，並繪製聽聞的海中生物。在聶璜記載中的淡菜，是因為喜歡長在泉水入海之間的石頭上，不受潮汐影響愛好淡水，所以名叫淡菜；牠們毛多而相互依附，平均一群五到七枚，「大約淡菜精液溢於外則生毛」。事實上，淡菜確實最適合在鹹淡水之間的水質生長環境，位居閩江口的馬祖，擁有良好條件，生長在水深越深的淡菜，被認為有越好的品質。

過去戒嚴時期，淡菜靠人工採收，以男人為主，在布料珍貴的年代，因為擔心衣服會受損，他們穿著一條內褲，甚至會脫光衣物下水。由於相對台灣本島來說，淡菜在夏天喜歡攝氏十五到二十度水溫較低的環境，要有好淡菜的收成，就得越往水中冷冽深處摘採。北竿漁夫劉鴻君先生曾經分享，[34] 他小時候

味道的航線　　292

家在大坵,那是以漁村為主的遊牧社會,在一九九七年以前並沒有梅花鹿的存在,島上冬天捕蝦皮,夏天採淡菜。每屆秋冬會去鄰近稱下目的高登採紫菜;當夏天來臨,村中壯丁還會搖櫓集結到亮島採淡菜。為了採淡菜,他最深就曾潛過三層樓半,在水中感受過耳朵因水壓產生嗚嗚叫的狀態。捕野生淡菜得隨身帶一根竹筒,再使用麻繩綁石頭後,將其固定在海上某處。這種攜帶竹筒的捕淡菜方法,不僅提供置放淡菜的空間,也是深潛入海到海流中時辨認方位的標記。徒手摘採時,摘採者手中要拿著近乎四十五度角的工具蠣啄,用這種鳥啄般的鐵器將野生淡菜搗下。每個人一隻手最多可抓六至七顆大淡菜,這就是下潛時能捕獲的最大量,「不怕冷的人一天可打兩三百斤,[35] 怕冷的一天也能打一百斤左右。」劉先生邊說著,邊回想那時以剖開曬乾淡菜,販售稱之為蝴蝶乾的馬祖乾貨特產歲月。

採收淡菜者要有良好的游泳能力,還要能憋氣潛水,就像海女。當淡菜曬成淡菜乾,就成為重要的地方特產,是適合家中調味的天然佐料,不需再加上鹽巴等調味,就十分鮮美,據說這就是關於淡菜命名的其中一種解釋。今天的淡菜以養殖為主,仰賴淡菜的足絲讓其攀附在尼龍網袋上生長,並定期分袋以

第四章 瓜白

騰出生長空間。當養殖三年的淡菜在夏季開始逐漸肥美碩大,產季在中秋後就慢慢結束的牡蠣也收成,逐漸入冬後就是台灣本島少見養殖海帶的生長季節。

在南竿島從事養殖業的池大哥說,這是因為每一種養殖水產的生長條件不同:大概在每年中秋過後一個月,東北風南下、海水開始轉冷,牡蠣就會排卵、肉質變瘦。至於海帶,大概要等十二月愛吃海帶嫩苗的小魚潛入深海過冬,水溫也適合後,此時才開始將雄雌配子下苗,種下同屬褐藻類、在日語中稱為昆布(こんぶ)與若布(わかめ)的海帶與裙帶菜。

海水冷後,正是各式海藻生長的季節。除了褐藻類的海帶與裙帶菜,島嶼潮間帶上的礁石也會在接近春天,出現綠藻類石蓴形成老梅石槽般的景觀。

另外,每年冬季西莒島的四個自然村村民,會以競標方式捐獻島上信仰中心威武陳元帥廟香油錢後,再輪流到一處叫菜浦澳地區的外海,採收滿布礁石上的紫菜。紅藻類的紫菜是馬祖的冬季特產,南竿有一道名菜蘿蔔夾紫菜,發明者就是前馬祖日報社社長吳依水先生。他有年冬天去往時任縣長劉立群先生家作客時,吃著粉煎紫菜剛好看到外頭滿是蘿蔔的四維村農田,一時興起把蘿蔔切

片再夾入紫菜，此後這道新料理成為馬祖菜館的經典，體現了馬祖人運用在地素材展現的創意。菜浦澳因為浪大，自然生得好俗稱海苔的紫菜；相對地，在南竿港內海水平靜的芙蓉澳，因為冬天剛好吸收冰冷海水中的營養鹽，至來年春天約三月，都是適合海帶生長的季節。在這種棲地特性下，通常芙蓉澳以及其他地區養殖業者，會將牡蠣與淡菜和冬春生長的海帶輪種。

要種淡菜，就得先有苗掛在網線上。一般來說，淡菜苗就是還沒長大的小淡菜，放在網袋中的淡菜苗會濾食水中的浮游生物長大，等到長大了再分袋。三年後，長成十公分大小的淡菜會被採收上岸，刮除在殼外附生的藤壺等生物後出售。隨著每年的收成不同，一斤價格約在七十一八十元新台幣以上，不過考量業者銷往台灣涵括運輸成本的售價，許多馬祖鄉親在搭機到台灣時，會幫忙親友隨身帶個幾斤。於是夏天的馬祖機場總是堆滿了等待上機的瓦楞紙箱，而紙箱裡面，就是令人口水直流的淡菜。

讓人趨之若鶩的馬祖淡菜，好吃的關鍵就在口感；不需另外調味，

淡水孔雀蛤（左）與馬祖淡菜（右）

第四章　瓜白

稍微泡過清水沖洗煮開,就是充滿海味的淡菜湯。而且在殼色、肉質上,馬祖淡菜的口感與另一種在淡水八里常見的孔雀蛤不同:孔雀蛤的學名是綠殼菜蛤(Perna viridis),淡菜的學名是紫殼菜蛤(Mytilus edulis),雖然統稱貽貝,但那只代表了牠們都不適合高溫生長。除此之外,孔雀蛤與淡菜一綠一黑,不僅外殼顏色就有差異,肉質顏色也不同:孔雀蛤公的偏奶白、淡菜公的偏鵝黃;孔雀蛤母的偏橙紅、淡菜母的偏橘黃。一咬下去,孔雀蛤的外殼容易咬破,肉質比較平實,馬祖淡菜肉質則比較有嚼勁,而且殼厚硬到能充當摳下貝肉與干貝的湯匙。

淡菜是目前馬祖主要的漁業生計來源之一[37],在南竿島主要的養殖區芙蓉澳就有三家養殖戶,見證了馬祖從近海漁業到軍事管制的衝擊,以及從開放觀光到水產養殖的轉機。小時候就在芙蓉澳長大的「黑哥」陳孝民,曾聽聞父親說過澳口一間老屋上的煙囪,代表過去捕蝦皮外銷的漁業輝煌,自己則參與了軍管政府水產試驗所的魚苗培育工作。而在軍事管制期間從事營造工程的大哥,退休後發現了養殖業的可能性,開始將目光投向海洋養殖淡菜牡蠣與海帶,同時兼作島上唯一的駕訓班教練。[38]

味道的航線　　296

今天,跨越時空的距離,淡菜不僅以蝴蝶乾的形式輸出台灣,也成為遊客來馬祖旅遊的必吃料理,在芙蓉澳設點的西尾半島物產店,開發出油漬淡菜及淡菜抹醬,將乾煎後泡著橄欖油的淡菜,搭著與淡菜輪作的昆布乾販售,讓遊客繼續以不同的方式,體驗馬祖的海產。

是龜足，也是佛手

《嶺表錄》曰：石蝴得雨則生花。蓋成水之石，因雨默為胎而結成，形如龜爪，附石。《廣韻》曰：石蝴生石上，似龜腳，今但稱為龜腳，一名仙人掌。

產浙閩海山潮汐往來之處。曰龜腳，像其形也；曰仙人掌，特美其名，取承露之意。甲屬中之非蠣非蚌，獨具奇形者。其根生於石上，從聚常大小數十不等。其皮豬色如細鱗，內有肉一條直滿其爪。爪無論大小，各五指，為堅殼，兩旁連，而中三指能開合，開則常舒細爪以取潮水細蟲為食，故其下有一口。食者剝殼取肉，醃鮮皆可為下酒物。據海人云，鮮時現取而食，甚美，而獨盛於冬。此物多生岩隙或石洞內，取者以刀起之。入洞取者常有熱氣蒸人，則體為之鼓。中原之人乍見，多有驚疑不識者。屠掩庵嘗述明季有福寧州守以甲榜蒞任，出入州前，見有龜腳，不知何物，又不屑問，乃手書「水菜」版上，云如詭異。潮至，每有洞窄能入而不能出者。雖無頭、目，是皆各具一種生氣，故爾其形勿字，易字者送進。執役不知何物，有解者曰：「必龜腳也。」試進之，果是。

佛手（左）花蛤（右）

可為噴飯，至今以為笑談。

——聶璜，〈龜腳讚〉：余並見夢，烹龜食肉。其殼用占，惟柔龜足。

——聶璜，〈龜腳〉，《海錯圖第三冊》，北京故宮博物院藏

根據研究，聶璜所書寫的《海錯圖》海洋物種中，一九三種裡有一一一種可食，並有四十五種可謂「珍寶佳餚」，馬祖特產淡菜與佛手都名列其中。這些在台灣人看來奇特的海產，淡菜或許因為形似孔雀蛤，而較直覺地可以期待。但是談到佛手，就是一項真正特殊的馬祖食物，一般遊客看到時不是困惑，就是畏懼牠們的長相。不過，老實說，吃佛手就像嗑瓜子一樣簡單。

佛手是比較偏向華語的說法，在馬祖，只有龜足和筆架
kui-tshuoh　pih-kà
兩種地方稱呼，這兩種稱呼都非常傳神地表達出佛手在《海錯圖》中記載的「中三爪能開闔，開則舒爪取食」，外觀如

299　　第四章　瓜白

手指併攏。嚴格地說，佛手（Capitulum mitella）就是廣義藤壺的一種，是更接近蝦皮與毛蟹的甲殼動物。當佛手幼體選址後，會分泌膠質，將自己黏在基底，發展成數塊大殼板與小殼板，也就是牠的「貝殼」。

採佛手並不簡單，會先被一層在地人稱之為蚶囝、像是淡菜縮小版的紫孔雀殼菜蛤（Septifer virgatu）所掩護，得採下蚶囝後，佛手群才會出現在不超過一根手指寬度的石縫，夾縫而生，那裡才是牠們真正的家園。這樣的論述串接過程聽起來或許有點殘忍，卻也因為牠們這種深隱難見的特性，就是讓佛手成為馬祖餐桌上難得一見料理的原因。

採拾佛手，因各地發音不同，在馬祖統稱為 thŏ-là 或 thŏ-la，夏日傍晚潮水退去時，就是最好 thŏ-là/la 的時機。過去婦女們綁著防曬頭巾身後背上網袋，跳在退潮的礁石群上石縫間遊走，像是走自家後院山路一般，找尋貝類的蹤跡。

現在，thŏ-là/la 變成全民運動，包含佛手在內、討完稱作花蛤的菲律賓花廉蛤／海瓜子、稱作蠣奶的海葵、稱作辣螺的蚵岩螺與蚶囝等潮間帶海產後，剩下的事情，就是帶回廚房料理了。

如同其他的馬祖海鮮，料理佛手其實非常簡單，清蒸就可以上桌，頂多加

點辣椒薑絲大蒜等辛香料清炒，或者蒸蛋也是道山海兼具的料理。吃佛手就像嗑瓜子，把佛手的縫隙維持在上下方向，跟牙縫之間咬合後，牙齒一施力，佛手就會像孔雀開屏般打開，再剝開外殼，就可以食用裡面的肉了──當然，也有人是直接從比較軟的根部咬下，把肉直接取出，不論哪一種方式，都能輕鬆食用。

「食者剝殼取肉，醃鮮皆可為下酒物。據海人云，鮮時現取而食，甚美，而獨盛於冬。」三百多年前的《海錯圖》作者聶璜，就記載了佛手這種馬祖特產的美味與產季。今天我們並不知道聶璜是如何訪問那些沿海居民，但是可以在從小以海為家的大坵人身上得到驗證。對於劉鴻君、劉秋英兄妹來說，相對淡菜與蚶𧐢等貝類依水溫在夏季產卵前最肥美的貝類生物，喜歡吃俗稱菜垢（紫菜）的佛手，會在礁岩岸邊隨著冬季紫菜的長成，於農曆十一月到隔年三月、冬春之交時肉質最豐。不同於春天或者秋天才得見黃魚洄游，雖然春秋的肥瘦有別，但佛手是一種在四季礁岩岸邊的石縫中，馬祖人都 thô-là/la 得到的潮間帶生物之一，只是當前人們沒有必要再冒著浪大水冷的風險，在冬天以採佛手為生，所以不會出現在冬季馬祖人的飯桌上。因此，可以這麼說，所有的馬祖

料理都有存在的時間旋律，季節過去、空間轉換、經濟調整，飲食地景隨之改變。在深受自然條件影響的馬祖，人們的生活作息和海洋、物質息息相關，經濟活動原生於此，交通遷徙也和其緊密相連，攸關作息、甚至生命。在這樣的島嶼海洋空間社會裡，吃這件事，具體而微反映了地方風土的社會文化特色。

1 因為當事人過世，無法確認這段故事，但是根據中情局前特派員在西莒島留下的回憶錄，確實曾經請過中國廚師，替西方人來料理他們心目中的中國口味。詳見：Holober, F. (1999), Raiders of the China Coast, p. 93.

2 國立台灣海洋大學（二○一六）。「一○五年度連江縣漁業推廣計畫」成果報告。未出版。

3 逯耀東（二○○一）。餓與福州乾拌麵。

4 永和（無日期）。老字號數字博物館。中華人民共和國商務部。二○二三年四月十一日，取自：http://lzhbwg.mofcom.gov.cn/edi_ecms_web.front/thb/detail/d438fa7ddf7e447b8d49d1848 2b346e8/。

5 馬斤是通俗說法，也就是按照一市斤等於五百公克的計算方式。因為與台灣的慣例不同，一般馬祖人會向外地遊客說明「馬斤」的計算方式，以作區別。

6 在台北除了南門市場，東門市場也有店家自製燕胚販售包好餡料的「燕丸」；新竹則多標榜肉餡加入荸薺的「燕圓」；至於「扁食燕」，多在彰化鹿港與二林一帶，有些店家在歷屆總統造訪後發展出冷凍食品，還有些可能賣著同樣傳授自福州師傅的小吃水晶餃。實際上，三者系出同源。詳見：王浩一（二○一六）。魚餃、燕餃到底差在哪裡？看完這篇絕對不會再搞混！。桂冠窩廚房。二○二四年一月十日，取自：https://www.joyinkitchen.com/article/413；蕭琮容（二○一五年十二月五日）。王振宇：科技讓火鍋的好味道延續。食力 foodNEXT。二○二四年一月十日，取自：https://www.foodnext.net/issue/paper/311118210。

7 窩廚房 Joy'in Kitchen（二○二三年一月廿六日）。魚餃、燕餃到底差在哪裡？看完這篇絕對不會再搞旅食小鎮：帶雙筷子，在台灣漫行慢食（上）。台北：有鹿文化。頁一六四—一六五、二○四—二○五。

8 在台北作為南門市場的福州文化代表，過去會在店內隨著福州人歲時祭儀販售肉丸、元宵、清明的波菠粿（pō-bó-uí，鼠麴草染成墨綠色的米食）、中秋月餅等等福州點心熟食，但失去老客人後，沒能像江浙料理湖州粽與鬆糕繼續變成南門市場的外省懷舊小吃，今天只隱藏在南北貨中的魚丸、燕胚、蝦油以及紅糟，留下屬於福州人商店的印記。詳見：黃學正（二○一七）。食居城南：南門市場與周邊飲食的生活故事。台北：上善人文基金會。頁五四—五七。

9 字典一查應該是「nū」，老闆或許記下的是他名字在福州話特有的語流音變後念法。

10 傅培梅（製作人）（二○一七年三月廿七日）。【電視節目】。台北：台灣電視事業股份有限公司。二○二三年六月五日，取自：https://www.youtube.com/watch?v=uY-DgBis3WM。傅培梅時間

11 福州獅子頭燕丸（無日期）。樂做菜。2023年6月5日，取自：https://www.lezuocai.com/recipe/1028233/。王瑞瑤（製作人）（2018年10月18日）。王瑞瑤的超級美食家【廣播節目】。台北：中國廣播公司。2023年6月3日，取自：https://www.youtube.com/watch?v=KrmTtqJAgbQ。

12 新竹通信／掃清廟宇（1908年11月10日），漢文臺灣日日新報，第四版。

13 新竹市文化局（2012）。團結力量大：新竹摃丸產業。新竹市地方寶藏資料庫。2023年6月廿三日，取自：https://hccg.culture.tw/home/zh-tw/industry/479812

14 不只新竹貢丸，在肉燕胚製作流程繁複下，台中第二市場的三代福州意麵老店，店家受訪時也表示製作肉燕的技術已經失傳，自家餛飩卻採用燕胚製作的搥打手法，仍以不同形式保留福州味。林奎佑［魚夫］（2017年5月6日）。台中二市場美食介紹：三代福州意麵老店【影片】。YouTube。https://www.youtube.com/watch?v=9BwcSY4a0Lg。

15 不少文章分析指出，紅糟肉圓的起源應與客家人有關。然而，來自新竹的台北萬華知名川業肉圓第四代店主表示，紅糟肉圓多分佈於新竹、九份與基隆一帶，並且與泉州人的手藝息息相關。詳見：蕭琇琴（2023年12月19日）。新竹肉圓，紅麴沒有界限。客新聞。2024年1月廿四日，取自：https://hakkanews.tw/2023/12/19/xiao-xiuqins-column-hsinchu-meatball-red-aflath-has-no-boundaries/。

16 文史工作者陳高志先生曾分享，所以馬祖很多非正餐類與地瓜相關的啐食（tshoey-liek）、也就是零食，就應運而生。比如冬日將番薯煮好在北風吹、一兩個晚上，就變為稱作番薯嫩（huang-ngy-nóung）的脫水地瓜；或者當燒稻草煮飯時，等飯已約莫八分熟，火勢降低之際，丟一顆番薯來煨番薯（ui-huang-ngy）等飯煮好也順便烤好地瓜，幾個小孩就可以分著吃。

17 在福州話中，「做」幾乎可以代替所有的動詞，例如：做節、做年、做風颱，部分用法和台語類似。詳見：鄭麗生（2012）。福州風土詩。福州：福建人民。頁六六。

18 黃炳森（2019）。福州過臺灣。榮民文化網。2023年6月5日，取自：https://lov.vac.gov.tw/zh-tw/oralhistory_c_4_34.htm?l

19 輪船盛行後，在台任職的清朝官員史久龍曾在自述的《憶臺雜記》一書寫道，他曾帶著台南考生先搭船到福州，才到台北應考的紀錄。「七月余附送鄉試士子輪，繞福州赴台北。十六夜由南啟椗，十七午至福。

20 逯耀東(一九七六)。憶臺雜記。臺灣文獻,二六(四),頁一二三。

劉義萍(主編)(二○一二)。出門訪古早。出門訪古早。台北:東大圖書。頁九二—九八。

行近長門,口外之水綠,口內之水黃,截然劃一,雖以拜州刀斷之,亦不能如此毫無混淆。」詳見:史

21 (二○○三)。鍋邊糊、鼎邊。點心福州。福州:海峽書局。頁二一六—一二四。

22 馬祖的鹹粽包法特別,是牛角形狀,與台灣常見的其他三角粽包法不同。有年端午時節,媽媽來到馬祖玩後,才知道為何外婆從前包粽子,都是突出一角。「怎麼包也包不好,以為她不會包肉粽。」原來包成一角突出的做法,就數馬祖與福州文化最特別的一部分。關於馬祖鹹粽的包法,可以參考陳翠玲的著作,整本書就是一本很好描寫東引的風土文誌。詳見:陳翠玲(二○二二)。粽葉飄香在瘟疫蔓延時。我的東引你的小島。台北:一卷文化。頁八○—八四。

23 馬祖人口中的鯷団(thi-iang)代表小鯷魚,屬於藍圓鰺,也就是台語說的四破魚(sì-phuà),並不是一般常見的日本鯷。詳見:咦?原來馬祖鯷魚不是真的鯷魚!(二○二一年七月十九日)。大浦plus+【臉書粉絲專頁】。二○二三年六月五日,取自:https://www.facebook.com/dapuplus/posts/858155591504236/。

24 馬祖人的原鄉之一長樂梅花至今也是盛產鯷魚乾。詳見:劉宏文(二○二○年六月廿七日)。鯷魚。馬祖資訊網。二○二三年六月五日,取自:https://www.matsu.idv.tw/topicdetail.php?f=182&t=223506。

聯合報曾報導:「吃家研究福州菜,專攻『紅糟』、『糖醋』兩味:這看似平庸的江南風味,卻成福州菜專長。美食評論家朱振藩認為,福州靠海(附近蟶田尤其著名),閩人嗜吃海鮮,菜入紅糟有去腥之效;另海產久放,必生腥臭,閩人發明了糖醋之法,食材先炸過,減去腥氣、增加滑腴,再澆上糖醋濃汁,掩腥提香,味濃色豔。」詳見:劉蓓倍(一九九六年五月十九日)。饕、客、行,動尋找福州菜真滋味。聯合報,第四一版。至今經營的新利大雅餐廳,也列出這三大特色。(無日期)。福州新利大雅餐廳。二○二三年六月五日,取自:https://www.shinli-daya.net/index.html。

25 在馬祖也是如此,黃魚料理就有老酒黃魚、油炸黃魚、糖醋黃魚等吃法,詳見:陳翠玲(二○二三)。黃金島傳奇。上下游副刊,二四○。二○二三年六月五日,取自:https://www.newsmarket.com.tw/mag/13168。

26 有關更多馬祖海洋飲食俗諺，詳見：連江縣政府文化處（2022）。唇齒間的海洋。馬祖好潮。2023年6月5日，取自：https://www.matsusea.net/sea-in-song。

27 如今此景已經不常見，但黃魚仍然是少數上一輩馬祖人的共同話題，跨島鄉親常常流傳著同一張來自對岸海帶工廠的一幅畫作，以茲證明馬祖榮景。詳見：劉家國（2016年1月16日）。東引補黃魚盛況照片在大陸官塢海帶工廠（劉秋英臉書）。馬祖資訊網。2023年6月5日，引自 https://www.matsu.idv.tw/topicdetail.php?f=4&t=146132。

28 這段期間有關討論黃魚記憶多見於在地口述，詳見：陳翠玲（2023）。
陳其敏（2019）。黃瓜魚的故事。馬祖好食。2023年6月5日，取自：https://www.matsufood.tw/post/黃瓜魚的故事。
原典創思規劃顧問有限公司（2021）。王詩如口述：東引的黃魚與黃金。馬祖記憶庫。2023年6月5日，引自：https://matsumemory.tw/node/27928。
管中閔（2020年9月22日）。東引故事05夜行軍，黃魚季。管中閔的東引故事。2023年6月5日，引自：https://daffodil-stetson-880.notion.site/05-cb69271b5884652a8d8573fc4fd8df2。
譚遠雄（2020年12月28日）。再談東引黃魚季。譚遠雄【臉書個人專頁】。2023年6月5日，取自：https://www.facebook.com/permalink.php?story_fbid=pfbid02TMzyQ6Y1pEXfQhKH3V6wJW9MVMyQxKN1Aa4A31ewynhne1wDXjznyvBZ7V5oGAAl&id=100000758757731。

29 〈軍事——田樹樟呈蔣中正函稿〉，《蔣經國總統文物》，國史館藏，數位典藏號：005-010202-00102-005。〈軍事——田樹樟呈蔣中正函稿〉，《蔣經國總統文物》，國史館藏，數位典藏號：005-010202-00102-007。〈軍事——田樹樟呈蔣中正函稿〉，《蔣經國總統文物》，國史館藏，數位典藏號：005-010202-00102-004。

30 劉宏文（2014年4月5日）。馬祖辭典之十四。黃魚。馬祖資訊網。2023年6月5日，取自：https://www.matsu.idv.tw/topicdetail.php?f=182&t=122469。

31 施嘉雄（2011）。自助旅行者對馬祖地區特色餐廳服務品質、知覺價值、滿意度與忠誠度關係之研究（未出版碩士論文）。銘傳大學。

味道的航線 306

32 原文是「sa」，但因為馬祖福州話特有的連讀變音，變成了「na」，意思就是「師」。研究歷史及對飲食富有觀察的謝仕淵老師曾隨筆寫道，「阿」字輩的店家就是體驗台南飲食文化最好的簡單料理家之味代表，大抵對福州語文化圈的小吃來說，對應的就是諸如「依強牛肉」、「依俤小吃」等帶有「依」字的小吃，就是福州名店。至於在馬祖，小吃店的取名多以吉利跟招客為考量，但是馬祖人一如台菜辦桌師傅，會在糕餅與餐館中保留了對大廚以諸如台語人稱之為「某某師」的尊稱。詳見：謝仕淵（二〇二三）。坐南朝海：島嶼回味集。台北：允晨製作有限公司。頁十五。

33 台南：台南市政府文化局、台北：內容力製作有限公司。頁十五。張耘書（二〇二一）。台南辦桌師傅。

34 以下資料來自二〇一九年六月十六日劉先生受邀擔任由好多樣文化工作室主辦之「大坵——不只有梅花鹿」的戰地引路人主題路徑走讀培訓活動時現場分享。更詳盡的大坵人與海洋拚搏故事，可以參考由在地作家劉宏文老師編著之書籍。詳見：劉宏文（二〇二二）。大坵三部曲。北竿故事集（三）燈火平生。連江縣：連江縣北竿鄉公所。頁六—二九。

35 此處指馬斤。

36 在台灣通常會進廠加工後，成為海苔煎餅上的海苔粉。一般在馬祖，則較少食用。

37 在其他島上，北竿以定置網漁業為主，東引也還是以捕撈漁網漁業為主。在莒光，東莒島主要是春天釣鱸魚，夏天以在海邊討礁、撿拾螺貝類為主要生計方式，至於西莒島，還有漁船從事網撈漁業。

38 西尾半島物產店針對在馬祖南竿芙蓉澳的水產職人做深入介紹，詳見：西尾半島物產店（二〇二三年一月一日）。賺錢，就是我的興趣：淡榮養殖業者池瑞銀專訪。西尾半島。二〇二三年六月五日，取自：https://vocus.cc/article/63b0f76dfd8978001d44f1e。記憶出土，戰地與海洋灌溉的芙蓉澳口：陳孝民專訪。西尾半島物產店（二〇二三年一月五日）。二〇二三年六月五日，取自：https://vocus.cc/article/63b660f0fd8978001d0019。

第五章
結論：風格、烹調與食材中的福州味

佛跳牆、乾拌麵共老酒線麵，
Hŭk-thieu-tshuòng, Kàng-puǎng-miêng koêyng ló-jiū sièng-miêng,
蜀鼻，
Sŏh-pêi,
自家有自家其味，
Tsì-a ôu tsì-a kĭ êi,
有味，
Ǔ-êi,
也有味。
Iǎ ù-mêi.

佛跳牆：仕紳宴會飲食的風格講究

該怎麼定義一道菜的風格？傳統福州人喜歡切麵，配上豬油、醬油和蔥段，這樣簡單的家常料理極為常見。偶爾，家裡頭如果想換個口味，粉乾一定要和被稱為福州人或者是老鼠囝的粿食一起混煮。在馬祖人家中，粉乾一定要和被稱為 lī-lī-uī、或者是老鼠囝的粿食一起混煮，並加入地瓜和國軍豬肉罐頭，入肉汁才好吃。如果是海鮮，將一整條帶魚連同粗米粉入鍋，新鮮的魚可以用筷子夾起，從魚頭順著魚尾剔骨乾淨，或者加上魚乾，就是冬日時最好的料理。如果將粗米粉配上各式新鮮海鮮一起「炕」、也就是入水以猛火燙過煮爛，則成為福州新利大雅餐廳至今仍遠近馳名的海鮮米粉。粉乾之於福州人的重要性，甚至成為閩劇小品：一則婆媳為了爭吵誰該誠實地承認吃掉一碗粉乾的劇情橋段，是無論福州、馬祖還是台灣福州人都愛看的福州戲經典。粗米粉非常吸油，在傳統習俗上，喪家出殯當日的路祭，必定要有一道將乾的粗米粉掰開到油鍋中炸，在塑成直立狀的油炸米粉以為祭拜，衍伸出將小孩子哭泣叫做米粉哢的說法。

現今的中菜八大菜系說法，是在一九四九年後才出現。此前，民國初年的

味道的航線　　310

閩菜菜系分成多個流派，並以閩幫為別稱，強調調味清淡、一湯十變。當時各地菜色相互影響，不僅閩幫菜匯集各路菜色，從大宴到小炒、從西餐咖哩到小吃糕粿可以區分至十四個流派，例如福泉行即主攻上述粉乾類主食，另有聯益行擅長洋菜番茄牛尾湯料理。此外，廣記行等以兼容廣州、北京、上海料理特色為風潮；而相對地，一九三〇年代的上海也有小有天、慶樂園、林依朋等福州菜館供應香糟螺片等山珍海味，福州料理遠近馳名，呈現多元並存風貌。1

一九五〇年代，被歸為廣記行閩幫菜之一、據稱發明佛跳牆的聚春園，變成當代福州菜餐館的代表。當其被收歸第一批福州市公有企業後，二〇〇二年再由福州市政府牽頭整併了味中味、安泰樓等販售福州菜或小吃的福州飲食集團、公營溫泉澡堂的福州市服務公司與住宿的福州大酒家，以聚春園為品牌，成立跨足餐飲、食品加工到飯店，以及福州特有溫泉澡堂業的「聚春園集團」市營國企。不僅品牌化福州料理，推展冷凍食品與佛跳牆的科學化、標準化製程，更將聚春園定位為福建料理的閩菜代表，「在標準中與閩都文化緊密結合，引入閩菜典故，全方位

馬祖人日常餐桌上常見粉乾（左）與台北新利大雅餐廳的海鮮粉乾（右）

311　　　第五章　結論：風格、烹調與食材中的福州味

樹立閩菜行業標準」的控股集團。[2] 在三坊七巷整建後消失的塔巷口魚丸、[3]鄧記飯莊荔枝肉等本地人招牌愛店，取而代之的選擇是從高價位的聚春園到中價位的安泰樓與老福洲。連帶撐過閉店遷址的永和魚丸，與周遭同為老店的木金肉丸和同利肉燕小吃店，市企民企一同進駐修繕後的三坊七巷，打造品牌化的「閩都文化名片」。當然，景區外也有一同樓等高檔私房餐廳，在旅宿業興起後，還有諸如國惠等大酒店提供宴席菜的附設餐廳，結婚、訪友時聚會吃上一盅佛跳牆，也是本地人貼近福州菜的方式。

不僅聚春園，現在福州的知名小吃永和魚丸與同利肉燕在閩出名號前，皆曾參與「公私合營」。一九五六年中國各省市開始推行社會主義改造運動，這些小吃店老闆為了生存，遵循國家「國計民生的資本主義工業轉變為公私合營形式的國家資本主義工業，逐步完成社會主義改造」[4]的政策，和國家共同經營生意。公私合營模式下，中國的知名餐廳與小吃紛紛轉為國家持有股份的企業集體。永和魚丸第二代老闆劉永祥加入由十二家商號與福州市政府所屬飲食服務公司聯合組成的「味中味」小吃店，同利肉燕第三代店主陳存談則轉任福州市食品公司台江肉燕社的社長。此時，飲食的風味也由國家掌控了。劉永祥

味道的航線　　　　312

卻因看不慣浮報產量風氣下以小雜魚、帶魚製作魚丸，曾在批鬥中被迫結束生意，直到改革開放政府允許民間自組企業後，永和魚丸方重新開業。[5]

仍是福州閩街的台江區上下杭，此地一八八一年就創立的知名糕餅舖美且有，也在一九五六年與寶來軒、觀我頤等其他知名餅舖合併，用新成立的「公私合營美且有糕餅廠」招牌，經營國有的福州糕餅店。改革開放後，聚春園與美且有分別在一九九六年與一九九一年被中國商務部頒授「中華老字號」，當聚春園逐步轉型為大型宴會餐館，走傳統中餐館路線之際，美且有隨著一九九七年開始，店舖周遭啟動市街改造，在不斷搬遷、老餅舖員工四散下，走過公私合營的傳統老字號反而變成年輕步的包袱，美且有縮小規模成隱身巷弄，倚靠老饕或逛街旅人不期而遇發現的小商號。至今，美且有透明潔的玻璃櫃中仍充滿著台語稱作米芳的炒米、雪片糕、禮餅、月餅、灶糖、菜頭餅等傳統的福州糕點。「現在的年輕人，都喜歡到洋氣的糕點店，買那些包裝漂亮的糕餅，這些老糕餅，只有懂它的人才買。」[6] 老店長接受訪問時如此無奈地表示。

傳統福州味面對的「洋氣的糕餅店」挑戰，不能忽略來自台北仁愛路的紅

313　第五章　結論：風格、烹調與食材中的福州味

上排：從宴客餐廳經營到街邊小店的福州市企聚春園集團
中下排：美且有糕餅

葉蛋糕影響力。在當代福州第一家西餐廳「上海西餐廳」一九八三年於東街口隔著聚春園的斜對角開店後，[8]作為福州「洋氣糕點」的濫觴，台北紅葉蛋糕創辦人許建平以行動影響原鄉的餐飲發展。他先在馬祖的重要交通節點南竿福澳港前，捐獻了一座蔣公銅像。[9]改革開放後，許建平更在福州開設紅葉蛋糕分店「回饋」家鄉，憑恃承襲自義大利的西點技術，引領福州人走入奶油蛋糕世界將

味道的航線　　　　　　　　　　314

左：《馬祖之光月刊》民國七十五年（一九八六）封面人物許建平與蔣公銅像合影
右：馬祖文獻雜誌過去經常可見到紅葉蛋糕的廣告（來源：《馬祖畫刊》第一期，一九八六）
下：台北紅葉蛋糕最知名的黑森林蛋糕

近三十年，塑造了「九〇後」福州年輕人不可磨滅的青春記憶，到今日已有三間分店。

傳統福州味的轉變，除了深受福州台灣人回鄉帶來西化衝擊，另一方面所謂傳統的閩菜，受地域交互影響，不再只有粉乾。來自鄰近莆田地區，因為撈興化粉而簡稱的「撈化」，約莫一九四〇年代後開始興起於福州，是閩幫菜多元流派代表之一。

在福州最熱鬧的南後

315　　第五章　結論：風格、烹調與食材中的福州味

街上，各種著名的小吃大概和台灣小吃攤老店創業的時間差不多，約清朝末期才開業，諸如：木金肉丸（一九一〇）、永和魚丸（一九二七）和同利肉燕（一八七六）等等，都是從挑扁擔在市街上叫賣開始，歷經「數百艘舢舨在裝卸貨物」到「外國輪船來運送貨物」的福州開港發展。他們從街頭擺攤到橋上，見證福州商業繁榮的對外貿易城市史。然而諸如撈化與牛滑等小吃並未傳到台灣，可能因為技術門檻較低，這些技藝不見福州師傅傳入，也較空白於台灣福州人的集體經驗中。

福州味所指涉的內容不斷轉變，在隱身福州小巷的店舖裡來上一碗撈化，已經變成當代福州人懷舊的象徵，符合他們傳統的「中華老字號」[11]飲食記憶。撈化店老闆會取適量的細米粉（當然有些店家還是能選傳統的粉乾），並將其放入沸水中撈上幾秒，待米粉充分吸收水分後放在碗中，然後用高湯均勻淋在米粉上，並開始添入配料，包括大腸、豬血、牛肚、百葉豆腐，最後灑上新鮮的蔥花，畫龍點睛。撈化以豬血、豬雜為主，搭配晚近才出現的牛滑等，有數十種配料任君挑選。一九八〇年代以降的夜市經濟，是所有八〇後福州人的青春記憶。從學生街到安泰中心等夜市都有撈化攤，這些既賣小吃也賣包包首飾

繼之吹進福州的新飲食文化，是一九九〇年代至今的粵菜生猛海鮮風。[12] 諸如這幾年主打有海鮮池「看得到、也吃得到」的朱富貴粥底火鍋，還有最近福州熱門的回魏大排檔，都快速吸取粵式熱炒氛圍。兩者集大成者，就是全市有多間分店的王莊阿咪。這家改良式閩菜的連鎖熱炒店，除了食材與刀工，同時講究海鮮的活跳鮮度，及現場音樂駐唱表演的聲光效果。從竹製燈籠加上霓虹燈牌的復古裝修風格，到貼上流線型燈條的夜店風，王莊阿咪相對於單純重視口味的傳統福州菜館，更注重酒吧風的庶民享受，營造輕鬆的街頭氣氛。隨著近期福州市政府整治大排檔與夜市，主張露天街道不得擺攤飲食後，[13] 王莊阿咪則走向品牌高端化，開展另一波福州飲食潮流。

無論是福州市中心最熱鬧的街區東街口、百貨公司泰禾廣場及世歐王莊，現在有許多「火紅」的川味麻辣燙、擼串、酸菜魚、重慶火鍋、台式手搖飲、香港雞蛋仔等店家進駐福州商場。一如中國其他城市，這些裝修新穎的餐廳小吃店在福州「攻城掠池」。面對商業衝擊，福州味就以上述的品牌化策略，對

位於三坊七巷中的木金肉丸（下）與同利肉燕

應魚丸、肉燕、荔枝肉時常會被誤認為閩南菜的挑戰，以及傳統本地客群老化的趨勢。

在今天的福州，佛跳牆所代表的經典福州菜在大街上擁有氣派裝潢的宴客餐廳，並為湧入三坊七巷的觀光客，提供圍繞著大木桌、坐著古老太師椅服務。在「搏賣相、拚高價、裝高貴」的標籤下，無論食材怎麼變化，從香港影視到台灣年菜，福州菜佛跳牆的品牌形象都是象徵著高貴，不僅呈現精緻刀功下的歷史傳承，在福州展覽館中的佛跳牆歷史展示甚至上升至國史層次，細數其

味道的航線　　　318

上排：撈化
下排：福州百貨公司美食街多以川湘菜為主
下：福州王庄阿咪大排檔

傳承人強氏兄弟師傅如何為來訪的美國總統烹調，成為北京國宴上的必備料理。

飲食的食材跟技藝很重要，但對於講究食材的分門別類與排場、講究工藝的尊爵不凡、講求獨一無二難以取代的佛跳牆來說，面對飲食風潮的變化，店家選擇應對的方式，是延續它豐盛陶甕中所代表的華麗與慎重形象。

319　　第五章　結論：風格、烹調與食材中的福州味

乾拌麵：平民美食的烹調堅持

改革開放、經濟起飛後，小吃連鎖品牌化的風潮襲來，福州小餐館得面對一九九〇年代後的中國各地出現小吃單一化現象，特別是米麵食類小吃受到極大衝擊。當成本低、效率高的麵食容易拓展規模經濟下，除了著名的蘭州拉麵，福建也在全國各地帶動沙縣拌麵和尚幹拌麵的熱潮：源自閩西三明、以花生醬調料為主的沙縣拌麵，以改變口味、增添品項兩種經營策略，連同扁肉、蒸餃、燉湯形塑「沙縣小吃」品牌，從新疆到海南在全中國迅速拓點。鄰近沙縣的福州人不只接受標準化帶動的現代飲食文化，拌麵扁肉在年輕人聚集的安泰中心等地隨處可見，甚至號稱全國第一家的沙縣拌麵連鎖企業的總部，就設立在福州，特別改變福州人對於拌麵的味蕾。[14]

當乾拌麵透過沙縣小吃改造福州人飲食習慣，同時遍布中國之際，在福州馬路邊上許多以「地名＋食材＋店名＋商品」命名直白的福州魚丸店舖，則試圖整隊形塑同一品牌標誌，加深中國人的福州印象。這些魚丸店一進門，多

半會看到牆壁上標明「福州魚丸協會」的大量禮盒，售賣小魚丸與大魚丸的包餡魚丸菜單。現場的魚丸會以簡單的奶白鮮湯為底，湯中再點綴幾片紫菜。一口咬下扎實有彈性的魚漿，不同種類的魚丸，魚漿和肉餡的比例會有所差異，創造不同口感。一位每天早上七、八點在店內現打魚丸的魚丸店老闆表示，「如果做節，那就是拍蜀工了。」（如果過年，魚丸就得打一整天了）福州人過年、端午和中秋做節，都會採買魚丸送給親朋好友，因應送禮高峰，店家要打上一整天魚丸，解釋了為何進門最醒目的牆上裝飾著各種禮盒包裝。老闆表示，當前在市政府大力支持魚丸發展下，提供公版統一的設計包裝，但產品內容仍以各家自打的魚丸為主。

而通常搭配魚丸湯一同享用的福州乾拌麵以豬油為核心，遠傳至馬來西亞詩巫，並擴散成代表馬來西亞的美食。但是福州、台灣與馬來西亞的乾拌麵差異，在於麵體從油麵、意麵、陽春麵，佐料從烏醋、沙茶、油蔥到味酥都不盡相同，還有額外可添加的辣油、辣渣到泡菜組合，如同不同的福州菜館，炒出對福州人來說家常般存在的福州料理，同一道菜在不同菜館也都能炒出獨有的滋味。

Ná tsò tsuih, ná tsiū lēi phah soh-oeyng lou

當前福州常見的乾拌麵佐花生醬

在過去四周盡是夜市的福州住商混合大樓安泰中心，裡頭有一間被封為「網紅食堂」的安泰社區食堂，供應著居民的家常味。走進這種還保持著以坡道當作樓梯的二、三十年福州老宅中，雖然過去店租一月數萬的榮景不復見，食堂外仍充滿著南腔北調不同口音的食客，慕名而來想嘗一口福州菜。這種社區小吃的料理代表，在安泰社區食堂是讓豬肉片裹粉溜油過、再倒入砂糖炒至焦色加入白醋醬汁拌炒的荔枝肉。不同於十字刀劃開豬里肌，加上大量胡椒提煉辣味的魷魚腳酸辣作法的糖醋炒豬里肌，師傅講求的是現炒火候鑊氣，與不勾芡的原味香氣。

前往福州也愛享用秘書巷飯店、旺達小吃等巷弄小店的馬祖人，在本地宴客餐廳桌上的大菜比較少見佛跳牆，小吃店的乾麵也採用肉臊配家常棍麵，閩菜痕跡是留在糖醋技藝上：當代中菜的糖醋系列料理開始加入番茄醬調味時，15 包含師承福州師傅的台南阿美飯店和馬來西亞詩巫的新首都冷氣大酒家等各地有福州味的菜館，至今保留著只以白醋、糖、

湯，與市企餐廳聚春園相比可以說大相逕庭；在安泰社區食堂，

味道的航線　　322

許多街邊魚丸店掛上統一的標誌與販售定版禮盒

醬油的調味方式。馬祖餐廳坊廂玉所代表的在地菜糖醋里肌地瓜，就是保留不使用番茄醬，仍然講究白醋酸與砂糖甜的福州菜糖醋烹調技藝，只是從豬肉轉換成地瓜，以不同食材形式，延續當地人的美食記憶。

如同糖醋系料理，福州乾拌麵衍伸出的多元調料，是福州人向外遷徙的標誌。從豬油加醬油，以及烏醋、辣渣到沙茶，無論是台灣或詩巫，當地的福州乾拌麵核心往往不再只是豬油；受台灣文化影響的馬祖，乾麵採用的棍麵甚至添加肉臊。

麵店的核心，在於什麼呢？我想，在於那總在肩膀掛著條抹布，夏天於湯鍋前大汗淋灘中掌勺的老師傅，能否恰到好處地掌握煮麵要領，端出一碗彈牙的意麵、陽春麵或者油麵麵條。唯有煮出受客人歡迎的麵體，再喝上一碗不同由地域發展出的扁食湯或者魚丸蛋包湯，這樣的簡單搭配飲食組合，才有意義。

323　　第五章　結論：風格、烹調與食材中的福州味

在外來新潮菜色不斷湧入福州的危機下，福州菜保持「甜、酸、鹹、淡、鮮」的傳統料理方式，乾拌麵、魚丸與糖醋體現的技藝講究，讓無論食材或風格不斷再定義的福州菜，再怎麼變化也對技藝有不變的堅持。

今天，有別於台灣常見的福州料理，技藝成為台灣福州人回憶家鄉味道的關鍵。因為原材料做工繁瑣，無論是芋泥、燕胚或者紅糟，來台灣的第二、三代福州人經常論述著技藝消失後再也吃不到的，就是心中經典的福州菜：

那是寶娟姑媽從福州回來，送了爸爸一樣的燕皮，爸爸要我拿回家去做，我做完送去給他，順口說了一句：「做燕丸真的很麻煩！」

爸爸一聽生氣說：「我以後不會再麻煩你做燕丸。」其實我是說者無心。

那一陣子媽媽生病，我的日子忙碌，還要包燕丸，真的有些累，畢竟做燕丸很費工。燕皮薄又硬如紙，稍一碰就碎了；做前要先濕潤再切，肉餡要加剁碎的肉、蝦仁乾、蔥，再加一點太白粉調勻：包好後要先蒸過，才能放入高湯煮。

辛苦做事還討來一頓罵，難過的心情可想而知。如今再次做燕丸，難過的心依舊，因為爸爸再也不能吃燕丸了。

──陳小行，〈關於福州燕丸〉，《聯

味道的航線　　324

合報》，第D1版，二〇一三年七月十八日

而從餅舖、麵店到閩菜餐廳，當第一代打下江山的福州師傅老去，除了傳承廚藝延續老味道，建立永續發展的體制便是重要課題。這些一九四九先後隻身來台，多半和閩南人合組小家庭做生意的福州師傅，經營規模不大，加上福州菜在台灣風格標籤性不如江浙、川菜或北方菜強烈，店家更要考量飲食如何在喜新求變的台灣社會文化中立足，[16]也繼續從馬祖延伸到馬來西亞，不變的是福州系料理對技藝的講究。

上、中排：穿梭在八〇年代設計同時能方便單車行走的坡道樓梯（中右），通往販售荔枝肉（上左）、酸辣湯（上右）、紅糟鰻（中左）等福州菜的安泰社區食堂
下排：馬祖坊廟玉餐廳的糖醋里肌地瓜

老酒麵線：家常菜的食材選擇

何謂「閩東菜」？自從前連江縣長劉立群先生喊出「閩東之珠，希望之鄉」的口號後，閩東漸漸成為定位馬祖與福州之間文化相近性的代名詞。在一次地方料理的普查中，馬祖店家普遍將閩東菜定義有紅糟、老酒、淡菜、魚丸及肉燕等主要料理元素。[17] 除了海鮮，少不了要進口糯米製酒才能產生的紅糟與老酒，是馬祖閩東菜中重要的福州味根基。

紅糟的原產品是馬祖人稱之的老酒，也就是福州青紅酒。老酒需要釀造，釀造需要空間的配合、用時間來等待。環境不能太潮濕，時間不能太急躁，只能按部就班靜置一個月後，全憑經驗累積以及一點手氣。要培養這般沒有人能說準成功必然訣竅的物事，連官方酒廠也無法保證。

馬祖的八八坑道是遊客最能感受到老酒香氣的地方，在軍管時期，南竿、北竿、莒光都有老酒工廠。曾經是酒廠老酒部師傅的陳秋華分享，釀造老酒的季節是農曆八月十五到隔年五月半，由於釀酒必須保持固定溫度，冬夏溫差很

327　第五章　結論：風格、烹調與食材中的福州味

大的馬祖,老酒前置的糯米蒸熟、加麴、加水後,前七天到十天將糯米放置甕缸中落罈的製程就是關鍵,順應著天候邊攪拌糯米紅麴水,一邊看著發酵的狀況。過去除了蔣公誕辰紀念日、國慶日等國定假日,沒有週休二日,上班採排班制,一大早四點就要開始蒸四鍋的米,沒做酒的時候就另外接受指派保養機器,或者調到水電部門負責開關抽水與檢查水池。酒廠製老酒的水質考究,當年深受老兵歡迎,陳秋華常常看到士兵們人人一手拿著老酒的酒瓶,在地形崎嶇的馬祖從山上走下山。

至今,馬祖酒廠還是採用南竿復興村牛角澳海邊旁的水井水,與家釀老酒相比,酒廠的酒在公賣局訓練下,另外加入其他酵母。此外,酒廠不只產酒,做出來的紅糟也以斤計價,因為人工榨取、含酒量高,加上當時馬祖民間一般不能釀酒,罰得重,查到就沒收……上級說關就關,不僅不能賣,也不能釀,如果漁民被抓到,更不准出海,所以家家戶戶紛紛來酒廠要紅糟回家餵豬。

不過,因為民間普遍認為酒廠賣的老酒太貴,所以即便政府規定菸酒專賣,每個家庭仍然傳承著自家獨有的老酒秘方。

製作老酒大體來說是要催生紅糟與酒汁,首先得先炊熟糯米,然後把炊蒸

的糯米放涼至常溫,這時依照個人經驗習慣,選擇是否在糯米鋪上一層白麴——一般來說是顆粒狀,經過擀麵棍輾壓成粉末狀即可使用。接著,將糯米放入陶瓷的酒罈裡,加上同等比例的紅麴後,再倒入十倍的水,也就是讓糯米、水、紅麴的比例呈現一:十:一。

交替靜置與攪拌後,緊接著按時攪動紅麴水。各家各戶對於紅麴水攪動的時機,都有套自己的版本,其中一種是以「三天─三天─五天─五天─七天─七天」的順序,初始糯米落罈後每三天攪動一次,到中間每五天攪動一次,各完成兩次循環後,再每七天攪動一次;反覆做完第二個七天攪動,剛好一個月的時間過去。透過按時翻攪,再蓋上蓋子發酵,會發現糯米慢慢被加入的紅麴催化,析出醣質轉換成醇質,酒味開始在攪拌的中段慢慢飄出,紅麴水將從罈中不斷發出「啵啵啵」聲。最後,形成暗紅色帶有照射時產生橘黃光澤的16-jiǔ,就是馬祖人俗稱的老酒,黃酒的一種。[18]

紅糟最早的史書記載,可推至宋朝朱熹曾說過的一句話:「今福州紅糟即古之所謂醴酒也,用匙挑吃。」[19] 這種紅糟的釀製做法,先有酒、再有糟。中間的化學過程深不可測,天候、麴種都是變因,所以先民歸結到任何可能因素,

329　　第五章　結論:風格、烹調與食材中的福州味

在台灣，紅糟的飲食方式一般分成客家與福州兩種風格，客家人利用紅糟醃製吃不完的熟肉，福州菜則主要將紅糟拌炒生肉當作料理的調味；除此之外，還有人提到，客家紅糟採取浸泡法、出汁率相對較低；[21]而馬祖或福州的紅糟則以釀造法為主，因為本體在於老酒，紅糟酒味也因此甚濃許多。但事實上，從台南的紅糟牛肉羹，以及新竹的紅糟肉圓可以看出，紅糟同樣是泉州人的飲食特色。因此，製程上的差異，與其用族群來區分，不如視為技術推展過程中的變化與演進。隨著時間積累再發展，無論系出客家或福州，紅糟肉今日異想不到藏身在台灣小吃店

連性別也牽扯其中，以為女子懷孕時接近釀製中的酒罈將出不了好酒，小孩釀酒亂說話要道歉求原諒，否則酒一定發酸。[20]

經發酵約一個月後釀製成的老酒

味道的航線　　　　　　　　　　　　　　　　　　330

中，名稱有所轉變。一項有趣的調查顯示，在Google搜尋「台北＋紅燒肉」、「基隆＋紅燒肉」跟「高雄＋紅燒肉」，會找到幾乎完全迥異的小吃照片。[22] 早期福州人遷台來到基隆上岸，可能帶來訛稱為紅燒鰻的福州炸糟鰻，與脫胎自福州紅糟肉的紅燒肉。在基隆，紅燒肉不是加醬油添香添色的燉肉，幾乎都指涉以紅糟、老酒醃製再炸過的紅糟豬五花（若從食物保存的角度來看，醃製紅燒肉一如新竹紅糟肉圓，也可能是單純是以紅糟延長食物風味的精神展現）。[23]

現今台灣有關紅糟的報導，在一八九九年的《臺灣日日新報》曾這樣刊登：「紅麴本糯米所製造作黃酒者所必需也，客歲價最高昂，每九三一斗則值白金一圓二十錢，以今較昔價已稍廉，蓋出一朱提已可買麴一斗云。」[24] 可見在很早的時候，紅糟已經是台灣的重要物價基準指標。在後續的另一篇一九一六年報導裡，更寫道：「紅糟亦為調味所需，自來本島人間所用者，多仰給於福州為量頗不娿。現正擴張銷路，利權外溢，近新竹南門外二八五番地，設有臺灣紅糟製造公司，著手製造。其所製造者，風味絕佳，不讓於外物云。」[25] 隔年的一篇〈紅糟廉價發兌〉新聞中，又寫道：「舊曆年關告迫，本島人之尚未實行改曆者，於各種料理上，需用紅糟定多。為是，新竹接南門外台灣紅糟製造

331　　第五章　結論：風格、烹調與食材中的福州味

> ⊙紅糟製造公司
>
> 紅糟亦爲調味所需。自本島人間所用者。多仰於福州。爲量頗不尠。利外溢。近新竹南門外二五番地。設有臺灣紅糟造公司。著手製造。現正張銷路。其所製造者。風絕佳。不讓於外物云。

《臺灣日日新報》大正五年（一九一六）有關福州紅糟的報導

發兌，應各界人士購求，不拘多少，同公司造糟風味之美，世經有定評也。」[26] 台灣早期的紅糟原料來源，正與馬祖人一樣酒麴取自福州，並且在一九一〇年前後在宜蘭與新北樹林開始有酒廠自行生產紅麴米和紅麴酒，這種酒在二戰後被命名為紅露酒。

紅糟來自老酒，以家庭為生產單位，可以說是福州人的靈魂：燒鰻魚、做雞湯都不能少了紅糟，紅糟在馬祖人的生活中，和老酒扮演相同功用，任何食物加上老酒，便能將味蕾感受提升好幾個層次。也因為營養補身，扮演如同台灣的麻油功能，婦女生產前和作月子時，一定會喝上一碗媽媽煮的紅糟燉雞湯，並且傳統在產後「做月利(tsò-gueh-lī)」之做月子中，利用娘家通常會在三天內送來稱作「雞米」的雞、糯米及麵線，當作得從凌晨開始吃上五餐進補的食材。做月子的中餐一定會是紅糟雞湯，再配上兩餐加入老酒的煎蛋，以及一到兩餐不等的老酒寶圓桂圓肉(pó-uông)蒸糯米飯或老酒麵線，一天下來食用的老酒量不少，甚至在產前也會以紅糟料理進補，認為營養豐富，少量

味道的航線　　　　　332

酒精無礙。然而，當衛教人員到馬祖宣導懷孕期間，應避免接觸含酒精的料理時，就感到相當困惑。

以老酒或紅糟補身，是馬祖與福州人共同的飲食習慣，在自身記憶中，母親就曾分享在台北的空軍八一七醫院生下我後，留院期間每天收到擔任護理長的親戚送來一鍋紅糟雞湯，要母親好好靜養補身體。日常生活中，外婆也常常料理一鍋紅糟雞湯麵，當作湯品。一位上一代父親是福州人的基隆國中校長曾和我分享，雖然自己已經聽不懂福州話，但仍對那紅糟鰻的味道印象深刻，現在每一攤在台灣經營乾麵店的福州籍後代，也常談到關於父執輩家中經常釀酒，與餐桌上的紅糟雞與紅糟肉記憶，無論他們是否喜歡這種上一代的福州味。

福州菜的家常料理，多半與日常生活緊密扣連。現在在馬祖，最重要觀光化家常料理選擇相同，烹調出的料理口味並不單一。相同食材下，每戶人家與每家餐廳老酒麵線的成分、比例、順序都不相同，只能概論其展現馬祖料理的精華，是使用彈性十足的福州麵線，就是老酒麵線。

重點搭配一顆用老酒燴過的半熟荷包蛋——馬祖人不只把煎蛋技藝發揮於此，油飯、蠣餅、蔥油餅等早餐小吃中加入一顆半熟蛋，就是開啟一天生活的精華

333　　第五章　結論：風格、烹調與食材中的福州味

所在。

無論使用酒廠或民間自釀老酒，還是從小三通帶回的福州鼓山老酒，只要開大火熱鍋後，在油開始些微冒泡時倒下蛋液，當蛋白外圍開始發出啵啵啵聲冒泡並且邊緣有點微焦時，轉小火後倒入老酒，此時的半熟荷包蛋就會滿是酒香，這也是坐月子會吃的卵酒（蛋酒），再放入事先備好煮開三十秒即可上桌的麵線與肉絲等另外炒過的佐料，就是碗溫暖的老酒麵線。

馬祖經典的桌菜，往往是從某戶家常食材中發揮巧思改良的店家獲得觀光客好評，才成為馬祖閩東菜。這些店家通常隱身巷弄，還跟店名極不相符，招牌菜只存於在地人的口耳相傳。譬如俗稱馬港的馬祖村上，比薩大王的招牌料理是老酒麵線，而隔條街的明星網咖內，最出名是專程來買一份的紅糟雞肉串。

作為傳統福州閩菜基礎調味的老酒與紅糟，東引紅糟料理獨樹一格，朝露麵店濃稠帶鹹紅糟醬配上炒手吃法的紅糟餛飩，或者好列豆漿帶有芝麻香氣的紅糟燒餅，又或是香記小吃麵糊入將創新應用發揮至極致。

馬祖紅糟雞湯麵線

馬祖老酒與老酒麵線

上排：比薩大王以販售台式比薩為名（左）但是以老酒麵線（右）聞名
中下排：東引特產：紅糟餛飩、紅糟燒餅、紅糟小火鍋

糟的紅糟雞排與伊梵食屋以紅糟添增賣相的紅糟無骨雞腿，都是隱身店中，在其他馬祖島上吃不到的。正餐更有頂紅小火鍋添加紅糟肉的紅糟火鍋與麥味登早餐的紅糟蛋餅／漢堡，各式紅糟創意料理齊聚東引，相較其他島嶼有更多樣化的選擇。就算是素食，紅糟與葉菜類也極相配，無論是拿來熱炒白蘿蔔，或者記憶中從前外婆最喜歡的冷盤炒筍乾作法，都很能與紅糟特有的微酸中和。

335　　　第五章　結論：風格、烹調與食材中的福州味

具有吃食文化的地方，必定少不得喝。馬祖盛產老酒，而且這原本就是老百姓為打魚取暖、私下釀製的酒，所以馬祖的男女老幼，很難找到不會喝老酒的。他們自己能喝，連連大口乾杯也就算了，偏偏還勤人喝。有一回馬祖縣政府請台灣同胞，酒席一開動，菜沒見著影子，馬祖人已經先乾為敬了幾大杯。輪到我這個寫囊廢被敬時，頻頻以「不會」推託，卻仍過不了關，馬祖人會說：「那我們一人喝一半，感情不分散。」假如我不喝下那半杯，好似就要和馬祖人感情一刀兩斷的局面；無可奈何之下，老酒灌了幾個半杯，還好這種純米釀的酒沒後勁，不然丟人就丟到了馬祖。

後來在一本書上翻到一篇報導，上面對馬祖所屬各鄉的喝酒方式有所比喻：

南竿，很難不乾。

北竿，杯杯要乾。莒光，舉杯就光。東引，動杯就飲。

台灣的「酒國英雄」到馬祖，若想「今夜我不喝醉」，只怕很難。——周培瑛，〈馬祖大請客〉，《聯合報》二四版，一九九一年六月十八日

說到紅糟與老酒，就如同周培瑛文字所記載，這種融入馬祖各鄉地名的勸酒順口溜，到今日依然可以說是「馬祖特產」，因為可以順便讓遊客快速記下馬祖各島的地理方位，每一位帶團的導遊，對這解說法寶的順口溜皆琅琅上口，每次都能逗得初訪馬祖的遊客哈哈大笑。

無論老酒還高粱，馬祖人見面都要先三杯黃湯下肚，才是當好朋友的入場券。馬祖人的生活脫離不了老酒與紅糟，有些馬祖與福州餐廳為了特別強調與客家菜的不同，將紅糟入菜的料理改稱「酒糟」而非「紅糟」，以凸顯馬祖紅糟有濃濃黃酒香的差異。[27]

馬祖人不僅喝老酒，祭祀時也用老酒，特別是新年。

馬祖人或福州人過年，可說直到正月廿九吃完類似臘八粥的拗九粥才算結束。傳說這天是佛教目連救母的日子，又有孝親節的意涵，每年外婆此時都會煮上加了桂圓、紅棗、花生、芝麻等等的黑米粥。從我有記憶以來，如果這一天剛好到外婆家，她也會要我吃上一碗再離開，變成她的「孝孫粥」。馬祖人則會依照歲數以九結尾或九的倍數作「明九」與「暗九」，逢此歲數的雙親會有出嫁女兒為之攢九，用扁擔挑著豬腳、湯圓、炮竹、香火、雞蛋、壽麵、壽桃、糖果、蘋果、紅筷等，伴隨一隻雞回娘家。

在聲聲福州官話中，家家戶戶祭祖或神明時，馬祖人與福州人一樣，會準備十盞對滿老酒的小酒杯。這些酒杯合稱為勸酒，特別是在每年媽祖生到端午前後的春夏交替時節，馬祖人會替神明添補財庫，讓祂們買通各方，打發從海上來路不明的鬼怪，保佑四境平安豐收。每當

馬祖南竿補庫中的勸酒環節

這天到來，地方會請道長主事，當道長念完一段〈十勸酒〉(toung-nàu)（全文請見頁（三八二）唱詞，類似輪值產出爐主的當頭家庭推派出的代表，就得長跪於地，在歌謠十個段落之間逐一喝下十碗老酒，[28]延續漁業時代馬祖先民渴求漁獲大發，共同祈願收入穩定的願望，讓人們透過信仰團結。

在十杯老酒旁，供桌上配有十雙紅筷子，還會在神龕擺上十樣供品。取材在地物產的供品，因應時節調整，依次按家戶、姓氏敬獻給神明。每家每戶呈現的差異風格，深受族裔、分工、創造力等因素影響。這種在固定食材的社會文化環境下，每道食物與日常生活緊密聯繫導致的個性化，呈現食物在地域文化下，隨著製作者身處的家庭日常生活結構不同，代表自身的身分歸屬。

馬祖攢九

339　　　　第五章　結論：風格、烹調與食材中的福州味

身在福州山：變遷中的福州飲食

> 福州山下，黌舍堂堂。春風化雨，桃李芬芳。服務國家，敬躬梓桑。才華舒展，意志昂揚。但願崇明德，注重五育，日就月將。依舊愛景光。——台北市大安國小校歌

約近三十年前，我就讀的國小修改了校歌歌詞。原本姊姊在校時所唱的校歌開頭「蟾蜍山下」——一處現多指涉位於台北羅斯福路與基隆路圓環以眷村保存聞名的山頭，漸漸地為「福州山」取代，成為今日台北第二殯儀館附近的代稱。那時候不知道「福州山」三字意涵不僅是形容詞，還是具象指涉自身身分的我，幼時的校外教學印象是在木棧道旁僅剩半截的墓碑。頓時一旁嬉鬧同學的聲音消失，我靜默但顫抖著走過這座福州山，對這山的想法只剩下我與墓碑。直到外公外婆過世，才明白這山上的三山善社，有著從日本時代就遷台的福州人蹤影。

味道的航線　340

幾度遷移後，原本緊鄰福州人安葬處與亂葬崗的第二殯儀館，對面山頭變成強調休閒與生態保護的市民後花園；而三山善社本身，則變成偏安二殯一隅的小廟，權充二殯客滿時在喪家無法遵循政府金紙減量政策下，繞道民間焚燒場才會經過的地標。在台灣的「福州山」空間分布狀態，有可能是一片河岸旁平地，也可能是一處山坡上。無論在斗六或者嘉義，這裡的「福州山」都有一段福州人包容、收容其他客死異鄉的無主墓先民，與其身後比肩而居的歷史。

福州山，福州人，福州山不單指一座山，更是代表福州人的天堂。在台灣，除少數在清領時期就和本地仕紳通婚的福州官宦家族，福州飲食大多是跟隨著身背三把刀的福州人落腳台灣。他們早於經歷一九四九大出走記憶的外省人，在二戰前後就隻身來台再與同鄉或本地人成親，也有夫婦帶著一兩位子女來台，接受菜館、製麵廠的聘請靠廚藝與技藝為生，同時將福州人的飲食生活帶進台灣，和理髮師、裁縫師、佛妝工匠等其他福州工匠，一起融入漳泉移民為主的台灣常民社會。

日本時代遷居的福州人，以服務業為生，為了貼近客群，他們不選擇另闢疆土，靠近既有市鎮的人群最密集處，聚居鬧區。服務業為主的他們，看見台

灣人的需求而來到異土，所以福州西服結合台灣人西化的生活文化，福州糕餅結合台灣人祭祀的佛手包、必桃、必粿，就連家庭語言也調整為台語。

過去這些師傅以福州話對話，也吃著福州菜；今天，這般語言地景遠去。大稻埕知名的福州菜館水蛙園第二代店主黃炳森先生曾感慨道，不僅沒人會再說福州話，[29] 而且「在大稻埕曾有四家福州菜館，現在只剩下水蛙園一家，這種情況或許不僅反映的是隨著時間與空間的流動，祖籍的身分識別與文化傳承不再具有重要意義，但更意味著整個城市的興衰更替，已經在這裡進行劇烈地翻攪，河東河西，短短的數十年之間，大稻埕已經成為一個亟待重新定義的地方」。[30]

到了二戰結束後陸續移居這片新天地的福州人，存錢、養家、翻身的家計因素繼續推拉著他們，在台灣市鎮鬧區討生活。在台北，有一群福州人來到官舍眷村與政府機關最密集的中正區，他們帶來被台灣人冠以「福州麵」之名，販賣著不同於台灣肉臊乾麵的豬油麵。叔傳侄、父傳子，豬油乾麵的關鍵是技術簡單、資本低廉、謀生容易，搭配著魚丸湯販賣，推著攤車就能招攬生意。晚近，許多非福州裔加入了乾拌麵生意，反向地也表示並非所有福州人都以家

味道的航線　　342

鄉美食，闖進小吃界的飲食江湖。在台北杭州南路二段上的山東大餅與上海蟹殼黃，見證另一種選擇：決定福州人以何種飲食作為謀生工具要素，不是傳統，而是消費者。

新冠肺炎疫情過後，感嘆福州話已為台灣社會所淡忘的黃炳森，拉下了自家福州菜餐廳的鐵門。除了黃先生的餐廳，以前提供福州菜原料的肉燕胚、蝦油的老店家也紛紛歇業。在福州與馬祖餐餐必備的佐料蝦油，代表在國軍來到馬祖之前，馬祖人講求海鮮採用鹽巴的醃製方式：大魚如黃魚、鰻魚可製成稱為 ngỳ-luòng（寫成國字為魚䰾）的風曬魚乾，小魚如福州話統稱為鯷鯷 ung-thí 的鯷魚和鰮魚可鹽漬後放在陶罐，等到魚肉化成汁，再開罐和番薯飯配著下飯吃；31 如果量大，將這些鯷鰮加上鰓囝等下雜魚混著蝦米，以一層魚、一層鹽的方式依序鋪置後，反覆在好天氣時曝曬再攪拌一小時以上後，再經過熬煮，就成為過去馬祖的特產、在地人更喜歡直接簡稱 këing ――也就是很鹹的ha-iû 的蝦油。32

約莫一九六〇年代的基隆，也有製作蝦油的工廠，售賣的福州老

在南門市場販售的兩家知名福州蝦油工廠及其品牌

343　　第五章　結論：風格、烹調與食材中的福州味

兵會每個月定期來劉銘傳路上的外婆家門口，以鄉音詢問每戶福州人家是否需要添購，回收舊瓶還能退錢。今天只剩幾間傳承自福州的傳統蝦油廠，在新北三重的民星蝦油除了特別節日製作白年糕和肉丸年糕等福州年貨，主力是生產可分為七次發酵的魚露。因為過去主要聘請大量在馬祖駐守的游擊隊員，其中以鯖魚為本體的後四次發酵魚露，還以「馬祖蝦油」為品牌販售，將商品由店廠直銷到台北南門市場的福州商店與南北貨商店批售，試圖區隔和東南亞蝦油不同的市場定位，抓住老顧客的胃。[33]

作為一處介於閩江口島嶼與陸地之間的群島，過去充斥賭錢館、扁肉店、鴉片館的海洋馬祖社會則還鑿痕在母語中。稱呼為 peing 與 khouk 的油漆與大衣語音，源自英文的 paint 和 coat，是閩江開港通商迎來中西商貿船隻的縮影。船隻在馬祖等候潮水後，進入福州內河港口交換漁獲、茶葉與鴉片，這種流淌在語言與飲食裡的海洋交易網絡，是過往淹沒在大歷史的敘事。

飲食，是馬祖不斷再融合的普通人社會文化展現之一。及至國軍來到馬祖帶來新的社會衝擊，海洋的開放性既帶來四通八達的對外商貿，超越家常飲食的福州菜經過大量來台福州人的轉型與改造，也隱性地在福州師傅後人的傳承

味道的航線　　　　344

與創新下,在地化為台灣菜與小吃。紅糟鰻、繼光餅、魚丸、糖醋等料理成為台灣社會的一部分,34 從材料、製程、口味、外型乃至命名上,在大城小鎮的攤車或餐廳上彈性地調整論述、技藝與食材,延續了福州味。

也因台菜兼容並蓄,「台閩難分」之下,有心「追本溯源」的食客不多;加上閩菜烹調菜式較保守,多取日常食材,成本拉不高,間接促使福州菜的式微。——劉儷儷,〈尋找福州菜真滋味〉,《聯合報》,第四一版,一九九六年五月十九日

那麼到底在台灣的福州味去哪兒了?二十世紀末,幾篇報導在台灣的福州菜專題,不約而同於報導中做出這種菜系將邁向消沉結論。在第三章時,我提到過去日治時期曾約有兩萬多位福州籍移住民在台灣。除了本身飲食習慣改變,在日本時代來台的福州人,大多是小生意人,彼此相聚以職業為核心,移民為求安定,漢人會帶來原鄉神明;而福州人雖然帶來許多奉祀五靈公、臨水夫人等福州神明的廟堂與神將團,35 也在台灣留下不少神像雕刻工藝,但不同於其

他族群如安溪人之於清水祖師、汀州人之於定光古佛以信仰為核心，多選在都市與其他漢人比鄰而居的福州人，家庭與職業的影響力自第二代漸漸大過族群的號召。

福州飲食先隨著以手工藝維生的福州人在台落腳時傳入，擁有一技之長來到台灣本島打拚的福州人，倚靠製餅、製麵的廚藝，在基隆、台北一路到斗六、台南等都會市鎮落腳，開設麵舖，或到酒家菜館服務，甚至憑藉手藝，幾位閩菜師父合夥創立福州餐廳，靠著同鄉會聯繫情誼。及至戰後，開始出現以「福州」為店名的餐廳，號召老鄉聚會的族裔經濟，也同樣依靠同鄉情誼，創立福州餅舖或福州菜館，同時讓家常的豬油麵從福州麵隨豐隆之名，最後再隨八大菜系之說影響，演變成今日台北新利大雅與高雄隨豐隆的餐廳店門口標榜的「閩菜館」。

有些轉職做小吃或推車扛袋賣小吃的第一代福州人，在戰後中華菜系脈絡下將福州菜獨立出來，與僅分為福建、廣東、四川料理三類的傳統台灣酒家菜做區隔，這些店家像是第三章陳南榮先生記憶中的林內福州小吃部，即是各種以福州為名的菜色作為主打。當大多單身來台的福州師傅迎娶本地女子建立家

以家鄉味起家的四川麻辣店牛肉炒飯與辣渣

味道的航線　　　　　　　　　　　　346

2002年中華美食展時列為馬祖創意菜的紅糟炒飯

，庭，到第二代時，無論調整食材或改變販售品項，在胡椒餅內餡以肉塊取代豬油、肉燕外皮以裹粉取代燕胚，甚至原本以光餅為主力的餅店，改賣壽桃或創新咖哩餃，福州味逐漸調和以迎合本地需求。[36]

解嚴後，經濟高速發展的台灣社會，人群交往移動更加頻繁，生活飲食不再侷限於特定文化族群的附屬品。大量胡椒餅攤在各地街角出現，開始成為台灣人的集體記憶。在馬祖，不僅老兵帶來北方麵食蔥油餅，早期居民物資缺乏，用油得錙銖必較下，並非家常料理首選的炒飯，也和打滷麵等外省飲食，成為馬祖風味菜的一部分。依孀的店老闆陳金蓮，二〇〇二年就試圖突破傳統都以魚麵、棍麵的麵點為主的馬祖主食，接受親戚邀請於推動社造的牛角村設店後，她將紅糟加入炒飯中，把記憶中母親的紅糟小腸料理加以改良，還請駐紮在餐廳附近的衛生院醫療兵一起來試菜，開始在店內開賣紅糟炒飯，與涼拌蝦皮紫菜共同成為最受歡迎的創意風

347　　第五章　結論：風格、烹調與食材中的福州味

味菜,變成馬祖飲食的代表。這時,「紅麴炒飯」也經由江浙菜主廚許堂仁一次馬祖行後得到的啟發,改良成為他台北餐館上的福州料理,據說深受祖籍福州的前行政院長陳冲喜愛。二〇〇二年的中華美食展上,紅糟炒飯還屬於馬祖的「創意菜」,幾年後就成為馬祖風味餐代表,是今日各家馬祖餐館必推薦給觀光客的料理,近年官方推動下,還有將其正名為「馬祖炒飯」的呼聲。[37]

此外,解嚴後來馬祖基礎建設施工的台灣人進駐,也陸續帶來香港燒臘、椒鹽豬柳等飲食新風味,還有台灣廚師陸續以招牌的酥炸白帶魚與龍蝦三明治,打造生啤聚會與婚宴新文化,接著依親來到的新住民,則帶來創新河粉煎與麻辣火鍋等料理。這時候,遷居台灣的馬祖人,開展許多如馬祖麵館一樣的小吃店,他們從街頭發跡,看中陽春麵料理的快速方便,撐起台灣工商業經濟發展下中眾多勞動人口的體力來源。

家常菜方面,一九四九年前後來台的福州人,以同鄉會或善社組織為運作核心。同鄉之間透過宗教祭祀活動,或者唱樂、打牌、演福州戲,介紹福州人相互認識,甚至通婚。於此同時,隨著父母雙方並非都是福州人的不同境遇下,家常的福州菜深受台灣本土飲食,或者江浙等其他強勢菜系交流的影響。

味道的航線　348

過去，我記得外婆做的福州年菜不少，雖然並不是每一道都讓人吃得習慣。先前提到台北南門市場與福州三坊七巷中皆有販售的「肉丸」，在長大離開基隆才改觀前，這種裹著芡粉又甜又鹹、上面還有芋籤條的肉團，是媽媽心中每次過年都希望止於欣賞的年菜。在全家沒人捧場下，只剩外公外婆偶做好幾顆後蒸煮享用。「那真的很難吃。」以前，每當媽媽想到肉丸總這般念著，直到吃過南門市場的福州年糕，終於有了好印象。這道菜我不曾有印象出現在家裡餐桌，倒在一家福州老字號品嘗後，有了和媽媽一樣的感受。在除夕祭祖時，少不了吃上一碗長年菜麵。不同於一般台灣家庭的芥菜麵使用俗稱大刈的包心芥菜，外婆的年菜使用的是俗稱刈菜仁的大心菜，相較之下菜葉比較蜷曲。這種媽媽與阿姨口中小時候記憶中「菜不僅澀、連湯也很苦」的芥菜麵，也就是芥菜墊在麵條上。「加上麵條的芥菜麵，你外婆總說這很有免疫力！」阿姨講到這時，還配上一臉苦哈哈的表情。

但是，外婆還有許多其他包含魚丸湯、刈包夾五花紅糟肉、紅糟鰻或者紅糟鱭魚[38]等等下飯的家常菜。「外婆以前在基隆還會曬魚乾，你知道嗎？」從前，她會將鰻魚等魚類在料理前，剁成一塊塊洗乾淨、抹鹽、抹紅糟的段塊，

爾後放進甕中，要炒菜時就拿一塊起來，或蒸或炸。如果說是做成魚乾，她製作的魚乾也很特別。有一年，當我拿出在馬祖人家風簷下拍到的曬魚照片時，媽媽拿著市場剛買回來的新鮮鰻魚，邊回憶起過去在劉銘傳路後陽台的基隆老家，外婆常像馬祖人一樣，用風乾方式保存海鮮物產，使用時再將乾貨一段段切下。「那時外婆曬魚的陽台與洗澡間連著，我還問她說『那這樣你魚不是曬了又噴濕了嗎？』結果就被你外婆狠揍了一頓，哈哈！」媽媽笑著說。[39]

除了魚丸湯或紅糟鰻，家裡的年菜不只福州味。媽媽的小學同學很多來自江浙的海軍家庭，過年時每串一家門子就有一顆酒釀湯圓蛋。外婆曾居住的公司宿舍，則樓上樓下都是上海人，成了冬至必吃的酒釀湯圓緣由。「還有一道菜叫百頁，用煎過像福州燕皮的豆腐皮，包著絞肉一圈像包袱，用水黏住後，倒過來煎或丟到湯裡吃，後來大學同學的爸媽曾住過上海，跟她說起這道料理還能對得上呢！」媽媽回憶道。到今天，酒釀湯圓蛋花湯，還是我們家常見的早餐之一。在台灣的小小餐桌，料理就能匯聚四方的風土，張口便是一段故事，一段歷史。

味道的航線　　　　　　　　　　　　　350

從老酒到老滷：福州味的社會文化再形塑

馬祖飲食的演替，就是前述福州人在台灣或其他所在的移民社會縮影。原稱紅酒的老酒[40]oeyng-jiu，是福州料理的重要佐料，由伴著水的紅麴米倒入裝載糯米的甕中，固定攪拌後發酵而成。過濾的原酒是老酒，濾除的渣滓則是能入菜的酒糟。傳統上無論福州人、馬祖人還是台灣福州人，人人自釀老酒、做紅糟，不做酒也會到酒庫添購。但是對於當代馬祖人來說，老酒變成具有閩東觀光風情，與交友乾杯和敬拜祖先的功能性飲品，不再僅僅止於填飽肚子的日常所需。在馬祖人的餐桌上，滷海帶、滷蛋、滷雞翅和滷牛肚等等當代馬祖家庭常見的滷tsiu-khou味，也開始與老酒和紅糟分庭抗禮，成為不可或缺的佐菜料理。

馬祖菜館經常可以見到滷味，特別是小吃店。在軍人進駐之後，馬祖人多了一種食物保存的方法與料理的味道。戰地政務後期，許多餐廳迎合阿兵哥口味，研發出繼光餅包豬蹄等改良式閩東菜之際，另外針對薪俸有限、聚餐會友、

351　第五章　結論：風格、烹調與食材中的福州味

以菜配酒的軍人族群開發菜色，馬祖滷味就是最適合出現在阿兵哥上館子時搭著主食享用的料理。比如西莒島上的亞亞餐廳和欣欣飲食，至今仍開在軍營旁的店面少了觀光客湧入，菜單上寫著冰飲與雞排的販售品項，保留幾分當去以阿兵哥為消費族群主力的飲食地景。如果有機會在西莒吃上一餐，感受坐在網咖一排電腦旁邊飽足飯後隨著卡拉OK引導，身體搖擺奔放出高亮的嗓音，再伴的阿兵哥們酒足飯飽後隨著卡拉OK引導，身體搖擺奔放出高亮的嗓音，再伴著歌聲來一碗大滷麵，大口咬下充滿嚼勁的麵條，流汗中呼嚕呼嚕吞嚥大滷麵的勾芡湯汁，更有幾分身在前線保家衛國的豪爽氣息。

馬祖的滷味千變萬化，除了能將滷汁提出作為大滷麵的煨湯湯底，冷掉的滷味再重新拌炒，還能上桌成為一道炒滷味。在南竿，有兩家以上的小吃店提供廣受本地年輕人歡迎的炒滷味。所謂的炒滷味，就是不僅用滷汁煮熟滷味，冷掉的滷味在炒鍋先以蒜頭、蔥段和辣椒爆香後，一起拌炒，起鍋前再加上醬油，就有不同於一般的滋味。這些店家多半不以此為店名，也不主打招牌料理，而是透過口耳相傳，慢慢發現原來滷味炒過才好吃的隱藏菜單。有時朋友會特別提醒，店家可能不會主動熱炒，必須在購買時特別要求再炒過，才能享受到

味道的航線　　352

炒滷味的美味。

馬祖人的日常餐桌上也不時能見到滷味，過去馬祖家家戶戶幾乎都是做和軍人有關的消費型經濟服務業。由於服務業的特色之一就是以客為尊，所以在兼營特產店、麵包店、計程車行、鐘錶店、洗衣店，甚至網咖的複合型態下，家裡就是店面、住商混合的馬祖人，難有全家人一起在飯桌上好好吃頓飯的機會，能夠保存久放的滷味，就成為把三餐當流水席吃的家常料理首選。無數次我有幸走上馬祖人家的餐桌，都可以看到一鍋滿是滷汁，浸泡從雞腿到白蘿蔔的黑漆漆滷鍋。除了滷鍋，另外還有一種炸物也是因應開店生意忙碌，家人生活作息無法同餐共桌下的產物，那就是炸雞翅，這是一種以滷味和炸物來代替所有人在餐桌，以物來聯繫彼此不同生活作息的馬祖家庭經濟型態。所以，滷味也成為馬祖人現代料理不可缺失的一環。

滷味的關鍵在於使用雞腿、豬頭皮、雞翅等富含膠質的材料，並加入八角、茴香等中藥材，使所有的滷料，包括雞蛋、海帶、豆乾等食材都能入味。相對於源自江浙一帶，加入冰糖滷製的福州滷味，今天在台北大稻埕的小春樓與小春園兩家知名福州滷味店舖，販售的招牌品項蜜汁七里香，店家表示他們的滷

353　第五章　結論：風格、烹調與食材中的福州味

味,並不像紅糖或黑糖滷味那般甜膩,同時有加辣的選擇,無論喜甜或吃辣都咸宜。記憶中的外婆,最常做的滷雞翅與滷豬耳朵,除了冰糖也只會加入一根辣椒提味,鹹味相對台式滷味也比較清淡,福州百年老店的醬鴨甚至沒有加入辣椒,更標榜不加糖,純粹靠老酒與滷汁提出清甜味。[41] 在馬祖,人們在宴席上主要招待軍公教人員,且小吃也迎合老兵口味,傳承外省軍人口味的馬祖滷味偏鹹辣,與福州滷味相比,兩者已有些許分歧,形成不同的飲食道路。[42]

馬祖飲食本身就先後受到福州貿易以及軍需經濟的影響,至今,馬祖一般公務便當無論焢肉、叉燒還是雞排,在南竿一律一客一百元起跳,到了莒光等地一客一百二十元。物價居高不下,但飯菜量也等比例比台灣一般便當店來得充實,偶爾飯菜還會獨立於配菜與主食外,分裝在裝蛋餅大的餐盒,思維還是賣給阿兵哥的分量。

因為馬祖的地形開門見山、出門爬山,一路是山,作物以旱地為主,所以長不出好的農產品來,青菜、水果在馬祖像稀世珍寶。台灣人到馬祖送禮,一

馬祖小吃店內的炒滷味

味道的航線　　354

定是送水果，馬祖人到台灣旅遊，飽嚐的也一定是水果，青菜只有冬季的大白菜、白蘿蔔，夏季的小白菜和高麗菜，在供不應求的需求下，只好由台灣運貨到馬祖。經過船期、轉手、搬運，再到市場，消費者看到的青菜和水果已經是售價高昂、貨色低賤。——周培瑛，〈馬祖大請客〉，《聯合報》，二四版，一九九一年六月十八日

一九九一年，前《青年日報》記者、作家周培瑛來到馬祖，記錄下她的所見所聞。這篇〈馬祖大請客〉的報導文學意義，不僅止於描寫馬祖人的風土民情，這篇報導還正好落在同年五月一日總統李登輝宣布動員戡亂終止，但國防部卻授權馬祖與金門兩地的司令官繼續實施戒嚴之際。紛亂的五月，當國防部宣布金門與馬祖二度戒嚴後，從五月七日開始到五月十七日，金馬民眾在台北發起遊行抗議，寫著「苦情金馬人 無限期留宿立法院」的布條飄揚立法院前，表達不滿，直到隔年十一月七日，馬祖才正式解嚴。

在報導中，周培瑛似乎對於馬祖的物價之高有些吃驚，甚至有些不滿。自從一九七〇年代，馬祖的連江縣政府定期請中國農村復興聯合委員會，以加強

農村建設的名義，委請當時由台灣省政府所轄，如今改隸農委會農業試驗所的農業改良場技士，前往戰地前線的馬祖與金門輔導作物生產。在一份一九七六年的合約公文，可以發現相對金門全力培養大規模高粱生產，馬祖則採強化高粱、玉米、番薯、葡萄、蠶豆、豌豆、馬鈴薯、洋蔥等既有和新引進的作物多元化種植畸零農業（這也解釋馬祖小吃中稱作地瓜餃的葛粉包及鼎邊趖中的蠶豆為何多是旱地作物）。最終，高粱生產沒有辦法配合馬祖酒廠的產能，人們也認定確保馬祖與東湧陳高品質的關鍵，不在於馬祖自產高粱作物，而是其花崗岩地形帶來的良好地下水質；至於馬祖擁有最大平地的坂里村，則以「馬祖三寶」：蘿蔔、高麗菜、大白菜等高冷蔬菜聞名。這些本地蔬菜個頭不小，下鍋後卻口口脆甜。每到產季，在南竿獅子市場前的幾位依嬤，總會售賣新鮮自種的蔬果，與市場口的馬祖市斤公秤，成為最獨特的在地風景。不過，大部分馬祖農業在戰地政務終止後，隨著原本在地採買的軍糧政策轉為直接從台灣進口副食品，周培瑛報導中指出的農產品質地不佳，反映了解嚴後失去軍需經濟支撐下，在地飲食倚賴台灣菜船貨運的島嶼風土。

周培瑛透過文字，記錄了解嚴前夕馬祖社會的飲食生活習慣。在周培瑛造

訪馬祖六年後,總統李登輝宣布裁軍:一九九七年實施精實案裁軍前,馬祖各島總體號稱有五萬大軍,不僅軍事物資,連一般民生物資在天候不佳時,因應地方的高額需求,有時也需要軍方協助運補,才能養活連同彼時馬祖連江縣全縣約六千名的居民生計。

如果說釀酒代表文化的傳統與護持,滷味則代表文化的傳承和變遷。因應經濟社會結構劇烈變遷,相對口味轉折明顯的馬祖飲食,在誕生軍人傳授的滷味後,為了供應來自五湖四海的軍人集中管理與日日訓練所需,還出現蔥油餅、大滷麵等兼具外省味與高熱量的小吃。當軍隊人數從五萬撤到不及五千名,急劇下降的駐軍數又使傳統宴席菜需求降低,往昔集閩菜、川菜還有台菜於一身的馬祖大廚失業了,倒是伴隨台灣本島工業化的經濟奇蹟,更多馬祖人帶著蔥油餅、雙胞胎手藝到台灣,希望再憑一己之長,來到異鄉安定謀生。在中華民國政府遷台初期,大量軍隊進駐馬祖,馬祖居民的行動受限,捕魚容易被指控為匪諜,上岸開雜貨店、澡堂、彈子房⁴³卻能賺大筆收入,未遷居台灣的民眾,將自宅過去做漁獲儲藏的魚窖鹽池加蓋或改建整棟房屋,服務絡繹不絕的阿兵

哥,傳統的魚丸湯、餛飩麵等小吃店大受歡迎,繼光餅夾豬蹄、瓜白等合菜也提供軍民大宴小酌的歡愉。

在第二章中,我曾提及馬祖的統一麵包店在一九九〇年後看準解嚴的觀光商機,重新生產馬祖傳統糕餅芙蓉酥至今,並轉型成特產店交棒第二代;與此同時,位於台北的東引小吃店,則是透過第一代與第二代老闆聯合打拚,交棒到第三代延續著他們從東引反共救國軍老兵手中接下的外省陽春麵店風味。自第一代老闆從二、三十歲開始在台北闖蕩、奉獻青春,到開業五十年後以七、八十歲之齡退休,在標榜廿四小時營業的小店一站就近一甲子,這種寧可拿張躺椅或涼椅在店旁休息等待客人,全家輪流在家吃年夜飯再去顧店也不打烊的堅持,是傳統東引人的打拚精神。

隱身在台北傳統市場中的東引小吃店,在異鄉從擺攤轉進樓房內開店繼續賣外省麵的飲食發展方向,看起來與西點店轉型成賣傳統糕餅零食的頂好麵包迥異,雙方卻交錯地走向不同的傳承與轉型之路,同時共同見證了台灣的經濟奇蹟。長期累積下來,東引小吃店擁有一

端午節時外婆做的滷蛋與滷豆、搭配玉米蘿蔔魚丸湯

當代福州家常菜中的滷味滷雞翅(右一)

味道的航線　　　　　　　　　　　　　　　　358

批批從七八點晚餐、九十點宵夜到凌晨酒席續攤顧客,這些接連輪番光顧的老主顧無論是學生、退伍老兵還是計程車司機,不同世代與職業的客人共同享用第一代店主的經典麵食與豬頭皮、海帶、豆乾等滷味,或者第二代接手新推出的豬/牛油乾拌麵;並在第三代裝修更與家鄉連結的東引風情店內陳設中,持續來到店內找尋各自的青春歲月;就算從年輕深夜時就背著書包來吃麵,到了孫子出生還是會再走向櫃檯買麵,回憶過去自己坐著的那張椅子,遙想當年。[44]

無論是家庭運作型態還是社會階級組成,飲食流變不只是單純口味的傳承,其滋味還跟所處身社會群體的生產與消費體系息息相關,影響著何謂「福州菜」的定義,其中衍生的風格、烹調與食材,更牽涉在特定社會情境中,該群體發展的文化面貌。

上:馬祖酒廠內的高粱
中:馬祖農民生產的大蘿蔔、大白菜與高麗菜
下:馬祖獅子市場前的公秤

359　　第五章　結論:風格、烹調與食材中的福州味

釀與滷：變與不變中的區域料理圖繪

近代福州移民可以粗略分為四波：第一批在清朝中晚期，隨著海禁解除，在原鄉人口壓力下藉由開港通商後移民至外海，不僅沿海長樂與連江一帶漁人逐步遷居今天的馬祖與周遭海島，還有福清移民經商日本、開墾東南亞。第二波在二十世紀初，由於福州軍閥與日軍動亂或沿海城鎮水災，福州人移民到日本與其所屬的台灣，或者英國所屬的新加坡、沙巴和砂拉越。第三波則在二十世紀中，由於國共內戰，大量福州人就近轉進馬祖及台灣本島。第四波則在二十世紀下旬改革開放後，當馬祖人開始移居台灣本島在成衣業工廠上班，同屬馬祖原鄉的長樂連江沿海城鎮鎮民，則到加拿大的多倫多、[45]或者美國紐約的法拉盛尋求工作機會，發展冠上「琅岐」等家鄉名的乾拌麵料理僑民經濟。

在第一章曾介紹基隆開設口福麻花的馬祖人胡宗龍，便曾在法拉盛與弟弟合營

味道的航線　　360

聖瑪莉精緻蛋糕坊（Sun Mary Baker），他便分享隨著福州新移民不斷增加，要在紐約吃到拌麵扁肉等福州小吃，早是唾手可得。

而飲食交流並非單向隨移民者帶入遷居社會，今天在日本，如同胡椒餅之於台灣，太平燕（たいぴーえん）變成當地代表性中華料理，以日語稱作春雨的冬粉取代肉燕，用雞蛋取代鴨蛋。疫情前，台北的市民大道還曾有一家東馬料理「瘦仔林叻沙」主打紅糟雞湯的經典福州菜餚，見證這幾波遷徙下飲食交流的多向性，當福州飲食走出福州後，不同波的移民潮在海外落地生根後，又流轉、匯聚、再傳播，到達下一個異鄉。

釀與滷，分別代表兩種不同的典範。釀造代表固有的福州文化，無論是在不產糯米的海島馬祖，或者遷居異鄉到台灣，為了喝下那一口習慣的溫潤味道，馬祖人和台灣福州人都堅持冬日炊糯米、拌紅麴。飲食作為身體五感的體驗，當福州話快速消失在台灣本島，福州料理仍然持續出現在台灣的市場、小吃攤和菜館裡，今日看似日常的紅糟、麵線、胡椒餅，仍存留在你我生活的味覺中。

在馬祖的時候，好食人家是我不管造訪幾次仍印象最深刻的餐廳；不只是他們的紅糟肉採用豬五花，還因為醃製時會放入老酒、醬油和砂糖提味。一般

馬祖人紅糟比較常炒蘿蔔或風糟鰻,[46] 如果要醃紅糟肉則不加醬油,在不產甘蔗的海島上以砂糖入菜更是奢侈,但當醬香融合在帶點酸氣的紅糟酒香中,這種與糖醋有著異曲同工之妙的口味,是我認為五花紅糟肉作為一道香氣十足的下飯菜關鍵。它又酸又甜的滋味,讓我每次只要到好食人家,總想起小時候常吃的料理肉丸団。

肉丸団是一種會加入雞蛋、水的蒸製肉餅,也是喜愛加糖的外婆常做的經典家常菜。過去只要我在家,外公外婆家餐桌上就少不了它。我從沒有機會親自下廚調這道料理,但強烈的視覺暫留至今都還記得,絞肉做的肉丸団是赤色,深深的顏色代表充滿大量的醬油,吃起來甜甜的滋味,說明加了不少白糖。絞肉聽起來並不稀奇,沒有什麼當前美食節目愛說的「黃金比例祖傳秘方」,也不為外婆最愛的傅培梅女士所青睞,對幼年的我來說這卻是魔法:絞肉加上生蛋,再攪和肉團,加入適當水量一蒸,當電鍋蓋開始噠噠跳動,聽到「嗊」的一聲,一盤香氣四溢的蒸絞肉,就能準備上桌。在那段天塌下來也會有人扛的日子,我的人生只要期待著在開飯前,聽著電鍋熱氣敲響鍋蓋咔啦咔啦的聲音,再打開電鍋蓋等待蹦出的白色蒸氣散去,夾出那滾燙平板白鐵上一盤盛裝

滿滿絞肉再撒上一點蔥段的肉丸団，配上三碗飯也沒問題。這道滿是醬香與甜味的典型福州料理，就與福州煎包、福州魚丸與胡椒餅內餡有異曲同工之妙。一篇網路分享的微信文章稱叫「市菜」[47]，顧名思義是沒有外賣，只存在母系福州人巧手中，當然也就不會有任何的公開秘方。

隨著外婆的離去，這道下課後滿心期待的肉丸団，僅留在我的記憶中。外公外婆還在世時，他們平時只吃可以加上蘿蔔煮個兩三回的福州魚丸湯，更凸顯肉丸団背後的不平凡。囫圇吞棗完那盤肉丸団後，再用湯勺刮下還沒有被搜刮殆盡的邊角料，那簡單的滋味，今天只能透過微信和抖音的文章，想起過去從電鍋裊裊冉起帶著甜味的白煙香氣，記得背著書包按電鈴，等候一聲「Toe-oeÿng（是誰）?」的日子，才知道原來平凡的東西不見得普遍，要修補稀鬆平常的記憶地圖，也不會看似記得路標就顯得容易；而遺忘的，總是比記得的多，記憶的重量有多重，掉下來的眼淚就有多重。

隨著時代融合或發明，無論馬祖、台灣或者福州，懷舊與追尋正宗之外，新的飲食消費文化不斷推

東引小吃店的滷味與招牌料理之一的蛋花湯（掐米亞店提供）

363　　第五章　結論：風格、烹調與食材中的福州味

陳出新：在原鄉福州，無論小吃到酒家菜，飲食料理不斷朝向新的飲食感官經驗進化，馬祖人的原鄉長樂就出現一道彼岸馬祖人與在台福州人都沒聽過、類似台灣八寶冰的「長樂冰飯」，是融合刨冰與八寶飯的新小吃。疫情後，也有福州商家推出在家也能享用佛跳牆的火鍋料理包，[48] 見證福州料理的釀與滷精神，無論原鄉還異鄉都在創新中不斷轉變。

在馬祖，今天有更多年輕人創業，致力將傳統的老酒開發成巧克力、奶茶，或者另外結合高粱酒變咖啡，還融合當下流行的餐酒館文化，將金銀花等在地食材調製成精釀啤酒。在不斷改變與創新中，無論福州料理還是馬祖料理，所謂食物是屬於傳統還是發明的定義與歸類，又更深層取決於食物如何與每個人的特定人生片段相互扣聯，產生召喚記憶與情感的「瑪德蓮時刻」。[49] 每當我想起家門巷口的市場，不只想到來自馬祖東引的陳姐姐蔥油餅攤，以及固定每週二、四在市場裡一位福州新住民販賣自己手工製作的福州魚丸攤，福州料理也不斷如新竹燕圓的演進，在台北堅持販售福州口味料理的老菜館時，還有更多牽動著更多台灣人日常生活的回憶。隨著台灣走過面臨經濟泡沫化的金融危機，經典的福州胡椒餅加盟潮遠去，但融合北方麵食的馬祖蔥油餅攤除了芝麻球與

味道的航線　　364

雙胞胎，開始賣起甜甜圈；難以聯想與福州菜有緊密聯繫的摃丸與佛跳牆，開始深入台灣各大宴小酌的餐廳菜單。

台菜是從酒家菜、清粥小菜、中華菜再融入客家原民菜，在仕紳宴席、工商業昇華、師徒制技藝交融與國族論述中慢慢成形。[50]當福州料理也融入了台灣人生活的社會記憶片段，料理不僅僅是代表一個國族，或者族裔遷居的鄉愁記憶及象徵符號。

以物的網絡連接角度來說，食物作為「物」的一種，放眼於陸地外，還是島嶼之間跨越海洋的人與人、人與物之連結。過去分析澎湖島嶼飲食生活發現，軍需經濟下的澎湖人飲食深受移動人口與自然環境影響，[51]如果進一步將打破界限後的料理風味交融和變化過程分類，往往背後包含文化地理學者庫克與克蘭恩提出食物作為商品，在位處再現、身分、生產、消費和調節等多項指標的文化經濟迴路時，食物的跨境位移（displacement）就會牽涉情境、傳記、起源三項地理知識概念；[52]更具體地說，也就是特定料理原本被設定位的**風格標籤**、時間傳承革新下的**烹調技藝**、環境因地制宜的**食材成分**，變成食物中探尋文化混雜的三條線索。

365　第五章　結論：風格、烹調與食材中的福州味

曾經有移居新加坡超過十年的蒙古攝影師，這樣評論新加坡福州飲食：「福州文化給我的印象可以用兩個字來形容，那就是『包容』。這種『包容』就體現在飲食和傳統習俗方面，不僅兼容不同方言群的文化優勢和飲食習俗，還能同時恰到好處的保留自己的福州特質，難能可貴。就比如一道紅糟雞麵線，紅糟有本地客家人釀製的獨特味道，而麵線也能突現福建人的麵食身分認同。新加坡人一吃紅糟麵線，就可以認定這碗來歷複雜、汲取眾家所長的麵線是福州人所做。」[53]

但何謂具體的「包容」？

在其他文化混雜的料理劃界中，如果首先將風格標籤獨立於烹調技藝與食材成分之外，北非阿爾及利亞人的例子告訴我們，脫離法國殖民後，即便法國麵包已是當地家常料理，居民會將阿拉伯麵包視為更高貴的食物，在特定節慶時刻丟棄法國麵包，象徵對法國文化的蔑視與家庭富庶。風格標籤度高過於烹調技藝與食材成分影響的法國麵包，無論越洋到非洲還是法國菜，麵包的料理區域性不受時空阻撓。同樣地，佛跳牆也未曾隨著傳播至台灣，

好食人家的紅糟肉

味道的航線　　366

改變其高貴象徵。

此外，在烹調技藝獨立於風格標籤與食材成分的情境中，以保加利亞婦女的眼光來說，即便她們移民到英國倫敦，再也買不到原本家鄉料理摺餅（banista）常用的起司種類，仍將這道做法不變、只能改變材料的菜餚，視為個人和保加利亞人連結的認同紐帶。料理區域性著重於烹調技藝時，風土料理不受原本食材來自何方的型態與意象限制，也就是原生環境[54]的影響。當乾拌麵分布於福州、台灣與馬來西亞的麵體與調料不盡相同，仍一致追求麵本身要煮恰到好處才能拌上豬油的技藝。

最後，當食材成分獨立於風格標籤與烹調技藝，由西方傳入日本的飲食發展史，顯示外來料理義大利麵在日本，當加上日本在地的明太子、鱈魚子、醬油、味噌、醃梅、納豆，也會發展出和風義大利麵，成為帶有日本性的在地化料理。這種彰顯取決於食材在地化的和食邊界游移，凸顯食材在料理區域化過程的重要性，不亞於風格標籤結合烹調技藝所代表的記憶論述。即便馬祖家常的老酒麵線各家相異，但不變的麵線、煎蛋與肉絲和著老酒點綴，彰顯馬祖的風土文化。

長樂冰飯

367　　　　　　　　　第五章　結論：風格、烹調與食材中的福州味

這些「風格標籤 v.s. 時空」、「烹調技藝 v.s. 原生環境」與「食材成分 v.s. 記憶論述」的型態，都說明經濟結構下飲食的風格、烹調與食材各自之間互動，併同所對照出的時空、原生環境與記憶論述關係，皆是地方料理型構的重要因素。55

從「幫菜」到「區域菜」，一九九九年在福州舉辦的第二屆中國飲食文化研討會上，歷史學者沙班說明中菜討論菜系的改變，代表漢人餐宴飲食從廚師決定地區特色，轉為選料相近而反映區域特色。56 本書從生活飲食（foodways）57 的角度，將大菜、小吃與家常菜統稱為料理（cuisine），58 因為無論是堅持風格、超越時空脈絡的佛跳牆，講究烹調、超越環境限制的乾拌麵，或者食材取自生活、超越記憶論述的老酒麵線。這些從福州、馬祖以及從雙胞胎到蔥油餅，從意麵到陽春麵，從扁肉燕、魚燕包到燕丸，從繼光餅到胡椒餅，從醃到滷的福州系列料理，都帶我們串聯起這麼一條從福州、馬祖到台灣，甚至延伸到砂拉越、熊本和紐約的味道航線。59

山林砍伐會留下明確的山徑，建築倒塌會留下碎石的蹤跡，可是流動的海水不斷改變形體，難以察覺反覆消失再重生的移民者航線。在錯綜複合地跨

味道的航線　368

越台灣海峽、甚至是東海到太平洋料理文化之間激盪下，風格、烹調、食材為量度所譜出的福州料理，有別於從垂直面切入族裔菜色發展的性別或階級的協商與鬥爭討論。60 從男師傅到女攤商、從平民到仕紳、從原鄉到新故鄉、從福州人到馬祖人與台灣福州人，福州飲食隨經濟政治與社會鉅變或消失或改變的推陳出新，料理內在的福州性混雜於水平面地域劃界中，呈現高度的離散破碎（discrete fragmentation），跟著這些移民者腳步的大菜小吃，彈性地悄然化身為在地菜的源流序章，影響了在地人的日常生活，比如台灣島。

本書談到的許多料理展現不同身分的福州人，例如日治時期受聘的麵線師傅、戰後退伍謀生的魚丸店老闆，以及漁家後代轉行的麻花學徒。這些職業與階級多元的福州移民，將不同的家鄉料理傳入台灣，滿足移居社會各個階層人民的口腹之慾，意味著飲食文化不斷融合，例如佛跳牆是年菜必備菜餚、胡椒餅成為台灣小吃的代表。而當餐廳店家創造出紅糟炒飯，甚至將紅蘿蔔加入肉燕餡，還學會蔥油餅、蟹殼黃、山東大餅，並且諸如紅葉蛋糕這類代表台式西潮的點心又逆輸入到福州時，也意味著福州料理經過深耕台灣大街小巷後的在地化過程。與此同時，還有一些小吃則以「福州」魚丸、「福州」乾麵之名，

與台灣人對魚丸和乾麵的既有想像形成區別，展現出福州化與台灣化之間持續進行的論辯與文化互動。

飲食不只滿足生理需求的功能，能否被在地接受為「可食之物」，還是種文化的象徵。[61] 福州不僅是指向一種得上升至國史尺度的特定疆域認同，更是一群人透過追尋基於文化標籤的想像，在特定符號競逐中定位自身社會身分，並探索屬於自身認同之路的過程。不論這些料理是否冠以福州之名，跨越日治時期、戰後到兩岸開放，在料理再領域化的過程中，來台的福州人持續影響著台灣料理，以風格、烹調與食材三個文化層面充實其內涵，見證台灣乃至其他福州人將屬地所在的消費社會與家庭經濟結構轉變。

在經濟、人口、政治等形成的跨域文化經濟網絡內，從風格、烹調、食材三個切入的區域料理圖繪（regional cusine mapping），反映背後吃著特定菜餚的特定文化族群，從他們既真實又想像、沉積於時間又蘊含著符號協商的實踐中，如何產生對大菜的意識論述、對小吃的技術標準與家常菜的風土習性之過程，理解精神追求、口感品味與地理徵候促成的「福州菜」──甚至任何地方菜餚──的區域劃界脈絡，是不斷處於後殖民學者巴

忍冬啤酒

味道的航線 370

巴與地理學者索雅所說的第三空間遊走，見證超脫國界、更多元的人群聯繫與文化變遷。

「阿姨，我要走了，去搭公車囉。」記得有一天，剛拜訪完蔥油餅攤，提了兩袋蔥油餅回頭沒走兩步，就聽到來自東引的陳姐姐在背後這樣呼喚。

「注意保暖啊！」我還沒回頭，陳姐姐高聲地喊了一句。因為我剛剛才和她講完，下週準備回馬祖；而馬祖昨天的預報，氣溫將是零下一度。

食物的味道，每一個人的定義不同，但有同一種對於家的嚮往，代表故鄉的精神，自我根源的追尋。在物的飲食中，家的味道不斷被再定義，可於此同時，心目中能喚起記憶的飲食在哪，哪裡就是家。

紐約法拉盛街頭上販售魚丸、燕胚、粉乾的福州商店，拍攝者：N Stjerna
（CC-BY 2.0 授權，https://www.flickr.com/photos/niklasstjerna/53045628576/）

第五章　結論：風格、烹調與食材中的福州味

1 陳珺（二〇一四）。閩菜過年 紅蟳正好。家園，九八。頁九二-九五。劉立身（二〇一二）。閩菜史談。福州：海風。轉引自許曉春（二〇二三年七月十日）。一九二七年，「吃貨教授」顧頡剛在福州到底吃了什麼？，中共福州市黨委史和地方志研究室。二〇二四年一月十日，取自：http://fz.fjdsfzw.org.cn/2023-07-10/content_127604.html）。胡祥翰、李維清、曹晟（一九八九）。上海小志、上海鄉土志、夷患備嘗記。上海：上海古籍。（轉引自閩菜歷史與發展（二〇一八年一月十六日）。華人頭條。二〇二四年一月十日，取自：https://www.52hrtt.com/posi/n/w/info/G1499243739939）。

2 聚春園（無日期）。老字號數字博物館。中華人民共和國商務部。二〇二三年四月十一日，取自：http://lzhbwg.mofcom.gov.cn/edi_ecms_web_front/thb/detail/450e2f0897dc4abca9d7a030f3be838b）：守正創新 引領閩菜文化傳承 聚春園集團抓品牌 提品質 促發展（二〇一九年五月卅一日）。國資動態。福建省人民政府國有資產監督管理委員會。二〇二三年四月十一日，取自：https://gzw.fujian.gov.cn/zwgk/gzdt/gzyw/fzsgzw/201905/t20190530_4890022.htm。

3 塔巷，那即將消逝的百年老店（二〇一七年六月廿六日）。吃遍福州，二〇二三年四月十一日，取自：http://www.78ms.com/a.php?id=3734。

4 一九五四年九月二日，中共中央人民政府政務院第二百二十三次政務會議通過之《公私合營暫行條例》第一條條文。

5 永和（無日期）。老字號數字博物館。中華人民共和國商務部。二〇二三年四月十一日，取自：http://lzhbwg.mofcom.gov.cn/edi_ecms_web_front/thb/detail/d438fa7ddf7e447b8d49d18482b346e8。

6 馬祖人稱白粿糕。

7 寇思琴（二〇一四年十二月十一日）。「美且有」糕饼渐渐难寻 给人带来「老福州」的味道。東南網。二〇二三年五月六日，取自：https://fz.fjsen.com/2014-12/11/content_15372284_all.htm；黃開洋（二〇一九年九月卅日）。美且有。唯讀福州。二〇二三年五月六日，取自：https://a-laung.com/fuzhou/?p=35/。

8 簡稱「上西」的上海西餐廳，販售點綴花草的牛排、魚排，還要教導人們如何使用刀叉，這些專業從上海國際大飯店聘請來廚師做出的料理，也是最早颳起奶油雕花蛋糕炫風的領頭羊。詳見：福州小魚（二〇一九年四月廿五日）。福州洋的這家餐廳，滿滿都是媽媽年輕時的「戀愛記憶」｜魚說榕城

9 「台北市紅葉蛋糕公司董事長許建平,在馬祖故鄉恭塑蔣公銅像,並購置黃金鋪柏四十株遍植四周,在馬祖傳為佳話。許建平同時還捐出十萬元勞軍,另贈五萬元給連江縣政府。這座銅像坐落在福沃碼頭,已於今年十月卅一日隆重揭幕。」詳見:台北紅葉蛋糕董事長 許建平不在馬祖傳佳話(一九八三)。馬祖之光月刊,十九。頁十五。後來隨著港口整建,蔣公銅像遷移至地標「枕戈待旦」標語下方,人人可在乘船入馬祖福澳港時遠眺。

10 Doolittle, J. (一八六五/二〇〇八)。中國人的社會生活(陳澤平譯)。頁七。

11 中華老字號指的是,一些在一九九一年由中華人民共和國國內貿易部評選出來的中國老牌企業,都是在一九五六年或更早成立。

12 近代中菜飲食發展深受香港影響,不只是香港消費文化影響福州的菜系發展,在台灣的福州菜過去亦曾禮聘在香港掌廚的福州師傅來台發展。詳見:宋祝平(二〇〇一)。簡論福州菜之特色兼論傳統的繼承與創新。中國飲食文化基金會訊,七(三),頁三〇-三七。安樂園大酒樓 增加福州名菜(一九七七年二月十七日)。經濟日報,第七版。

13 重磅!夜市要回來了!福州將放寬夜間外擺位管制(二〇二〇年四月廿九日)。台海網。二〇二四年四月七日,取自:https://baijiahao.baidu.com/s?id=1665287836604351638。

14 詳見:段穎、梁敬婷、邵荻(二〇一三)。原真性、去地域化與地方化——沙縣小吃的文化建構與再生產。二〇一三中華飲食文化國際學術研討會論文集。頁二三五-二五〇。

15 糖醋調味是當代福州菜特色之一,但糖醋作法在中國的源起眾說紛紜,蘇菜、粵菜、魯菜、川菜、東北菜都有相傳起於清末的糖醋肉技藝,只是叫法從咕咾肉、熘肉段到糖醋肉不一而足,著重或甜、或鹹或酸的醬汁調味差異。其中,會以番茄汁調味的粵菜咕咾肉,相傳是最早使用番茄汁調味的糖醋料理,在一九三三年的聯合報便已記載「把鉤汁用的白醋,白糖,醬油,鹽及番茄汁摻攪在一齊,另用一點水把豆粉調好,放置一旁備用」的做法。到了一九七二年,蘇菜廚師劉學家將番茄醬加入松鼠鱖魚的糖醋醬汁,在中國一砲而紅後,同一年台灣人湯英揆在紐約的中菜館也推出改良版的糖醋番茄醬左宗棠雞,影響美國中菜與台灣菜的糖醋烹調方式,開始加入番茄醬。詳見:徐文斌、岳家青(二〇一九)。廚師

16 劇場 蘇杭菜 看蘇杭菜的故事。品天堂味的鮮美。台北：橘子。Cheney, I (Director) (二〇一五)。The Search for General Tso. [Film; DVD]. Wicked Delicate Films. 冊（一九五三年十二月十七日）。

例如，在台灣的福州菜易受粵菜影響，講求牛蛙等海鮮與水產料理。詳見：牛蛙威力波及餐館海鮮、海產小吃店生意減三成 福州餐廳與台菜館 主菜都變了樣（一九八五年四月廿七日）。經濟日報，第十版。

知味新譜。廣東咕咾肉。聯合報，第六版。

17 台灣觀光產業升級策進會（二〇一二）。九八年度地方產業發展基金「馬祖紅了，紅糟美食特色產業輔導計畫」結案報告。未出版。

18 關於老酒何以爲「老」？至少在馬祖，福州話是先有音才有字，所以關於字詞的書寫有兩種說法。第一種說法是因爲第一年製出的黃酒比較生澀，另稱爲「青紅」（tshiang-oeyng），如果冬天做出的酒能撐過夏天的炎熱，也就是過夏（kuò-hā），相對就是老酒了。至於第二種說法，則比較從飲食本身角度，認爲應該考慮黃酒的製程，提出 ló-jiú 應寫爲「醪酒」，醪就是汁滓混合的濁酒，正是黃酒的特色。一般來說，當代在福州談到老酒，福州人多半指涉爲鼓山酒廠釀造的「福建老」（Hŭk-kyong-ló），並認爲老酒或許釀製手法與青紅的方式與有些不一樣。詳見：游桂香（二〇一七年七月十三日）記酒党雅集。馬祖日報，二〇二三年六月五日，取自：https://www.matsu-news.gov.tw/news/article/68485。

19 詳見：食藝研究院（二〇一九年十月十五日）。紅糟福客。二〇二四年一月廿四日，取自：https://sites.google.com/view/lls2920，調味品／紅糟福客／。

20 因此，馬祖也另有一種說法指稱「老酒」源自「撈酒」，是因爲過去製酒條件不佳，酒濾後得先「撈過」（lo-kuó），略煮加熱）一下才能喝，最後口耳相傳下來成爲老酒。

21 詳見：龔詠涵（二〇一五）。從眷村幸福酒釀開始。台北：商周。頁一二一。

22 詳見：IM5481（二〇二三年八月八日）紅糟肉＝紅燒肉？有關紅燒肉 在台灣到底是指什麼豬肉料理？客家紅糟僅需將糯米浸泡約一夜蒸熟後，將攤涼的米飯放入紅麴米至容器，倒入米酒封罐，浸泡七至十天就可食用。詳見：https://im5481.com/2023/08/08/紅糟肉紅燒肉-有關-紅燒肉-在台灣到底是指什麼/。

23 詳見：焦桐（二〇一五）。紅糟燒肉。台灣小吃全書。上海：譯林。曹銘宗（二〇一六）。鼎邊趖與紅燒鰻焿。蚵仔煎的身世：台灣食物名小考。台北：遠流。頁二一〇-二二三。

味道的航線 374

24 本刊訊（一八九九）。雜事 紅麴近況。臺灣日日新報漢文版（十月廿八日），四版。其中報導內文的朱提（户），因爲過去雲南昭通的朱提山以出產白銀聞名，是舊時銀子的代稱。

25 本刊訊（一九一六）。紅糟製造公司。臺灣日日新報漢文版（二月六日），六版。

26 本刊訊（一九一七）。紅糟廉價發兌。臺灣日日新報漢文版（七月十七日），六版。

27 台灣觀光產業升級策進會（二〇一二）。九八年度地方產業發展基金「馬祖紅了，紅糟美食特色產業輔導計畫」結案報告。未出版。

28 有時會改用保力達代替。詳見：黃開洋（二〇二〇年五月十二日）。鐵板補庫。壓浪 Ah-Lāung。二〇二三年五月六日，取自：https://a-laung.com/story/?p=1935。

29 根據員林鎮志的調查，其轄內一九二六年調查顯示：漳州府一七，三〇〇人、潮州府五，五〇〇人、福州府二，二〇〇人，福州人約占該市街人口的百分之十。但是一如戰後各省移民，這些約在台灣日治時期、民國初年遷台的福州人，第一代說著福州話，第二代卻以台語交談，顯然福州話並非在台灣福州人家中使用的慣用語，且並未影響當地方言發展之際，就在世代間消失。詳見：陳淑君（二〇一〇）。語言・社會篇。彰化：員林鎮公所。頁六八五-六八七。

30 黃炳森（二〇一九）。福州人在大稻埕。榮民文化網。二〇二三年六月五日，取自：https://lov.vac.gov.tw/zh-tw/oralhistory.c_4_41.htm?I

31 第一次認識到下雜魚佐番薯飯的吃法，就是林義和工坊的老闆黃克文大哥告訴我的。他採用傳統作法，醃得出汁的鰮魚和小鯷（合稱鰮鯷）燉豆腐和五花肉，結合海味的鹹及豬肉的香，配上番薯飯能至少吃上兩碗。黃大哥依靠這道料理，也獲得了美食評論家的青睞，在二〇二二年獲選聯合報主辦的第二屆500盤之一。

32 有關蝦油製作，詳見：劉宏文（二〇一四年二月廿七日）。馬祖辭典之十三：鹹配。馬祖資訊網。二〇二三年六月五日，取自：https://www.matsu.idv.tw/topicdetail.php?f=182&t=121333。邱新福（主編）。經濟篇。南竿鄉志。二〇二三年六月五日，取自：http://client.matsu.idv.tw/tour/nankan/history/economy.html。蝦油好吃驚（二〇二一年六月廿八日）。記憶馬祖【臉書粉絲專頁】。二〇二三年六月五日，取自：

33 有關馬祖蝦油的取名，感謝國立臺灣師範大學台灣史研究所的陳世偉先生提供訪談資料。有關福州人在台北的發展，請參考：陳世偉（二○二四）。移民點心臺灣化：戰後臺北的福州糕點族裔經濟發展（未出版碩士論文）。國立臺灣師範大學臺灣史研究所。另外詳見：感謝日本 著名旅遊雜誌 推薦民星食品廠生產的「馬祖蝦油」（二○一九年三月廿二日）。民星魚露食品廠【臉書粉絲專頁】。二○二四年一月廿二日，取自：https://www.facebook.com/mingshingfood/posts/pfbid0vfo8mCEds9YsQERzURtTwyZciSSAs7k5plSpjtGbo4DfiY1rM3k7QTpNEcpmBul/

34 例如會在新莊出現的台榮師傅黃德興與福州榮師傅簡正通聯手「大廚師」餐廳，雖以重現兩百年台菜爲副店名，但菜色融合台菜以金線蓮、枸杞、紅棗與雞同鍋燉煮的「加誌雞」，與福州菜以黃瓜挖空後塞入海蜇皮的「穿心蜇」。詳見：梁幼祥（一九九八年一月廿四日）。總舖師出動到府開灶二：青田街五號外燴開喜有福州老菜新做以光餅夾燴煎海鮮。中國時報，第三五版。

35 諸如過去彰化白龍庵即爲三山會館，此外台南同心堂即爲台南市福州十一縣市同鄉會的運作核心，過去還組織「台南福州團」，裡頭擁有眾多精美的神偶塑像，但隨著無人接手而神明遷居、神偶四散。在台北，有限於作者能力，至今可知者則爲在中和仍有榕城同心堂與淡水天君堂運作，祭祀溫康二都統與于山王天君等福州特色神明，並協同三山善社在特定節日開設道壇；在桃園的八德龍山寺，幾年前也曾和「台中福州團」一起參與神明遶境。

36 比如台北南陽街與台中一中街都有販售福州包的攤位，其實在福州沒有這道食物，引發來台灣旅遊的中國網友討論。有人留言「福州人表示这一点都不福州」、「九份的福州魚丸也不魚丸」，但也有人留言「福州好像韭菜肉馅多些」，小时候挺多，现在苍蝇馆子少了」、「很像福州一些店会卖的水煎包」本地也就叫煎包」，變成福州網友反過來試圖爲這道食物自尋合理的身世，成爲文化挪用的逆向輸入。傳統的福州煎包與上海煎包相比，以兩邊的老字號輪工壹號和大壺春的差別來說，一個是倒下麵漿水煎，另一個是直接到油生煎；餡料一加蔥末、一純肉凍；麵皮一個皮厚無摺痕、一個皮薄撒芝麻。因爲台灣小吃中標榜的上海生煎包也多採用水煎，比較合理的推測是台灣主流的生煎包作法已經融合各地料理方式，倒是福州包中都確實留有福州煎包的遺緒。無論台北還是台中都確實留有福州煎包的遺緒。詳見：展發愛看电影（二○二三年一月五日）。街头火爆的「福州包」，三个十元排长队，半天就能收入上千元。哔

37 非凡電視台新聞部專題組（製作人）。二〇二三年六月五日，取自：https://www.bilibili.com/video/BV142y1i7f6/。非凡傳播股份有限公司。二〇二三年六月五日，取自：https://news.ustv.com.tw/food/shop/7979；【電視節目】。台北：飛凡傳播股份有限公司。二〇二三年六月五日，取自：https://news.ustv.com.tw/food/shop/7979；祁玲（二〇〇七年五月廿五日）。【名人談吃】。美食大三元．新鮮、火候、氣氛。聯合報，第E2版。廖源隆、柯木順、林志東、劉連官、王麗娟、董育任、陳松青、王曉慧（編）（二〇〇二）。馬祖風味菜。連江縣：交通部觀光局馬祖國家風景區管理處。中華美食展－閩榮榮小三通今天登場（二〇〇二年八月十二日）。馬祖日報。二〇二三年六月廿五日，取自：https://www.matsu-news.gov.tw/news/article/29437。；紅糟炒飯正名馬祖炒飯！五星大廚設計馬祖五寶新菜單。自由時報。

38 陳心瑜（二〇二三年三月一日）。紅糟炒飯正名馬祖炒飯！五星大廚設計馬祖五寶新菜單。自由時報。二〇二三年六月廿五日，取自：https://playing.ltn.com.tw/article/25973/1。

39 馬祖老酒節　料理大賽、調酒大賽、DIY體驗等　增添新創意（二〇〇八年十月廿五日）。馬祖日報。二〇二三年六月廿五日，取自：https://www.matsu-news.gov.tw/news/article/48387。馬祖老酒節　料理大賽、調酒大賽、DIY體驗等　增添新創意（二〇〇八年十月廿五日）。馬祖日報。二〇二三年六月廿五日，取自：https://www.matsu-news.gov.tw/news/article/48387。碎講．風鰻。攀講馬祖。二〇二三年九月一日）。碎講．風鰻。攀講馬祖。二〇二三年六月五日，取自：https://voiceofmatsu.com/sui-jiang-feng-man/#google_vignette。

40 對馬祖人而言，不只做鰻魚乾，處理漁獲還有一種稱為風鰻（hung-muáng）的做法，是將新鮮鰻魚魚肉從背脊切開後，內外抹上紅糟，以粗繩綁起吊在屋簷下風乾。早在四十年前就為馬祖鄉親熟知的新店東興食堂，是今天仍在中央印製廠對面營業的福州餐廳，他們的招牌料理之一，就是這道冬季才有的風鰻佳餚。詳見：陳高志（二〇二一年九月一日）。碎講．風鰻。攀講馬祖。二〇二三年六月五日，取自：https://voiceofmatsu.com/sui-jiang-feng-man/#google_vignette。後來無論是再和我其他外婆家親戚長輩確認，還是更多離散福州人的筆下記憶，發現鯉魚一直是紅糟魚的核心。詳見：簡娟（二〇〇九）。第八宴：翼下的風治療師魏可風的故事。吃朋友。台北：印刻。頁一九一－二二一、三〇五－三一六。

41 漂浪（二〇〇六年九月十四日）。【小春園】香傳百年，簡單就好。圓環文化工作室。二〇二三年六月五日，取自：http://nouseok.blogspot.com/2006/09/blog-post_115803233719537.96.html。張要嬅（製作人）（二〇一七年三月廿一日）。壹WALKER【電視節目】。台北：壹傳媒電視廣播股份有限公司。二〇二三年六月三日，取自：https://www.youtube.com/watch?v=kJSWD61qm-A。除了台北的這兩家滷味，在嘉義市中山路上一家超過一甲子的知名滷味店就以福州滷味為名，其鴨滷同樣是招牌料理。有關醬鴨，在台灣總督府對福州的調查中就有記載，福州店家會用百年同樣的滷汁，來料理家傳

42 台灣觀光產業升級策進會（二〇一二）。九八年度地方產業發展基金「馬祖紅了，紅糟美食特色產業輔導計畫」結案報告。未出版。

43 即俗稱的撞球館。

44 曹辰瑩〈掐米〉（二〇二三年十月十九日）。家傳六十載！好吃又好聊！東引小吃店訪談！▇掐米亞店·馬祖廣播節目【影片】。YouTube。https://www.youtube.com/watch?v=BLU9M4lpG5s

45 池騁（二〇二四年四月十一日）。三個福建女子，「出來」之後。端傳媒。二〇二四年四月十二日，取自：https://theinitium.com/article/20240411-international-three-fujian-women-immigrantion-stories。

46 這些也是過去外婆常做的料理，但馬祖長輩更將這些料理順應到島嶼風土紋理之中。有關馬祖人、特別是莒光鄉親的高超料理紅糟手藝，詳見：岫民們（二〇一八）。好東島：酒黃、糟紅、田綠。連江縣：岫民們。如果想了解本書精華，可以在網路上參考本書網站 https://ducawu.wixsite.com/gooddj，或者請見選文 https://www.foodnext.net/life/culture/paper/5234342204、https://www.foodnext.net/life/culture/paper/5975348030/、https://www.foodnext.net/life/culture/paper/5111354118/。

47 咩子（二〇二三年九月十四日）。榕城食荐｜福州「市菜:知多少？有福之州。二〇二三年十一月一日，取自：https://mp.weixin.qq.com/s/sBjqfpuj8oFoezhWkAfoow。

48 福州馬語者（二〇二三年一月一日）。福州兩節期間美食指南：星洲外送到家的佛跳牆、冬陰功和椰子雞火鍋套餐。福州馬語美食。二〇二三年二月一日，取自：https://mp.weixin.qq.com/s/9hOFtYoHFwIWhYMIf6k9MQ。

49 「瑪德蓮時刻」指的是由特定味覺或嗅覺經驗激起非自主性記憶的瞬間。出自作家普魯斯特的《追憶似水年華》中主角因品嘗瑪德蓮蛋糕，而憶起童年往事的情節，成爲記憶與感官交織的重要象徵。

50 陳玉箴（二〇二〇）。台灣菜的文化史：食物消費中的國家體現。台北：聯經。頁二二七－二九六。

51 詳見：陳玉箴（二〇一八）。環境、軍需、移動人口：澎湖餐飲業歷史變遷與「島嶼型食生活」研究。台灣史研究，二五（三），頁一－四二。

52 情境、傳記、起源的原文是 setting、biography 與 origin。詳見：Cook, I., & Philip, C. (1996). The World in a Plate: Culinary Culture, Displacement and Geographical Knowledge. Journal of Material Culture, 1, pp.131-154. http://dx.doi.org/10.1177/135918359600100201，庫克與克蘭恩研究的特殊性，在於飲食研究多討論消費經濟衍生的政治經濟學意涵（諸如糧食安全），本書則借用他們兩人的觀點，更關注在飲食經濟、政治與社會結構情勢下—也就是工業化與技術革新邁向「第三食物政權」的調節模式，到底特定食物本身性質如何被認同與某種族裔地方菜糾纏的文化政治。詳見：Belasco, W. (2008/2014)。食物、認同、便利與責任（曾亞雯、王志弘譯）。台北：群學。Atkins, P., & Bowler, I. (2001). Food in Society: Economy, Culture, Geography. Oxon, Routledge, pp.23-36.

53 蔣豔芳（二〇一四）。另一個福州。家園，一〇九。頁五六。

54 這可以說同義於法國人從釀製葡萄酒中衍生出一個強調飲食與特定氣候、土壤相結合的詞彙：地話（terrior）。

55 詳見：Jansen, W. (2001). French Bread and Algerian Wine: Conflicting Identities in French Algeria. In Peter Scholliers(ed.), Food, Drink and Identity: Cooking, Eating and Drinking in Europe since the Middle Ages. Berg: Oxford, pp.195-218. Ranta, R., & Ichijo, A. (2022). Food, National Identity and Nationalism: From Everyday to Global Politics, 2nd Edition. Cham: Palgrave Macmillan, pp.40-41, 63.

56 陳希林（一九九九年十月廿七日）。中國飲食文化研討會 第二天議程：餐桌菜色 反映政經演變 歐美學者研究中國古典食譜所見略同。中國時報，第十一版。

57 生活飲食，或者稱為食物方式、型食生活，是一個文化群體共有對食物的感覺、思考和行為方式。詳見：Simoons, F. J. (1967). Eat Not This Flesh: Food Avoidances from Prehistory to the Present. Madison, WI: University of Wisconsin Press, p.3. （轉引自 Goody, J. (1982/2012)。烹飪、菜餚與階級：飲食人類學經典［王榮欣、沈南山譯］。新北：廣場出版。頁五八。）

379　第五章　結論：風格、烹調與食材中的福州味

58 Cusine 一詞來自法文，兼有廚房與烹飪的意思，同時兼涉有關烹飪的技藝。詳見：Mintz, S. W.（一九九六／二〇一五）。飲食人類學：漫話餐桌上的權力和影響力［林為正譯］。北京：電子工業出版社。

59 有關更多的馬來西亞詩巫、新加坡與紐約的福州人介紹，詳見：蔣斌芳（二〇一四）。另一個福州。家園，一〇九。頁三三一–六九。

60 比如在美國嫁給軍人而移民的韓國太太家庭，因為丈夫認為不潔，家中禁止出現泡菜；但是後期移民到美國的韓國知識分子，會經常在家中準備泡菜等韓食，並邀請非韓裔朋友到家中享用。在具有呈現於《清明上河圖》的宋代市民生活中，也能發現彼時富人料理是在裝潢奢華的茶樓中享用印尼香料等異國食物，與底層搬運工、工匠在飯館中吃的豆腐湯、牡蠣等料理，有所階級上的區別。詳見：Young, B. O.（二〇〇五）. Authenticity and Representation: Cuisines and Identities in Korean-American Diaspora. Postcolonial Studies, 8(1), pp.109-125. Goody, J.（1982/2012）。高級和低級：亞洲和歐洲的烹調文化。烹飪、菜餚與階級：飲食人類學經典［王榮欣、沈南山譯］。新北：廣場出版。頁一九一–一九二。

61 Lévi Strauss, Claude.(1990.) The Raw and the Cooked. Chicago: University of Chicago Press.

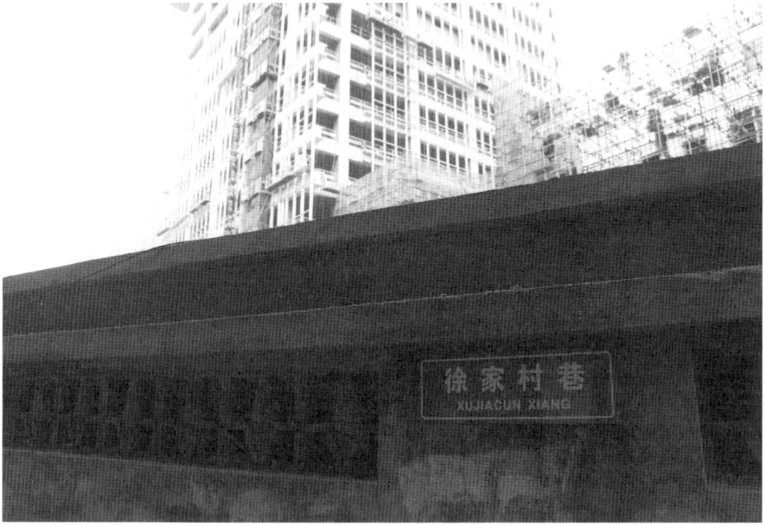
徐家村巷
XUJIACUN XIANG

〈十勸酒〉

「虞備十巡花盃清酒特仲／奉勸／一勸酒一江風一樽清酒明月中

一色杏花香千里一年又見一年春／一飯千金酬漂母一枕清涼一扇風

奉勸各位諸神一巡酒虞將再勸酒二巡／二勸酒二盃傾二月紫燕到家庭

二十八宿列方位二十八將漢功臣／

奉勸各位諸神二巡酒虞將再勸酒三巡／三勸酒三盃傾三元及第五經魁

三插金花飲御酒三郎沉醉打毬回／三春花鳥都想看三月群花滿園開

奉勸各位諸神三巡酒虞將再勸酒四巡／四勸酒四山清四時佳興與人同

四歲讓融可羨揚震夜辭金／四季人民開康泰四十餘年戲愛親

奉勸各位諸神四巡酒虞將再勸酒五巡／五勸酒五台山伍員白髮過招關

五子登科天下有五關斬將顯名聲／五夜漏聲催曉箭五月江城落梅花

奉勸各位諸神五巡酒虞將再勸酒六巡／六勸酒六奇才六丁六甲兩安排

六國蘇秦為丞相六薰海上駕山來／六月大暑荷花放六郎貌賽道花妍

奉勸各位諸神六巡酒虞將再勸酒七巡／七勸酒七言詩七弦琴操有誰知

七步成詩曹子健七擒孟獲孔明機／七夕針樓爭乞巧七層寶塔七星奇
奉勸各位諸神七巡酒虔將再勸酒八仙歌八仙巡過海笑呵呵
八百諸侯孟津會八千子弟層千戈／八萬雄兵長赤壁八面威風日月高
奉勸各位諸神八巡酒虔將再勸酒九巡／九勸酒九曲歌九宮壺中醉滔滔
九世同居張公義九重天上醉仙曹／九月九日茱萸酒八卦治邪魔
奉勸各位諸神九巡酒虔將再勸酒十巡／十勸酒十月梅十扣柴扉九不開
十里燈毬明似月十朋高中錦衣回／十年窗下無停誦一舉聲名天下知
奉勸各位諸神來勸酒滿筵調出狀元紅
上來酒行十勸事不重陳右具變食真言僅當持誦
南無薩嚩怛哆哦哆布隆枳啼喃摩囉三鉢囉吽
南無蘇嚕婆耶怛他誐哆耶怛致哆唵
蘇嚕蘇嚕蘇嚕鉢囉蘇嚕鉢囉蘇嚕娑婆訶
南無三滿陀穆陀喃唵鍐變食法
菩薩摩訶薩

上來變食事竟所有疏文謹當宣讀」

味道的航線

從馬祖到台灣，福州飲食文化探秘

作　　　者	黃開洋
責 任 編 輯	楊佩穎
封 面 設 計	圖亞圖創意整合有限公司
內 頁 排 版	烏石設計
出 版 者	前衛出版社
	10468　台北市中山區農安街 153 號 4 樓之 3
	電話：02-25865708　｜　傳真：02-25863758
	郵撥帳號：05625551
	購書．業務信箱：a4791@ms15.hinet.net
	投稿．編輯信箱：avanguardbook@gmail.com
	官方網站：http://www.avanguard.com.tw/
出 版 總 監	林文欽
法 律 顧 問	陽光百合律師事務所
總 經 銷	紅螞蟻圖書有限公司
	11494 台北市內湖區舊宗路二段 121 巷 19 號
	電話：02-27953656　｜　傳真：02-27954100
出 版 日 期	2025 年 2 月初版一刷
定　　　價	新台幣 600 元
I　S　B　N	978-626-7463-89-5
E I S B N	9786267463888（EBUB）
E I S B N	9786267463871（PDF）

©Avanguard Publishing House 2025
Printed in Taiwan.

國家圖書館出版品預行編目 (CIP) 資料

味道的航線：從馬祖到台灣，福州飲食文化探秘/黃開洋著. -- 初版. – 台北市：前衛出版社, 2025.02　面；　公分
ISBN 978-626-7463-89-5(平裝)
1.CST: 飲食 2.CST: 文化 3.CST: 福建省福州市

請上『前衛出版社』臉書專頁按讚，獲得更多書籍、活動資訊
https://www.facebook.com/AVANGUARDTaiwan